高等教育 BIM 技术应用系列教材

装配式建筑 BIM 技术应用

主　编　李彦苍　石华旺

副主编　杜尊峰　朱海涛　王二成　沈　宁

科学出版社

北　京

内 容 简 介

装配式建筑作为建筑工业化的重要表现形式之一，因其施工速度快、质量好、经济效益高和环境效益好等优点而受到广泛关注。建筑工业化已成为建筑业发展的必然趋势。建筑信息模型（building information model，BIM）作为一种全新的理念和技术，与建筑工业化共同促进了建筑业从传统方式向现代化、高效化方式的转变。

全书在内容设置和安排上突出了实用、创新的特色。全书共 7 章，介绍了装配式建筑和 BIM 技术的基本概念及发展背景，重点阐述了 BIM 技术在装配式建筑设计阶段、生产阶段、施工阶段和运维阶段的应用，并结合工程实例，详细介绍其应用的方式、方法，为推进我国装配式建筑更快、更好的发展提供新思路。

本书可作为土木工程、工程管理、工程力学等专业的教学用书，也可为从事装配式建筑和 BIM 技术应用的有关工程技术人员提供技术参考。

图书在版编目（CIP）数据

装配式建筑 BIM 技术应用/李彦苍,石华旺主编. —北京:科学出版社,2025.7
高等教育 BIM 技术应用系列教材
ISBN 978-7-03-077540-5

Ⅰ. ①装… Ⅱ. ①李… ②石… Ⅲ. ①建筑工程-装配式构件-工程管理-应用软件-高等学校-教材 Ⅳ. ①TU71-39

中国国家版本馆 CIP 数据核字（2024）第 013734 号

责任编辑：万瑞达 张雅薇 / 责任校对：赵丽杰
责任印制：吕春珉 / 封面设计：曹 来

科学出版社 出版
北京东黄城根北街 16 号
邮政编码：100717
http://www.sciencep.com
廊坊市都印印刷有限公司 印刷
科学出版社发行 各地新华书店经销
*
2025 年 7 月第 一 版 开本：787×1092 1/16
2025 年 7 月第一次印刷 印张：11 3/4
字数：278 000

定价：38.00 元

（如有印装质量问题，我社负责调换）
销售部电话 010-62136230 编辑部电话 010-62135397-2032

前　言

本书系统介绍了装配式建筑和 BIM 技术的概念、特点、优势等，对其近些年的发展研究现状进行了阐述分析，并着重分析了 BIM 技术在装配式建筑的设计阶段、生产阶段、施工阶段、运维管理阶段应用的方式方法。通过装配式建筑和 BIM 技术，可以实现住宅的预制化生产和快速施工，从而提高住宅建设的效率和质量。同时，装配式建筑的发展也为 BIM 技术提供了更广阔的市场和应用场景，推动了技术的创新和应用。

本书由河北工程大学、河北地质大学和天津大学的老师共同编写完成，其中李彦苍、石华旺担任主编，杜尊峰、朱海涛、王二成、沈宁担任副主编。具体分工如下：第 1 章、第 2 章由天津大学杜尊峰、朱海涛共同编写；第 3 章至第 6 章由河北地质大学李彦苍、河北工程大学石华旺共同编写；第 7 章由河北工程大学王二成、沈宁共同编写。全书由李彦苍统稿。

本书在内容设置和安排上突出基础、强调背景，理论联系实际，凸显本书实用、创新的特色。本书在编写过程中，参考和引用了大量的文献资料，在此，对相关作者表示衷心的感谢。

由于装配式建筑和 BIM 技术相关研究的发展日新月异，本书难以全面概括，加之编者理论水平有限，书中不足之处在所难免，恳请读者批评指正。

编　者

2024 年 3 月

目　　录

第 1 章　装配式建筑

装配式建筑作为建筑业未来的一大发展方向，既可以满足像“搭积木”一样建造房子，也能保持施工现场干净整洁、没有扬尘，施工工人不再受风吹日晒，同时能建造出高质量的建筑。传统建筑业转向建筑工业化，像机械制造厂生产零件和装配机器一样完成建筑建造。

1.1　了解装配式建筑

1.1.1　建筑工业化

现代意义上的“建筑标准化”是与“建筑工业化”相伴而生的。第二次世界大战后，以满足大量建造需求的建筑工业化为开端，以工厂生产的各类部品部件在建筑上的持续使用为支撑，建筑标准化工作得到快速发展。建筑工业化是随着建筑作业实行工厂预制，现场机械装配而出现的概念，在实践中逐渐形成了初步理论基础。此次战争后，西方国家需要解决大量居住需求，而劳动力资源又严重短缺，这为推行建筑工业化提供了实践基础。建筑工业化因其工作效率高而在欧美地区应用广泛。

建筑工业化指通过现代化的制造、运输、安装和科学管理的生产方式，来代替传统建筑业中分散的、低水平的、低效率的生产方式。传统建筑是将设计与建造环节分开，设计环节仅从目标建筑体及结构设计角度出发，而后将所需建材运送至目的地，进行露天施工，完工后交底验收的生产方式；而建筑工业化是设计施工一体化的生产方式，是从标准化的设计，到构配件的工厂化生产，再到进行现场装配的过程。建筑工业化结构流程如图 1-1 所示。

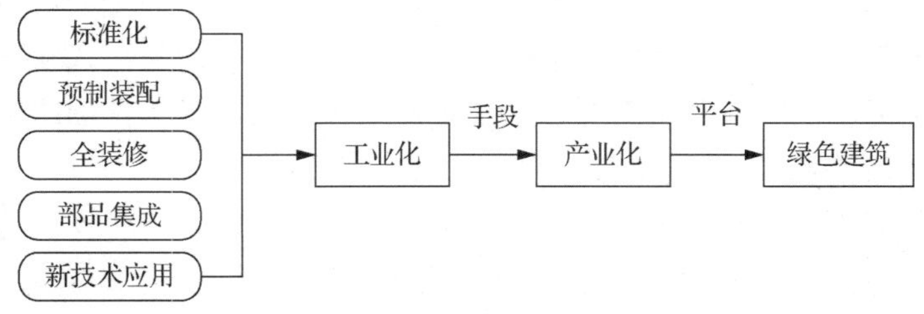

图 1-1　建筑工业化结构流程

与传统建造方式相比，建筑工业化的社会效益、经济效益和环境效益良好，同时大大降低了建筑工人的劳动强度，顺应了发展低碳经济的趋势。“十三五”规划纲要明确指出，建筑业要推广绿色建筑、绿色施工。2016 年，国务院办公厅印发的《关于大力发展装配式建筑的指导意见》提出，要大力推广装配式建筑，加大政策支持力度，力争用 10 年左右时间，使装配式建筑占新建建筑的比例达到 30%。2022 年，住房和城乡建设部印发的《"十四五"建筑业发展规划》进一步提出，到2025年，装配式建筑占新建建筑的比例达30%以上。由此可见，探索适宜可持续化发展的模式已经成为当今建筑领域发展的主流方向，推广应用可持续化发展的建造技术将是建筑行业的必然方向。

在许多发达国家中，装配式混凝土建筑是建筑工业化转型最重要的方式。目前，随着我国经济快速发展，建筑业和其他行业一样都在进行工业化技术改造，预制装配式混凝土建筑开始焕发出新的生机，预制装配式框架结构可以结合预制外挂墙板应用，实现主要结构接近100%的预制率。目前我国主要的建筑材料是钢筋混凝土，所以本书提及的装配式技术限定在预制装配式混凝土框架结构体系。

在我国，预制装配式混凝土建筑的发展正处于向工业化发达国家学习的阶段，现今对装配式混凝土框架结构的研究多集中在抗震性能分析，而设计、生产、施工、运维各环节的技术也是实践过程中需要攻克的难题。统计资料显示，我国建筑业的工业化比重较低，这说明装配式建筑虽然具备传统现浇建筑无可比拟的优点，但在实践过程中却遇到了各种瓶颈。比如：当前国内装配式构件生产环节仍是粗放型管理，没有形成规模效益，成本高昂；产业链上下游分裂，我国建筑设计、构件生产、施工安装的企业相互独立，导致人力、材料的浪费；住宅建筑标准化工作滞后，部件标准化和通用化程度低；施工人员培训不充分，操作失误率高。因此，科学客观地开展装配式混凝土框架结构的研究，对促进装配式建筑在我国的发展具有积极的作用。本书拟以建造全过程中的设计、生产、施工、运维这四个环节为子系统，建立装配式混凝土框架结构建设全过程的可靠性评价模型，最大限度地协调装配式混凝土框架结构整体质量和经济效益，以推动我国装配式建筑的发展。

1.1.2　装配式建筑的定义、组成及相关概念

由于现代工业技术的进步，建造房屋将变得像机器生产一样，可以成批、成套地制造。只需要将预制好的房屋构件，运送到工地后进行装配即可。预制装配是建筑工业化的核心，装配式建筑就是指用工厂生产的预制构件在现场装配而成的建筑。从结构形式来说，装配式混凝土结构、钢结构、木结构建筑等都可以称为装配式建筑，是工业化建筑的重要组成部分。装配式建筑的优点是建造速度快、受气候条件制约小、既可节约劳动力又可提高建筑质量。

按照《装配式混凝土建筑技术标准》（GB/T 51231—2016）、《装配式钢结构建筑技术标准》（GB/T 51232—2016）和《装配式木结构建筑技术标准》（GB/T 51233—2016）的定义，装配式建筑是指结构系统、外围护系统、内装系统、设备与管线系统的主要部分采用预制部品部件集成的建筑。在《装配式混凝土建筑技术标准》（GB/T 51231—2016）中有进一步解释：装配式建筑是一个系统工程，是将预制部品部件通过模数协调、模块组合、接口连接、节点构造和施工工法等用装配式集成的方法，在工地高效、可靠装配并做到主体结构、建筑围护、机电装修一体化的建筑。由此可以看出，装配式建筑不应仅仅关注结构是否装配化，还应该关注系统的集成和全装修，这样才符合实现新型建筑工业化的要旨和方向。

装配式建筑包括预制装配式建筑和装配整体式建筑。两者的区别主要为：预制装配式本质上更倾向于装配式，而装配整体式本质上更倾向于整体式，两者都采用了预制构件。预制装配式可以简单理解为全（大部分）装配式，装配整体式可以简单理解为半装配式。预制装配式建筑是将建筑的部分或全部构件在工厂预制完成，然后运输到施工现场，将构件通过可靠的连接方式组装而建成的建筑。装配整体式则是由预制混凝土构件或部件通过钢筋、连接件或施加预应力加以连接并现场浇筑混凝土而形成整体的结构。例如，按当前业内成熟的设计和施工方法，水平构件采用叠合式构件，竖向构件采用现浇式，其结构体系可被视为整体式结构体系，符合抗震要求。装配整体式将现浇整体式和预制装配式的优点相结合，具有节省模板、降低工程费用、提高工程的整体性和抗震性等诸多优势，因此在现代土木工程领域具有广阔的应用前景。

装配式建筑中还有两个非常重要的概念：预制率和装配率。预制率是指工业化建筑室外地坪以上的主体结构和围护结构中，预制构件部分的混凝土用量占对应构件混凝土总用量的体积比。装配率是指工业化建筑中预制构件、建筑部品的数量（或面积）占同类构件或部品总数量（或面积）的比率。预制率是衡量主体结构和外围护结构采用预制构件的比率，只有最大限度地采用预制构件才能充分体现工业化建筑的特点和优势，而过低的预制率则难以体现。经测算，低于 20%预制率的建筑基本上与传统现浇结构的建造方式没有区别，因此，也不可能定义为工业化建筑。预制构件包括预制外承重墙、内承重墙、柱、梁、楼板、外挂墙板、楼梯、空调板、阳台、女儿墙等结构构件。装配率是衡量工业化建筑所采用工厂生产的建筑部品的装配化程度的指标，能够反映建筑的工业化程度。装配率越高，其工业化程度越高。基于当前我国各类建筑部品的发展相对比较成熟，工业化建筑所采用的各类建筑部品的装配率不应低于 50%。建筑部品包括非承重内隔墙、集成式厨房、集成式卫生间、预制管道井、预制排烟道、护栏等。

1.1.3　装配式建筑的特点

装配式建筑的施工相对于传统建筑施工而言，在施工前期会增添很多的评估内容，但前期的评估和总结会为后期的建筑施工提供很多的便捷，同时也会大大缩短建筑施工的工期。装配式建筑的工程前期需要进行专业的评估，同时还要制定低碳方案。通过对所需建筑进行拆分以及深化设计，从而敲定最终方案，再将方案交由专家组进行评审，评定合格以后，才能进入建造阶段。装配式建筑在建造阶段的前期需要一段时间进行准备工作。在这段时间里，需要对土地进行一定的改造，使土地的利用更优化。前期的准备阶段完成之后，开始针对装配式建筑进行基础建设——现浇钢筋混凝土，为装配式建筑的组装预埋下接头。在装配式建筑的基础建设阶段完成之后，接着进行建筑主体结构的建造。传统建筑施工往往需要现浇混凝土，因而墙体、楼板、梁柱的建造都要在工地完成。其复杂的工序以及产生的大量建筑垃圾，不仅拖慢施工周期，还对环境造成了一定的影响。而装配式建筑，首先通过工厂预制建筑物件，待所有的建筑构件都生产完毕之后，将其运输到建筑工地，再通过大型的机器吊装设备进行安装，将接口锚筋、钢筋接头进行拼装，使用钢板进行焊接，用插筋进行连接，实现主体结构的快速建设。装配式建筑预制构件的现场安装如图 1-2 所示。

图 1-2 装配式建筑预制构件的现场安装

装配式建筑的不同建筑构件可在同一时间段内进行制作，缩短了建筑建造的时间。建筑构件体量小、易于运输，可有效控制建筑成本，省去了传统建筑现场浇筑混凝土的人工与时间。随着建筑楼层不断上升，传统建筑还需要在建筑的外围搭建脚手架，装配式建筑则省略了这部分，直接使用吊装设备进行组装，进一步使建造时间得到优化。

在环保节能方面，装配式建筑可选择的建筑材料丰富多样，且低碳环保，具有可重复利用性，这是传统建筑所不具备的优点。装配式建筑的相关照明设备，大多符合低碳标准，且使用再生型能源，绿色环保，大大减少了能源的消耗。装配式建筑在室内采用节水器具和设备，室外使用喷灌技术设备，实现了水资源的重复利用。

1. 装配式建筑的优点

1）建设周期短

装配式建筑，其主要构件是由工厂预制完成的，在施工现场时，施工方只需要采用机械设备将其组装即可，大大减少了原始的现浇作业。组装施工与其他专业施工同时开展，不会受到如传统施工过程中的混凝土现浇、养护等工序的影响，也不会受到雨雪等不良天气的影响，保证了工期。

2）耐火性好

低导热性是装配式建筑构配件的一个重要特点，它使装配式建筑的墙体保温要求得以满足。同时，热能得以节约，增加居住者的生活舒适度。低导热性直接体现在建筑耐火性好、安全性更高等方面。

3）质量轻

在相同条件下，装配式建筑的质量仅为相同体积传统现浇混凝土建筑质量的 50%左右，甚至更轻。这便减少了建筑的基础荷载，降低了对地基承载力的要求，节约了建筑基础建设的投资，缩减了运输量以及运费，降低了建筑工人的劳动强度，加快了施工进度，进而最终节约了建筑成本。

4）施工精确

与传统建筑相比，建筑构配件在工厂预制完成运输到施工现场后，施工者根据建筑的结构设计，在现场进行组装。由于工业生产构配件的精度以毫米为单位，尺寸更加精确，同时以厘米为精度单位的大规模现场湿作业量大大减少，因此装配式建筑的施工精度更高。

5）绿色环保

装配式建筑可以采用建筑、装修一体化设计、施工，理想状态是装修可随主体施工同步进行，这样就减少了二次施工带来的资源和材料浪费。同时，传统建筑在使用过程中，不论内外均更易受到破坏和损耗，包括涂料、装饰、结构面墙等。而装配式建筑有效地避免了这个问题，因为组成装配式建筑的构配件是用定型模板制作的，通常采用一次成型工艺，保证了房屋质量，同时减少了后期维护的成本和资金耗损，符合绿色建筑的要求。

6）标准化与信息化

装配式建筑在设计过程中，要求构配件的制作标准化、模数化，从而既满足其高精度的要求，也提高了生产效率。同时，在施工管理的过程中，应用信息化和数字化的管理可以有效推动建筑产业的转型升级。

2. 装配式建筑的不足

1）前期一次性成本高

在大规模工业化的基础上，工业化生产能够极大程度地提升劳动效率，同时节约经济成本。就目前我国工业化程度不高的现状来看，装配式建筑建造前期的一次性投入普遍高于传统建筑。第一，在工业化生产之前，需要投入大量的资金来进行研究开发、流水线建设等，必须确保资金的充足；第二，按制造业纳税的情况来看，在我国，建筑工业化产品的增值税税率为17%，这与传统建筑企业按工程造价3%的纳税税率相比，支出较高；第三，对未来收益存在不确定性。综上所述，即便是从长远的发展来看，大多数的开发商认为对工业化的投入性价比偏低。

2）技术水平要求高且高度注重专业协作

装配式建筑适用于精细化、工厂化的生产方式和机械化的施工建造，以确保构件的精确性，同时建筑从设想中的三维到图纸中的二维，再到建筑实体中的三维的转换离不开现代信息技术的支持。然而，我国现在的构件生产工艺落后，管理及安装技术检测手段不能满足要求。另外，我国建筑业的信息化水平较低，国际的工业基础类标准（industry foundation class，IFC）并不符合我国的建设标准，通用的标准体系尚未构建；各部门间缺乏专业协作，各专业间的信息流通不畅，容易形成信息孤岛。

3）需制定相关标准与构造图集

目前，千篇一律的建筑形式已经不能满足人们对于建筑设计的需求，但我国现阶段装配式建筑构件生产能力低下、产品类型单一、设备工艺落后，构件标准不能满足大规模生产，所生产构件主要用于商品房、经济性住房以及保障性住房的建设。虽然很多省份已经出台了一系列的地方性标准体系及技术规程，但是大部分的技术规程只适用于特定的施工工法和结构，通用性不好，所以制定通用性较强的相关标准与构造图集势在必行。

4）社会认可程度有待提升

装配式建筑相比传统现浇建筑高额的税赋落差和一系列其他相关因素，加大了企业的一次性投入成本，使得建筑部品企业的生产积极性大大降低。同时开发商对装配式建筑的认可度比较低，开发装配式住宅的意愿不强，即便个别开发商愿意开发装配式住宅，大多数消费者也会因为普及率不高，对装配式建筑的概念和优势含糊不清，而对其采取保守态度、不愿意购入。研究发现，装配式建筑的各个相关因素是相互制约的关系，工业化程度低会影响装配式建筑的一次性投入成本，一次性投入成本又会制约装配式建筑的社会认可度。

1.1.4　装配式建筑的建造流程

装配式建筑的建造流程通常是设计—生产—施工—运维。

1. 设计阶段

在设计阶段，由于装配式建筑采用的是一体化的建造设计方式，需要各专业之间联系紧密、相互依赖，因此许多施工和安装工作需要提前进行精确设计，如机电安装、内部装修和幕墙等。相比传统的现浇模式，这些工作都在安装环节落实，装配式建筑的设计阶段就需要考虑该方面内容，在原本的设计基础上做出更加深化的设计。

传统模式的设计阶段主要包括以下三个环节：方案设计—总体设计—施工图设计。装配式建筑在设计阶段需要落实图 1-3 所示的所有工作。通过两种不同的建筑模式设计流程对比能够看到，装配式建筑的设计流程是以传统设计作为基础的，同时增加了预制混凝土（precast concrete，PC）构件的深化设计。在装配式建筑图纸的设计过程中，单独一门学科已经不能构建起完整的项目体系，需要针对建筑与结构、安装与结构等多个专业做出综合的考量与评估，甚至每一个预制构件的立面图、侧面图，构件连接位置的大样图、三维视图都要在拆分图上详细地反映出来，毫无疑问这导致了设计阶段的工作量、工作强度、技术难度都大幅度提升。在装配式建筑深化设计的过程中，需要满足以下设计要求。

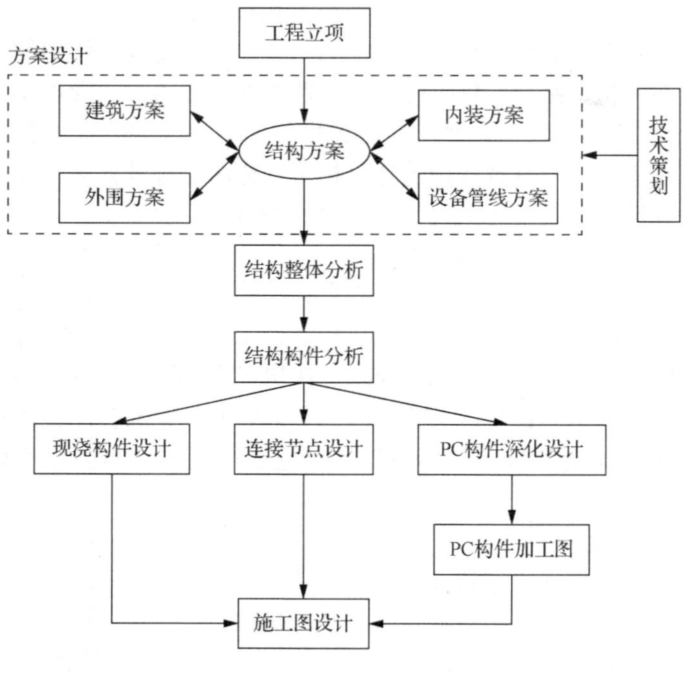

图 1-3　装配式建筑的设计流程

第一，根据土地规划以及合同规定，确定建筑面积；第二，将建筑的结构、预制构件的具体基础参数设计出来；第三，满足业主在项目方面提出的装配要求的同时（其中包括建筑具体的面积以及装配率），也应清楚地说明该项目建筑单体的分布情况，以及具体运用的结构体系；第四，对各装配式单体建筑的具体面积做出统计，若出现预制外墙无法和所提出的容积率要求相吻合的情况，则需要将这一部分的面积单独地罗列出来；第五，负责设备安装的部门按照预制构件的具体参数，预先将管线、孔洞、线盒、套管等位置信息明确地罗列出来，便于后期安装。

2. 生产（运输）阶段

在工厂完成所有预制构件的制作后，根据已经做好规划的运输路线向施工现场运输，通常借助低平板运输车进行运输。在运输的过程中需要尽可能地保持车辆平缓、匀速地前进，将一层枕木放置于运输架下，预制构件和运输架都需要和车辆牢牢地固定在一起，不可以出现松弛情况，必要情况下能够临时进行加固，以防止在运输过程中出现构件的损坏。

3. 施工阶段

1）安装准备阶段

在构件生产完成之后要落实好安装准备工作，根据具体的施工图纸以及现场实际的条件，对施工准备工作加以完善，主要内容包括编制完善的施工方案；以施工方案作为基础展开前期的部署工作，如对具体的施工人员落实岗前培训工作，对施工事宜进行技术沟通等；预先针对施工过程中的重点、难点做出预判，并编制出专项预案；为使吊装工作能够顺利进行，在构件运输至现场之后，需要针对堆放场地做出合理规划安排，以便于吊装作业。

2）构件吊装阶段

施工阶段中构件吊装是关键环节之一，技术标准对这一环节提出了非常精确的要求。构件起吊前，需要对塔吊做出选择，以满足能起吊单个质量最大的构件。为确保受力均匀这一基本要求，在起吊的过程中，通常采取两点起吊，并以钢扁担作为辅助的方式。

3）构件安装阶段

对于装配式建筑构件而言，根据运用在各个施工环节内的具体形式和需要的数量，被划分为应用在建筑主体上的预制剪力墙、叠合板、预制柱以及叠合梁，和被当成配件的预制阳台、墙板、空调板以及楼梯等。上述构件在由工厂制作完成之后被运送至施工现场，借助多种连接方式（如螺栓、灌浆套筒的连接、浆锚搭接等）实现安装连接。在实际的安装过程中，灌浆套管的连接方式运用得较多，因为此类连接方式最安全可靠，且十分便捷。

4. 运维阶段

在装配式建筑的运维阶段，需要进行日常的检查与监测（包括构件节点、结构安全和设备系统）、智能技术的应用（如 BIM 技术、物联网、大数据分析）、动态档案的管理、针对性的维护与修理（节点处理、构件修复、防水保温更新）、灵活的改造升级以及应急管理，同时，结合当地的气候与地质特性，实现全生命周期的精细化管理。这样既可以确保结构的安全性、功能的优化和可持续性，又可以降低运维成本并提升建筑的整体性能。

1.2　装配式建筑结构形式

1.2.1　盒式建筑

盒式建筑作为现代工业化程度较高的一种装配式建筑形式，可以实现整个建筑的装配。其建筑部件的预制率可以达到 90%以上，基本不再需要现场进行现浇作业。盒式建筑是从板材建筑的基础上发展起来的一种装配式建筑，这种结构形式的建筑工厂化程度高，现场安装快。在工厂不仅可以完成盒子建筑结构部分的预制，还可以将内部装修和设备也安装好，甚至将家具、地毯等都安装齐全。盒子吊装完成并接好管线后，即可使用。

盒式建筑的装配形式有全盒式、板材盒式、核心体盒式、骨架盒式四种。

（1）全盒式：建筑完全由承重盒子重叠组成。

（2）板材盒式：将小开间的厨房、卫生间或楼梯间等做成承重盒子，再与墙板和楼板等组成建筑。

（3）核心体盒式：以承重的卫生间盒子作为核心体，四周再用楼板、墙板或骨架组成建筑。

（4）骨架盒式：用轻质材料制成的多个住宅单元或单间式盒子，支承在承重骨架上形成建筑；也有用轻质材料制成包括设备和管道的卫生间盒子，安置在其他结构形式的建筑内。

盒式建筑在工厂中已经实现了建筑墙体与楼板之间的连接，实现方式是将其做成一个个箱型整体。每个箱型整体都是整体建筑的一部分，但也可以是独立出来的一个小型空间，甚至可以完成内部装修作业后，再运输到建筑工地进行现场组装，这不仅缩短了建筑施工的时间，还使相同的施工作业可以同步进行；同时，其单位面积混凝土的消耗量（仅 $0.3m^3$）很少。与传统建筑建造方式相比，同等级别、规模的建筑，盒式建筑所用的建筑材料比传统建筑少 20%，且建筑的自重减轻 50%。但是盒式建筑的成本较高，若想要将其成本控制在一定范围内，可以通过扩大预制工厂的规模来实现。

1.2.2　骨架板材建筑

骨架板材建筑是由预制骨架和板材组成的建筑结构。其承重结构通常有两种形式：一种是由柱和梁组成的承重框架，再搁置楼板和非承重的内外墙板的框架结构体系；另一种是由柱和楼板组成的承重板柱结构体系，其内外墙板也是非承重的。骨架板材建筑的骨架通常采用重型钢筋混凝土结构，也有采用钢材和木材做成骨架和板材的组合，该组合常见于轻型装配式建筑中。骨架板材建筑结构设计合理，可以减轻建筑物的自重，内部分隔灵活，多适用于多层和高层建筑。

骨架板材建筑的结构形式有装配式木结构、装配式钢结构、装配式混凝土结构。

1. 装配式木结构

装配式木结构是集传统建筑材料和现代先进的加工、建造技术于一体的一种结构形式。欧美许多国家木结构房屋的工业化、标准化和配套安装技术都已经非常成熟。木结构因取材方便而得到了广泛应用，而装配式木结构发展也十分迅速，其常应用于木结构房屋、别墅等，如图 1-4 所示。

图 1-4　装配式木结构房屋、别墅

2. 装配式钢结构

20 世纪 70 年代，基于经济建设的需求，国家提出“以钢代木”“以塑代木”的方针，新型的混凝土结构、轻型钢结构逐渐代替传统的木结构作为主要结构体系。轻型钢结构体系作为钢结构的一个分支，其主体采用类似于木龙片的压型材料，其中轻型钢材用 0.5～1 mm 的薄钢板镀锌制作而成，这个结构类似于木结构中的“龙骨”，这也是美国普遍把轻钢结构体系作为木结构体系的代替品的原因。图 1-5 所示为装配式轻钢结构。

图 1-5　装配式轻钢结构

装配式钢结构住宅的结构体系主要包括筒体（钢框架-预制混凝土剪力墙）结构体系、钢框架-支撑结构体系、纯框架结构体系、空间错列桁架结构体系、钢管束剪力墙结构体系、束柱体系、钢异形柱体系、模块化住宅体系、轻型密肋结构体系等。其设计依据为《钢结构住宅设计标准》（T/CECS 261—2024）、《轻型钢结构住宅技术规程》（JGJ 209—2010）、《高层民用建筑钢结构技术规程》（JGJ 99—2015）等。目前，装配式钢结构住宅的关键技术问题依然是楼板问题、墙板问题、结构体系问题、管线问题等。图 1-6 所示为多层装配式钢结构。

图 1-6　多层装配式钢结构

轻钢结构具有很多其他材料所不具有的优点。

（1）轻钢结构自重轻、强度高，可以在扩大建筑物空间的同时灵活进行功能分割。

（2）轻钢结构施工速度快，可以在较短的时间内完成施工，同时抗气候的干扰能力较大。

（3）轻钢结构便于回收，在拆卸后可以进行回收利用，且再利用率依然较高。

（4）轻钢结构具有高延展性；由于钢材本身具有较高的延展性，因此完整的轻钢结构建筑具有良好的抗震性能。

轻钢结构的缺点主要体现在以下两方面。

（1）钢材本身具有较小的热阻，导致轻钢结构建筑具有较差的防火性能。

（2）虽然钢材的延展性优于其他材料，但也导致其抗剪刚度不够。

3. 装配式混凝土结构

装配式混凝土结构是以预制构件为主要受力构件，经装配或连接而成的混凝土结构。与传统建筑的结构分类相似，装配式混凝土结构建筑中最为常用的通用体系包括装配式混凝土框架结构体系、装配式混凝土框架-现浇剪力墙结构体系和装配式混凝土剪力墙结构体系。混凝土预制件（图 1-7）在住宅工业化领域称为 PC 构件；而传统现浇混凝土构件则需要工地现场制模、现场浇筑和现场养护的步骤。

图 1-7 混凝土预制件

与现浇混凝土构件相比，工厂化生产的混凝土预制件有诸多优势：建筑构件的质量和工艺通过机械化生产能得到更好的控制；预制件尺寸及特性的标准化能显著加快安装速度和建筑工程进度；与传统现场制模相比，工厂里的模具可以重复循环使用，综合成本更低；机械化生产对人工的需求更少等。

PC 构件的主要优势如下。

1）抗震性能高

PC 构件的结构计算主要是按照每个构件本身的承载力进行的，然后用适当的方式连成一个整体。其节点、接缝压力是由后浇混凝土、灌浆或坐浆直接传递，拉力则通过连接筋、预埋件、焊接件传递。如果预制混凝土构件的接缝界面的黏结强度高于构件本身混凝土抗拉、抗剪强度，则可将其视为现浇混凝土。

连接部位根据变形的方向和大小可做成滑动、铰接或者固支形式（装配式很难做成刚接形式）。当出现地震等灾害的时，PC 构件的结构主要通过节点处的应变来消除应力，避免应力在结构内部持续传递，防止结构连续倒塌。

2）工厂化生产

PC 构件工厂化生产可以采用干硬性混凝土挤压成型、高频振捣、高温养护、离心成型等工艺，使混凝土的抗压强度达到 80MPa 以上。而现浇结构限于条件，很难做到这一点。由于工艺不同，PC 构件工厂化生产在不增加成本的前提下很容易做成清水混凝土和装饰混凝土，减少了后续粉饰和装修的成本。同时，PC 构件由于规模流水作业生产自动化程度的提高，其成品生产成本也相应递减。

3）PC 构件产品化

过去，我国技术和材料水平有限，装配式结构房屋片面追求高预制率（为了预制而预制），导致房屋整体性能下降，特别是结构抗震性能的下降，这也成为该类房屋的致命弱点。采用现代预制 PC 工法的装配整体式结构房屋，是在保证房屋整体性能的前提下，采取部分预制的策略，即有选择性地确定预制范围。例如，剪力墙、框架柱等承担水平作用较大的主要垂直承重结构构件均采用现场浇筑的方法，其余非承重构件或非主要结构承重构件考虑预制或者预制叠合的方法。这种策略首先能够保证结构的受力性能，其次预制构件之间以及其与承重结构构件之间均采用现场浇筑的方式连接，不存在缝隙，因而能够减少防水、隔声方面的隐患，同时有利于消除构件制作安装的误差，从而提高建筑的整体质量。虽然预制率有所下降，但是现浇部分可以采用工具式定型模板（产品化）进行施工，其效率高、质量好，既达到了同样的效果，施工工法也更加合理。

4）PC 构件质量水平高

20 世纪 70 年代，装配大板式房屋盛行的时期，我国的经济水平、技术条件、装备水平均比较落后，对质量水平的要求不高，构件质量相对较低；相较而言，目前我国的材料和装备水平已经发展到一定的高度，利用现代的加工设备进行模具制造已经成为现实，因此可以保证模具的高精度，构件尺寸误差得到较好控制，构件质量水平也远高于国家的建筑工程质量验收标准。

5）适用范围广

装配整体式 PC 构件的结构受力性能等同于现浇结构，可以取代传统的砖混结构、框架结构、剪力墙结构，是全能型的工法。因此，建筑设计时可以基本沿用现行的设计规范，只是由于施工工法的改进，进一步提高了房屋质量、加快建设进度、节约建筑材料从而降低施工成本。

1.2.3　板材建筑

板材建筑是由预制的大型内外墙板、楼板和屋面板等板材装配而成的建筑形式，也称大板建筑。它是工业化体系建筑中装配整体式的主要类型之一，能够减轻结构重量，提高劳动生产率，扩大建筑的使用面积，并提高防震能力。在板材建筑中，内墙板通常采用钢筋混凝土的实心板或空心板，而外墙板则多为带有保温层的钢筋混凝土复合板，也可以采用轻骨料混凝土、泡沫混凝土或大孔混凝土等制成带有外饰面的墙板。此外，为了提高装配化的程度，建筑内的设备通常采用集中的室内管道配件或盒式卫生间等。

大板建筑的关键问题在于节点设计，在结构上需要保证构件连接的整体性（板材之间的连接方法主要有焊接、螺栓连接和后浇混凝土整体连接），在防水构造上要妥善解决外墙板接缝的防水，以及楼缝、角部的热工处理等问题。大板建筑的主要缺点是对建筑物的造型和布局有较大制约性，以及在小开间横向承重的情况下内部分隔缺乏灵活性（纵墙式、内柱式和大跨度楼板式的内部可灵活分隔）。

1.3　装配式建筑的发展历程与展望

1.3.1　国外装配式建筑的发展历程

发达国家的装配式建筑大都始于工业革命，且目前已经发展到了相对成熟、完善的阶段，装配式建筑行业规模化程度高，技术先进，追求高品质与低能耗以及资源的循环利用。

1. 美国的装配式建筑

美国的装配式建筑起源于 17 世纪的移民浪潮，当时采用的木构架拼装房屋就是一种装配式建筑。在经历了 20 世纪 40 年代二战后的移民高潮、50 年代塔式起重机的出现、60 年代的专业工人短缺、70 年代的能源危机以及法律体系的不断健全后，美国的装配式建造体系更加标准化与规范化，且形式更加多样。

美国国会在 1976 年通过了国家工业化住宅建造及安全法案。同年，美国联邦政府住房和城市发展部（Department of Housing and Urban Development，HUD）颁布了美国工业化住宅建设和安全标准（简称 HUD 标准），对设计、施工、强度和持久性、耐火等方面进行了规范。随后出台了联邦工业化住宅安装标准，用于审核所有生产商的安装手册和州立安装标准。美国低收入人群是装配式住宅的主要购买者。在各地城市郊区的低收入人群购房者中，购买装配式住宅的比率高达 35%；在南部农村地区有 63%的特别低收入家庭购买装配式住宅。这是因为对于中、低收入家庭，通过租用土地而自己拥有一套装配式住宅，与租住一套公寓相比，前者是更为经济的选择。

美国的装配式建筑中，大城市住宅的结构类型以混凝土装配式和钢结构装配式住宅为主，而在小城镇多以轻钢结构和木结构住宅体系为主，这主要与美国人的居住习惯相关。为了摆脱装配式住宅“低等”“廉价”的形象，HUD 与相关设计从业人员一方面在质量和美观上下功夫，使之符合房地产的普通标准，逐渐摆脱传统的火柴盒式外观，与传统建造的住宅外观及特点非常相似；另一方面大力发展中高端装配式住宅产品。

目前，美国装配式建筑构件和部品的标准化、系列化、专业化、商品化、社会化程度较高，具有结构性能好、通用性高且易于机械化生产的特点。美国的装配式建筑经历了从追求数量到追求质量、从发展传统行业中低档品种到产业化中高档品种的阶段性转变，并且融入环保绿色理念的技术，在市场需求中加快发展，以最大限度地节能、节地、节水、节材，实现保护环境和减少污染的目标。

2. 日本装配式建筑

日本早在 1963 年便成立了预制建筑协会，于 1968 年提出装配式住宅的概念，并在 1969 年制定了《推动住宅产业标准化五年计划》。此后每五年都会颁布住宅建设五年计划，每一个五年计划都有明确的促进住宅产业发展和性能品质提高方面的政策和措施，从而推动了住宅标准化建设。20 世纪 70 年代，日本又通过建立优良住宅部品认定制度、住宅性能认定制度以及住宅技术方案竞赛制度等一系列制度体系来推动住宅产业化。预制建筑协会还出版了各种工业化模式的详细设计规范，先后建立 PC 工法焊接技术资格认证制度、预制装配住宅装潢设计师资格认证制度、PC 构件质量认证制度、PC 结构审查制度等，先后编写了“预制建筑技术集成”丛书，包括剪力墙预制混凝土（W-PC）、剪力墙式框架预制钢筋混凝土（WR-PC）及现浇同等型框架预制钢筋混凝土（R-PC）等。

从建筑结构类型来看，在 2017 年日本已开工建筑面积中，木结构占比 41.70%，钢结构占比 37.71%，混凝土结构占比 18.02%，钢混结构占比 1.84%，其他类型结构占比 0.73%，钢结构占比仅次于木结构建筑。由于日本属于地震频发的国家，且森林资源较为丰富，钢结构虽有良好的抗震性能，但与木结构相比占比略低。自 20 世纪 80 年代以来，已开工建筑面积中，钢混结构占比下降了 9%，而钢结构和混凝土结构的占比较为稳定，其中钢结构建筑开工面积占比稳定在 30%以上。

日本装配式建筑追求中高层住宅配件化的生产体系，以满足日本人口比较密集的住宅市场需求，同时通过立法来保证预制构件的质量。在装配式住宅方面制定了一系列的方针政策和标准，形成了统一的模数标准，使日本装配式建筑的发展逐渐标准、规范且日趋多样化。

3. 欧洲装配式建筑

欧洲各个国家装配式建筑的发展历程及结构形式有所不同，但建筑工业化大发展均源于二战后。社会环境上，一方面战后欧洲经济发展迅速，人口向城市集中，但战争损坏大量房屋，房屋短缺问题严重；另一方面劳动力不足，传统技工紧缺，且传统的建筑施工效率较低，不能适应当时所面临的房屋增长的迫切需要。技术条件上，欧洲的工业基础雄厚，战后恢复和发展较为迅速，且拥有充裕的水泥、钢材和施工机械等，为建筑工业化的推行提供了更为有利的条件。

法国 1891 年就已推行装配式混凝土建筑，迄今已有 130 多年的历史。法国建筑工业化以混凝土体系为主，钢、木结构体系为辅，大多采用框架或板柱体系，并逐步向大跨度发展。近年来，法国建筑工业化呈现出三方面特点：一是焊接连接等干法作业为主；二是结构构件与设备、装修工程分开，减少预埋，使得生产和施工质量提高；三是主要采用预应力混凝土装配式框架结构体系，装配率达到 80%，脚手架用量减少 50%，节能可达 70%。

德国的装配式住宅主要采用预制与现浇构件的混合建造体系，其构件的预制与装配建设已经实现了工业化和专业化设计，以及标准化、模块化、通用化的生产方式。这些构件部品便于仓储和运输，能够多次重复使用和临时周转，同时具备节能低耗、绿色环保的永久性能。德国是世界上建筑能耗降低幅度发展最快的国家之一，直至近几年提出零能耗的被动式建筑。从大幅度的节能到被动式建筑，德国都采取了装配式建筑来推动实施，这需要装配式住宅与节能标准之间的充分融合。

瑞典开发了大型混凝土预制板的工业化体系，大力发展以通用部件为基础的通用体系。瑞典的建筑工业化特点，一是在完善标准体系基础上发展通用部件；二是模数协调形成瑞典工业标准，实现了部品尺寸、对接尺寸的标准化与系列化。

丹麦则将模数法制化应用于装配式住宅，国际标准化组织（International Organization for Standardization，ISO）模数协调标准即以丹麦的标准为蓝本编制。丹麦推行建筑工业化的路径实际上是以产品目录设计为标准的体系，使部件达到标准化，然后在此基础上实现多元化的需求。

4. 新加坡装配式建筑

新加坡 1963 年引进法国大板预制体系，但由于本地承包商缺乏技术与管理经验，宣告失败；1981 年，同时引进澳大利亚、法国、日本等多种体系，并率先在保障房大规模推广，最后发展成具有新加坡特色的预制装配整体式结构。新加坡政府在发展装配式建筑方面作用显著，装配式施工技术强制应用于组屋建设，其开发出 15 层到 30 层的单元化装配式住宅（塔式或板式混凝土多高层建筑）占全国总住宅数量的 80%以上，并且通过平面的布局、标准化设计及工业化生产，使其装配率达到了 70%。

建筑工业化是 21 世纪建筑业发展的一大趋势，如俄罗斯预制混凝土结构在混凝土建筑中所占比例为 50%，欧洲其他国家为 35%～40%。2008 年至 2012 年，日本采用装配整体式框架结构建成了 600 多米高的东京晴空塔，说明预制装配式结构正向着更高的高度发展。关于预制装配式住宅，日本的预制混凝土建筑体系设计、制作和施工的标准规范相对完善。2012 年，美国预制预应力混凝土协会出版了《预制预应力混凝土结构抗震设计（第 2 版）》（PCI MNL-140-12）。在结构理论研究方面，Parastesh 等和 Baran 等对预制装配式建筑中的节点和楼板进行了一系列研究；1998 年，Maya-Yescas 等对节点的动力性能继续进行了详细的研究，这些研究均有力推动了装配式结构的发展。

在建设全过程的设计、生产、运输、安装这些子系统中，有许多学者进行了深入研究。2013 年，Ozbay 等提出了用概率约束数学规划模型以解决交通运输管理过程中的事件约束和资源分配问题。2015 年，Skowronska 等基于地面车辆系统提出了一个决定设计和维护系统的最优性能的方法。2016 年，Gosling 等指出模块化的重要性以及模块化在装配式建筑施工过程中的复杂性和不明确性，并实地调查了意大利、德国、巴西、英国的 15 个建设项目，提出了一种帮助管理者有效完成施工组织活动的模块化施工方法。2016 年，Park 等提出一种高层装配式建筑的模块化施工方法，并通过试点实验证明其有效性。2017 年，George-Christopher 等为了减少由于设计和制造差异以及安装现场的失误造成的返工，提出一种构件排序和规划的优化方法使整体装配的几何偏差以及返工率达到了最小化。

1.3.2　我国装配式建筑的发展历程

我国装配式建筑起步于 20 世纪 50 年代，在国家大力倡导建筑工业化的背景下，装配式建筑在大量建设实践中得以快速发展，发展较快的几个省份还形成了相对成熟的技术体系。经过数十年发展后，于 20 世纪 90 年代初颁布了国家级技术规程，但装配式建筑并未步入下一个发展高峰，而是在同时期各种因素的影响下陷入停滞。国务院办公厅发布的《关于推进住宅产业现代化提高住宅质量的若干意见》明确提出了建立住宅及材料、部品的工业化和标准化生产体系，并逐步形成系列的住宅建筑体系的目标，对于降低建筑能耗、完善住宅建设相关标准、发展通用部品等也给出了明确指示。在此背景下，装配式建筑重新进入发展时期，但在 2010 年之前进展较为缓慢，近 10 年进入全面发展期。

随后，我国陆续在《中华人民共和国国民经济和社会发展第十二个五年规划纲要》《绿色建筑行动方案》《国务院办公厅关于促进建筑业持续健康发展的意见》等文件中都提出了优化建筑业产业结构、推动装配式建筑发展的目标。各地区积极响应国家号召，推进装配式建筑发展。例如，深圳出台了 10 余项地方标准和规范；沈阳出台了《装配式混凝土结构构件制作、施工与验收规程》（DB21/T 2568—2020）等 9 项省级和市级地方技术标准；北京出台了混凝土结构产业化住宅的设计、质量验收等 11 项标准和文件；上海出台了 5 项，以及正在编制的 4 项地方标准和技术文件。

此外，许多企业开始研究建筑主体的工业化技术，并做了一些有益的尝试。万科企业股份有限公司（以下简称万科）在上海、北京、深圳、天津等多个城市进行了示范试点项目建设，并已运用于实际工程中。长沙远大住宅工业集团股份有限公司（以下简称长沙远大住工）、黑龙江宇辉建筑有限责任公司（以下简称黑龙江宇辉）、中南建设集团有限公司（以下简称中南建设）、西伟德快可美建筑材料（合肥）有限公司（以下简称合肥西伟德）、南京大地普瑞预制房屋有限公司、中山快而居住宅工业有限公司（以下简称中山快而居）也相继投入装配整体式结构的研发。其中，2015 年 12 月 17 日，长沙远大住工进行了全装配式建筑 1∶1 实物抗震试验，对一栋 285m^2 的三层工业化全装配式建筑进行了 6、7、8、9 度地震烈度试验，为世界首例。近年来，随着一系列相关政策、技术、制度的更新完善，装配式建筑将进入加速发展期。现在已经有 17 个城市有初步意向申报住宅产业化综合试点，包括北京、上海、青岛、厦门等东部热点城市。

目前，国内万科、中新房控股集团有限公司（以下简称中新房）、中国建筑集团有限公司（以下简称中国建筑）、长沙远大住工等进行建筑工业化的企业均基于自身经验和技术优势往三个方面发展：一是技术输出，依靠技术服务能力与政府、大型房地产企业合作，建设现代 PC 构件工厂，如沈阳卫德建筑产业现代化研究院；二是与开发商合作推出定型产品，主要是低层且形成标准化、系列化的房屋产品，如 2～3 层的别墅产品、私人自住楼房，同时，在全国建立连锁制造和营销机构，其主要面对新农村建设的自建住房市场；三是为客户提供定制生产服务，如接单生产建造企业办公楼、宿舍、厂房以及市政工程等所需的预制构件产品。其中万科是开发商角色，起到整合资源的作用；中新房、长沙远大住工、黑龙江宇辉都采用工程采购与施工（engineering procurement and construction，EPC）模式，即自行设计、自行生产、自行安装后销售成品房，做到了“像造汽车一样地造房子”。国内典型的装配式结构形式和参与企业见表 1-1。

表 1-1　国内典型的装配式结构形式和参与企业

装配式结构形式	参与企业
装配式剪力墙结构体系（住宅）	万科、中南建设、黑龙江宇辉、中山快而居、长沙远大住工、吉林亚泰（集团）股份有限公司
装配式框架结构体系（公共建筑）	南京大地建设集团有限责任公司、万科、日本鹿岛建设株式会社
叠合板结构体系（住宅）	合肥西伟德
装配式框架、框架剪力墙结构（公共建筑、住宅）	万科、润泰集团、长沙远大住工、南京大地建设集团有限责任公司
钢结构住宅体系（住宅）	宝山钢铁股份有限公司、中国冶金科工集团有限公司

此外，参与企业还有天津住宅建设发展集团有限公司、上海城建（集团）有限公司、浙江宝业建设集团有限公司、中天控股集团有限公司、中国中铁股份有限公司、中国建筑、北京金隅集团等。

近年来，我国已初步形成以轻钢结构为主的装配式住宅结构体系，并在住宅集成技术方面进行了有益探索。但是，其发展还处于初级阶段，一些技术重点、运行难点也亟待突破，体现在以下三个方面。

（1）技术标准滞后。装配式住宅的设计、生产、安装施工、验收评定等技术标准尚未建立，缺乏配套的实施细则；不同类别的装配式住宅结构抗震性能评价标准等尚不健全；预制构件生产企业的准入门槛相对较低，很多处于产品质量标准的空白区。

（2）建造成本偏高。未形成大规模生产，规模效益无法体现；装配式建筑技术难度高，初期的研发投入以及预制构件生产所需的机械设备等投入都较大；工艺成本、物流成本等也偏高。

（3）配套技术整合难。装配式住宅所涉及的前期策划、施工建设以及后期物业管理等均未被各相关配套行业所熟悉，在实施中面临诸多技术衔接问题。

为推进建筑产业化发展，应加强对相关企业引导和规范，尽快完善相关技术标准，健全完善以全产业链为基础的政策、法规。具体可采取以下几项措施。第一，要在建筑设计、部品生产、施工安装及验收、维护保养等各个环节建立起相关规则。第二，研究并出台与实际情况相适应的发展规划和导则，制定并落实各项激励措施和保障措施，逐步引导更多企业加入，形成可持续的市场运行机制。第三，加大科研投入，突破关键技术，完善技术标准。第四，加快建立促进建筑工业化的设计、施工、部品生产等环节的标准体系；丰富标准件的种类，提高通用性和可置换性；建立统筹规划、政策激励的运行机制。第五，发展装配式住宅要统筹规划、统一协调、有序推进，根据各地区经济、技术及自然条件，因地制宜，逐步探索出适应本地区的产业化发展之路。第六，对装配式建筑的生产和消费给予财政节能奖励和绿色信贷支持。

1.3.3　国内外装配式建筑比较

发达国家和地区的装配式建筑发展大致经历了三个阶段：一是初期阶段，重点是政府主导建立工业化生产（建造）体系；二是发展阶段，重点是提高建筑的质量和建造性价比；三是成熟阶段，重点是进一步降低建筑物能耗和对环境的负荷，解决多样化、个性化、低碳环保等问题。对比之下，我国装配式建筑发展仍处于初期阶段，政府正发挥主导作用，统筹建立装配式生产（建造）体系，并逐渐激活市场。

装配式建筑的发展与社会经济、地理环境和科技水平相关，各国因地制宜地选择适合自己的装配式技术路线。欧、美、日等发达国家的工业化水平和科技水平较高，劳动力紧缺，因而建筑装配率较高。我国装配式建筑发展存在低潮期，进入 21 世纪才逐渐恢复，近几年在政府主导下迎来较大进展。此外，法国、丹麦以装配式混凝土建筑为主，日本以装配式木结构和钢结构为主，新加坡因为人口密度大，所以选择多层、高层装配式混凝土结构，而我国则主要以装配式混凝土结构和钢结构为主。

政府在发展装配式建筑方面作用显著。新加坡组屋（政府主导的公共住房项目）中强制推行装配式混凝土结构，取得了较高的社会效益，对土地所有制形式类似、人口密度较高的我国有很好的借鉴意义。

完善的法律、法规及技术的进步可促进装配式建筑发展。在法律法规方面，美国工业化住宅建设和安全标准为建材产品和部品部件产业发展奠定了基础，日本通过立法来保证预制构件的质量，瑞典工业标准实现了部品尺寸、对接尺寸的标准化与系列化；在技术体系方面，基本建筑体系，关键技术、产业化技术工人，部品部件生产的质量水平，物流体系，质量管理和评价体系等的进步和完善推动了各国装配式建筑的发展。

1.3.4　装配式建筑的发展趋势

近年来，城乡合并、城镇化的发展以及快速崛起的高楼大厦，使城市对于建筑行业的需求越来越高，对先进技术的渴望也越来越强烈。在未来的发展道路上，建筑业也始终都会是支柱产业。然而，建筑行业依旧存在很多弊端，资源的过度浪费、能源的大量消耗、环境的高污染都是需要解决的问题。要想谋求可持续的发展道路，陈旧的传统建筑建造方法已经无法达到标准，装配式建筑能够有效地解决这些问题，提高人们的生活质量，实现低碳环保的生活理念。装配式建筑所带来的革新与优势，主要表现为以下几个方面。

（1）减少财政损失。装配式建筑所采取的节水措施会带来直接的经济效益、减少国家的财政损失。

（2）节省排污与排污设施费用。在污水处理方面，装配式建筑也有一定优势，能够通过雨水的回收利用和污水减排等措施，有效降低排污费用，同时缓解城市市政的压力。

（3）提高就业人数。装配式建筑的现场施工不同于传统现浇建筑，现场工人需要把预制好的构件按图进行组装，而不是进行钢筋绑扎和混凝土浇筑。也就是说，装配式建筑需要更多的组装工人，一方面增加了技术工种，另一方面降低了操作难度，都从不同程度上促进了就业。通过创造更多的就业机会，增加人口的就业率，有助于国民经济的健康发展。

（4）提高社会生产率。装配式建筑已经脱离了传统建筑烦琐的施工流程，不需要循序渐进，建筑的各个构件可以实现同时生产，建筑建造效率大大提高，工业化的生产方式使得人工劳动力得到了解放。与传统施工方式相比，其工期缩短近 50%，节约人工20%～30%。

（5）提高品牌知名度。我国装配式建筑发展至今，在全国设立了许多示范工程，为房地产开发商、使用方树立了品牌形象，提高了品牌知名度。对装配式建筑品牌进行全生命周期的积累投入有两大优点：一是可以提升品牌本身的附加值；二是可以增加市场占有率。

凡是事物的发展初期，都会遇见各种的困境。我国的装配式建筑发展仍然属于初期阶段，目前正处于实验与探索的阶段，需要消耗大量的人力、物力，但这是必经的过程。虽然短期内小规模的建筑工业化生产所需成本高于传统建筑，但是其低碳环保、降低能耗等优势预示了装配式建筑广阔的前景。

通过对本章内容的学习，我们须关注装配式建筑行业发展的几个关键问题。

（1）受传统行业划分的影响，建筑设计、加工制造、装配施工各自分隔，技术及管理均呈现出“碎片化”的特征，急需整合。问题突出体现在建筑设计不考虑工厂的加工生产和现场装配施工的需要，导致工厂加工效率低、人工浪费；同时，现场既有预制又有现浇，工序、工艺复杂，人工减少和材料节省有限，质量和效率的提升不明显。

（2）受传统专业分工的影响，建筑、结构、机电设备、装饰装修各专业独立，缺乏协作。首先，从供给侧来看，我国的建筑供应方式主要以“半成品”的模式提供给消费者，无法形成完整的工业化生产方式的供给。其次，过于重视装配式建筑“结构”的研发，缺乏装配式建筑的整合。近几年的实践中暴露出的大多数装配式建筑结构的质量问题都发生在建筑围护系统、内装系统和机电设备系统的配合上。由于不能满足需求侧的使用要求，行业逐渐发展缓慢，甚至停滞。

（3）受传统建造方式的影响，传统建筑手工粗放、成本至上、寿命短、标准低，按照传统的施工总承包模式，也无法从施工的末端引导前端的技术研发、设计和部品部件采购环节。未来行业应该建立国际通行的工程总承包模式，以管理、技术、市场一体化的责任主体统筹全链条，实现精益营造。

思　考　题

1. 什么是装配式建筑？
2. 简单描述一下装配式建筑建造的流程。
3. 装配式建筑的结构形式和特点有哪些？
4. PC 结构的优势有哪些？
5. 我国装配式建筑的发展历程与国外相比，有哪些不同？

第 2 章　BIM 技术

在近代建筑史上，组合建造已有相当长的历史。英国与法国都是在 20 世纪 60 年代开始使用的。经过长期的改良和改进，装配式建筑的灵活多样性逐渐表现出来，其施工快速、经济、节能等特征也与当前提倡的节能环保的发展理念相吻合。BIM 是一种绿色、高效、创新的新兴技术。BIM 的兴起为传统建筑业注入了新的活力，为传统建筑业的发展提供了新的途径。BIM 的应用将为我国的建设乃至整个建筑业的发展带来巨大的推动作用，具有重要的现实意义。

2.1　BIM技术的简介

BIM 是一种以建筑工程的各方面信息数据为基础，依托数字信息模拟仿真进行建筑模型建立的技术。它不仅可以建立建筑数字模型，还给设计企业提供具体的实施标准和实施方法。简而言之，BIM 就是一种信息管理方法，该方法将数字化信息与应用相结合，采用参数化仿真的方式，实现多个工程项目的数据集成。BIM 平台的建立，将大幅提升建设项目管理系统中各个部门之间的协作与协调能力。

1. BIM 概念的由来

BIM 源于美国佐治亚技术学院（Georgia Institute of Technology）建筑与计算机专业的查克 • 伊斯曼（Chuck Eastman）博士提出的一个概念：建筑信息模型包含了不同专业的所有的信息、功能要求和性能，把一个工程项目的所有的信息（包括设计过程、施工过程、运营管理过程的信息）全部整合到一个建筑模型中。

2. BIM 的定义

（1）国际标准化组织对 BIM 的定义。国际标准化组织设施信息委员会（Facilities Information Council）对 BIM 的定义为：BIM 是在开放的工业标准下，对设施的物理特性、功能特性及其相关的项目寿命周期信息以可计算或运算的形式表现。同时，BIM 能将与建筑信息模型相关的所有信息组织在一个连续的应用程序中，并允许参与方对其进行获取、修改等操作。

（2）美国对 BIM 的定义。美国国家 BIM 标准将 BIM 定义为：BIM 是对某一设施物理和功能特性的数字化展现，并作为一个共享的知识资源库，为该设施从概念设计到拆除的全生命周期中的所有决策提供可靠依据。在项目不同阶段，不同利益相关方通过在 BIM 中插入、提取、更新和修改信息，以支持和反映其各自职责的协同作业。

通过美国国家 BIM 标准对 BIM 的定义，可以总结出 BIM 的含义应当包括如下三个方面。

① BIM 是设施的所有信息的数字化表达。它是一个可以作为设施虚拟替代物的信息化电子模型，可以实现共享信息资源。

② BIM 是在开放标准和互用性基础之上建立、完善和利用设施的信息化电子模型的行为过程。设施的有关各方根据各自职责在模型中插入、提取、更新和修改信息，以支持设施使用和管理的各种需要。

③ BIM 是一个透明的、可重复的、可核查的、可持续的协同工作环境。在这个环境中，各参与方在设施全生命周期中都可以及时联络、共享项目信息，同时通过分析信息做出决策并改善设施的交付过程，使项目得到有效的管理。

（3）中国对 BIM 的定义。2016 年 12 月中华人民共和国住房和城乡建设部发布的《建筑信息模型应用统一标准》（GB/T 51212—2016）将 BIM 定义为：在建设工程及设施全生命期内，对其物理和功能特性进行数字化表达，并依此进行设计、施工、运营的过程和结果的总称。

（4）其他。国外权威公司对 BIM 的说明是利用信息化模型实现建筑物全生命周期的管理。

美国对 BIM 做出的解释更为具体，将 BIM 视为集物理属性与信息属性于一身的改变建筑产业发展模式的技术，能够实现对建筑工程实现全生命周期管理运维的手段。不论何种解释与说明，BIM 的关键词都是信息共享。

2.1.1　BIM 技术的内容

与传统的二维图纸不同，BIM 是以三维、四维（空间+时间），甚至更多维度的数字技术为基础实现设计。BIM 技术颠覆了房地产和建筑行业依赖平面图进行设计建造的传统模式，为建筑领域带来了跨时代的重大技术革新。作为一种新兴的建筑设计方法，计算机辅助设计（computer aided design，CAD）技术与 BIM 技术的区别见表 2-1。

表 2-1　CAD 技术与 BIM 技术的区别

类别	CAD 技术	BIM 技术
基本元素及其含义	点、线、面； 无专业意义	墙、窗、门等； 不但具有几何特性，同时还具有建筑物理特征和功能特征
修改图元大小及其他属性	需要更改属性调整图元大小	所有图元均为参数化建筑构件，附有预设的建筑属性：在“族”的概念下，只需要更改属性，就可以调节构件的尺寸、样式、材质、颜色等
各基本元素间的关联性	各个基本元素之间没有相关性	各个基本元素是相互关联的。例如：删除一面墙，这面墙上的窗和门也会自动删除；删除一扇窗，墙上原来窗的位置会自动恢复为完整的墙
建筑物整体修改	需要对建筑物各投影面依次进行人工修改	只需进行修改一次，则与之相关的平面、立面、剖面、三维视图、明细表等都自动修改
建筑信息的表达	提供的建筑信息非常有限，只能将纸质图样电子化	包含了建筑的全部信息，不仅提供形象可视的二维和三维图样，而且提供工程量清单、施工管理、虚拟建造、造价估算等更加丰富的信息

通过与传统 CAD 技术比较，BIM 技术的内容总结如下。

（1）BIM 技术能够将建设工程项目的所有属性与信息表达出来，这主要基于 BIM

技术所建立的三维立体模型。建筑工程的所有属性均能以虚拟模型的方式表示，传达了建筑物的物理属性。赋予这些构件信息，即可完成建筑工程的功能属性的传递。

（2）BIM 技术可以提供统一的交流平台，实现信息的共享。所有与建筑工程项目相关的部门与专业，都可以在 BIM 提供的平台上进行信息的交流与传递。实时数据的更新保证了建设工程项目的效率与效益。

（3）BIM 技术提供了一种参数化的管理方法。在工程项目建设的每一个阶段，BIM 技术都提供了具体的参数，方便管理者进行调整、分析。

由此可知，BIM 技术的出现给传统的管理方式带来了改变（图 2-1）。首先，其信息集成化的特性：集成化的信息模型能够让所有的专业都在一个平台上进行沟通与交流，极大地减少了不同软件之间的冲突与图纸的大量使用，不但提高了管理效率，而且大大降低了风险发生的概率。其次，其具备可视化与动态管理的特性：BIM 技术建立的三维立体模型能够让管理者直观醒目地观看建筑工程的所有方面；同时，动态的施工模拟有利于及时发现建造过程中出现的各种突发问题，方便管理者及时进行调整。再次，其具备信息共享的特性：信息对于建筑工程的建设至关重要，尤其对于管理者来说，BIM 技术的实时共享信息使得管理者能够直接掌握所有信息并随时调取，方便了管理方法的制定。总之，BIM 技术的信息共享、集成化与可视化的特性，为管理者提供了优化管理方案的可能，极大地提高了管理效率和管理效益。

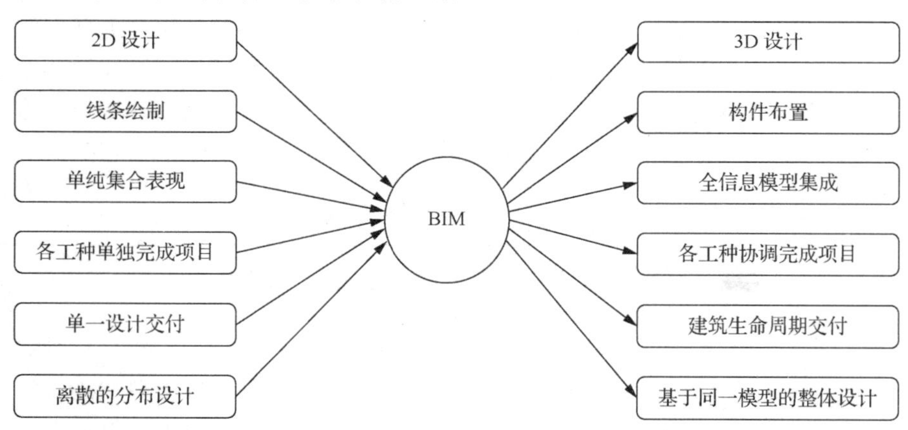

图 2-1　BIM 带来的改变

2.1.2　BIM 技术的核心

BIM 技术的核心是建筑信息模型。在建筑信息模型中模型是基础、核心和工作对象。本质上，作为实体的建筑信息模型是存储了项目集成化信息的数据库。同时，这样的一个或多个包含了建设工程全生命周期数字化信息模型实体，也为建设项目的各个参与方提供了一个信息交互的平台。

按照不同的分类体系，模型又可以被划分为多种不同的类型。如按照模型所集成的信息特征，可以分为 3D 模型、4D 模型、5D 模型乃至 *n*D 模型；按照专业和项目建设阶段，可以划分为设计模型［又可以细分为建筑模型、结构模型、MEP（mechanical electrical plumbing）模型、综合模型、各种分析模型等]、施工模型（又可以细分为总包模型、专业分包模型等）、制造模型、设施运营管理模型等；按照模型中的信息集中化程度，可以划分为集中式模型和分布式模型等。对于不同类型的建筑信息模型，其中所包含的信息集成化程度、内容等各个方面均可能存在着较大的差异。因此，在建筑信息模型的应用过程中，必须针对不同的需求，选择具有针对性的模型。在运用建筑信息模型的建设项目中，项目各个参与方首先需要建立模型，并以各种不同的方式和程度将项目信息集成于其中；其次，要将部分或全部的项目工作与模型联系起来，以模型作为项目工作开展的辅助手段，并尽可能地将模型与其他的信息系统和信息手段相交互，以最大程度地实现信息共享；最后，要将各个阶段的工作成果在模型中体现出来。

2.1.3　BIM 技术的价值

随着经济的发展，人们对生活质量提出了更高的要求。在这一背景下，绿色建筑可持续发展政策的提出迫使传统建筑向绿色建筑、节能建筑的方向发展。并且随着建筑企业的发展，来自同行业的竞争越来越激烈，削减成本、谋求生存空间变成了每个建筑企业的迫切任务。而传统 CAD 时代的工作模式与工具已不能满足当今建筑行业发展面临的各种挑战，伴随着计算机科学技术的发展，BIM 技术在这个时候出现在建筑行业里，凭借其在降低施工风险、提高建筑项目品质、加快信息沟通与共享等方面的价值优势，尤其在节省人力、物力方面的表现赢得了人们普遍认同。与此同时，我国建筑行业当前正处于能耗高、污染重的阶段，实现建筑行业的可持续发展和信息化是这一阶段的必然要求和发展趋势，而 BIM 技术的出现恰好解决了我国建筑行业转型所必须面临的问题。

近几年，BIM 技术得到了国内建筑领域及业界各阶层的广泛关注和支持，整个行业对掌握 BIM 技术的人才需求也越来越大。如何在高校教育体系中实现与行业需求相一致，为社会培养掌握 BIM 技术并学以致用的专业型人才，成为当前建筑教育所面临的课题之一。

BIM 的出现，将会对传统设计管理流程和设计院相关技术人员结构产生变革性的影响。高成本、高专业水平的技术人员将从繁重的制图工作中解脱出来而专注于专业技术本身，而较低人力成本、软件操作水平高的制图员、建模师、初级设计助理将承担起制图建模工作。对制图员、建模师群体等的需求，也为社会创造了更多的就业机会。

BIM 技术正在成为继 CAD 技术之后推动建筑行业技术进步和管理创新的一项新技术，有利于进一步提升企业的核心竞争力。BIM 技术的发展得到了我国政府和行业协会的高度重视。应用 BIM 技术，可大幅度提高建筑工程的集成化程度，促进建筑业生产方式的转变，提高投资、设计、施工乃至整个工程生命期的质量和效率，提升科学决策和管理水平。对于投资来说，BIM 技术的应用有助于投资方提升对整个项目的掌控能力和科学管理水平，提高效率、缩短工期、降低投资风险；对于设计来说，BIM 技术有利于支撑可持续设计、强化设计协调、减少因错、缺、漏、碰导致的设计变更，促进设计效率和设计质量的提升；对于施工来说，BIM 技术有利于支撑工业化建造和绿色施工，优化施工方案，促进工程项目实现精细化管理、提高工程质量、降低成本和安全风险；对于运维来说，BIM 技术有助于提高资产管理以及物业使用和应急管理水平。

BIM 技术为管理者提供了一种新的管理思路，为工程建设的顺利进行提供了一种新的方法。作为一种工具，管理人员可以利用其进行项目管理和实现最终的目标，建立以 BIM 技术应用为载体的项目管理信息化平台，提升项目生产效率，提高建筑质量，缩短工期、降低建造成本。具体体现在以下几点。

（1）三维渲染，宣传展示。三维渲染动画，给人以真实感和直接的视觉冲击。建好的 BIM 模型可以作为二次渲染开发的模型基础，大大提高了三维渲染效果的精度与效率，给投资方更为直观的视觉体验，提升中标概率。

（2）快速算量，精度提升。BIM 所创建的 5D 关系数据库，可以准确、快速地计算工程量，提升施工预算的精度与效率。由于 BIM 数据库的数据粒度可达到构件级，因此可以快速提供支撑项目各条线管理所需的数据信息，有效提升施工管理效率。BIM 技术能够实现传统算量软件自动计算工程实物量的功能，因此，在国内此项应用较为广泛。

（3）精确计划，减少浪费。施工企业精细化管理很难实现的根本原因在于海量的工程数据无法快速、准确地获取，导致资源计划无以为继，致使经验主义盛行。而 BIM 的出现让相关管理人员快速准确地获得工程基础数据，为施工企业制订精确的管理计划提供了有效支撑，大大减少了资源、物流和仓储环节的浪费，为实现限额领料、消耗控制提供了技术支撑。

（4）多算对比，有效管控。管理的基础是数据，项目管理的基础就是工程基础数据的管理。及时、准确地获取相关工程数据是项目管理的核心竞争力。BIM 数据库可以实现任一时间点上对工程基础信息的快速获取。通过合同、计划与实际施工的消耗量、分项单价、分项合价等数据的多算对比，可以有效了解项目运营的盈亏，消耗量是否超标，进货分包单价是否失控等问题，实现了对项目成本风险的有效管控。

（5）虚拟施工，有效协同。BIM 技术的三维可视化功能结合时间维度，可以进行虚拟施工的模拟。有利于随时随地、直观、快速地将施工计划与实际进展进行对比，同时进行有效协同，使施工方、监理方，甚至非工程行业出身的业主对工程项目的各种问题和情况详细了解。通过 BIM 技术结合施工方案、施工模拟和现场视频监测，可以大大减少建筑质量问题、安全问题，减少返工和整改。

（6）碰撞检查，减少返工。BIM 技术最直观的特点在于三维可视化，利用 BIM 的三维技术可以在前期进行碰撞检查，优化工程设计，减少在建筑施工阶段可能存在的错误损失和返工的可能性，并且优化净空，优化管线排布方案。最后，施工人员可以利用碰撞检查优化后的三维管线方案，进行施工交底、施工模拟，提高施工质量，同时也提高了与业主沟通的能力。

（7）冲突调用，决策支持。BIM 数据库中的数据具有可计量的特点。因此工程相关的大量信息可以为工程提供巨大的数据后台支撑。BIM 数据库中的项目基础数据可以由各管理部门进行协同和共享，工程量信息可以根据时空维度、构件类型等标准进行汇总、拆分、对比分析等操作，保证工程基础数据及时、准确地提供给各部门，为决策者制定工程造价项目群管理、进度款管理等方面的决策提供依据。

（8）成本核算。BIM 技术在处理实际成本核算中有着巨大的优势。基于 BIM 建立的工程 5D（实体、时间、成本数据）关系数据库，可以建立与成本相关数据的时间、空间、工序维度关系。同时，数据粒度处理能力达到了构件级，使实际成本数据高效处理分析的实现有了可能。

BIM 作为一项新的信息技术，它的提出和发展对建筑业的发展产生了重大影响，已得到了业界普遍关注，并被寄予厚望，希望能通过 BIM 技术的应用促进建筑业的转型升级和生产方式的转变。

2.1.4 BIM 技术应用中涉及的常用术语

1. PAS 1192

PAS 1192 是英国标准协会发布的公共可用规范，为建筑信息模型（BIM）的信息管理体系提供技术框架。该规范规定了模型几何信息（level of model）、模型非几何信息（model information）、模型的定义（model definition）和模型信息交换（model information exchange）。PAS 1192-2 提出 BIM 实施计划（BIM excution plan，BEP）是为了管理项目的交付过程，有效地将 BIM 引入项目交付流程，对项目团队在项目早期发展的 BIM 实施计划很重要。它概述了全局视角和实施细节，帮助项目团队贯穿项目实践；经常在项目启动时被定义并当新项目成员被委派时，用以调节他们的参与。

2. CIC BIM protocol

CIC BIM protocol 即 CIC BIM 协议。CIC BIM 协议是建设单位和承包商之间的一个补充性的具有法律效力的协议，已被并入专业服务条约和建设合同之中，是对标准项目的补充。它规定了雇主和承包商的额外权利和义务，从而促进相互之间的合作，同时有对知识产权的保护和对项目参与各方的责任划分。

3. clash rendition

clash rendition 即碰撞再现。专门用于空间协调的过程，实现不同学科建立的 BIM 模型之间的碰撞规避或者碰撞检查。

4. CDE

CDE 即公共数据环境（common data environment）。这是一个中心信息库，所有项目相关者可以访问。同时，对所有 CDE 中的数据访问都是实时的，所有权仍旧由创始者持有。

5. CO Bie

CO Bie 即施工运营建筑信息交换（construction operations building information exchange）。CO Bie 是一种以电子表单呈现的用于交付的数据形式，其核心功能包括结构化数据存储（如 Excel 表格）、跨软件互操作性支持（如 IFC/XML 格式）及分类系统标准化（如 Omniclass/Uniclass）。

6. data exchange specification

data exchange specification 即数据交换规范。不同 BIM 应用软件之间数据文件交换的一种电子文件格式的规范，从而提高相互间的可操作性。

7. federated mode

federated mode 即联邦模式。本质上这是一个合并了的建筑信息模型，将不同的模型合并成一个模型，是多方合作的结果。

8. GSL

GSL 即政府软着陆（government soft landings）。这是一个由英国政府开始的交付仪式，它的目的是减少成本（资产和运行成本）、提高资产交付和运作的效果，同时受助于建筑信息模型。

9. IFC

IFC 即工业基础类标准（industry foundation class）。IFC 是一个包含各种建设项目的设计、施工、运营等各个阶段所需要的全部信息的一种基于对象的、公开的标准文件交换格式。

10. IDM

IDM 即信息交付手册（information delivery manual）。IDM 是对某个指定项目以及项目阶段、某个特定项目成员、某个特定业务流程所需要交换的信息以及由该流程产生的信息的规范。每个项目成员通过信息交换得到完成他的工作所需要的信息，同时把他在工作中收集或更新的信息通过信息交换给其他需要的项目成员使用。

11. information manager

information manager 即为雇主提供一个“信息管理者”的角色，本质上就是一个负责 BIM 程序上有关资产交付的项目管理者。

12. Level 0、Level 1、Level 2、Level 3

Levels 表示项目的 BIM 等级，具体指从不合作到完全合作被认可的过程，是 BIM 成熟度的划分。这个过程被分为 0～3 共四个阶段，目前对于每个阶段的定义还有争论，最广为认可的定义如下。

Level 0：没有合作，只有二维的 CAD 图样，通过纸张和电子文本输出结果。

Level 1：含有一点三维 CAD 的概念设计工作，而法定批准文件和生产信息都是 2D 图输出。不同学科之间没有合作，每个参与者只有他自己的数据。

Level 2：合作性工作，所有参与方都使用他们自己的 3D CAD 模型，设计信息共享是通过普通文件格式实现。参与方都能将共享数据和自己的数据结合，从而发现矛盾。因此要求各参与方使用的 CAD 软件必须能够以普通文件格式输出。

Level 3：所有学科整合性合作，使用一个在 CDE 环境中的共享性的项目模型。各参与方都可以访问和修改同一个模型，解决了最后一层信息冲突的风险，这就是所谓的开放共享的建筑信息模型（Open BIM）。

13. LOD

LOD 即 BIM 模型的发展程度或细致程度（level of detail）。LOD 描述了一个 BIM 模型构件单元从最低级的近似概念化的程度发展到最高级的演示级精度的步骤。LOD 的定义主要运用于确定模型阶段输出结果及分配建模任务这两方面。

14. LoI

LoI 即信息级别（level of information）。LoI 定义了每个阶段模型中包含的信息量和详细程度。比如，是需要空间信息、性能参数，还是规范和标准、工况、合规证明等。

15. LCA

LCA 即全生命周期评价（life cycle assessment）或全生命周期分析（life cycle analysis），是对建筑资产从建成到退出使用整个过程中对环境影响的评估，主要是对能量和材料消耗、废物和废气排放的评估。

16. Open BIM

Open BIM 即一种在建筑的合作性设计施工和运营中基于公共标准和公共工作流程的开放资源的工作方式。

17. BEP

BEP 即 BIM 实施计划（BIM execution plan）。BIM 实施计划分为“合同前 BEP”和“合作运作期 BEP”，“合同前 BEP”主要负责雇主的信息要求，即在设计和建设中纳入承包商的建议，“合作运作期 BEP”主要负责合同交付细节。

18. Uni class

Uni class 即英国政府使用的分类系统，在建筑资产的全生命过程中，根据类型和种类将各相关元素整理和分类，使事物有序。

2.2　BIM技术的特点

在建筑信息模型中，建筑模型的数据存在以多种数字技术为依托，所以其可以作为各个建筑项目的基础，进行相关工作。在此过程中，与建筑工程相关的工作都可以从建筑信息模型中提取出各自需要的信息，既可用来指导相应工作，又能将相应工作的信息反馈到模型中。建筑信息模型不是简单地将数字信息进行集成，它还是一种数字信息的应用，是一种用于设计、建造、管理的数字化方法，可以显著提高建筑工程的效率、大量减少风险。

BIM 技术之所以能在建筑工程中发挥重要的作用，关键在于其具有的各种优势和特点。作为一种数据化应用工具，BIM 技术能够在整个建筑工程推进过程中，对建筑的设计、结构、施工予以直观的呈现，从而为施工管理者提供充足的依据。而且还能够通过三维数字化结构，将建筑的相关参数明确地展现出来，使管理人员能够做到心中有数，从而实现对工程实施质量和效率的有效监管。

1. 可视化

（1）设计可视化：在设计阶段建筑及构件以三维方式直观呈现出来。设计师能够运用三维方式有效地完成建筑设计，同时也使业主（或最终用户）真正摆脱了技术壁垒限制，随时可直接获取项目信息，大大减小了业主与设计师间的交流障碍。BIM 工具具有多种可视化的模式，一般包括隐藏线、带边框着色和真实渲染三种，此外，BIM 还具有漫游功能，通过创建相机路径、动画或一系列图像，可向客户进行模型展示。

（2）施工组织可视化：利用 BIM 工具创建建筑设备模型、周转材料模型、临时设施模型等，以模拟施工过程，确定施工方案，进行施工组织。通过创建各种模型，可以在计算机中进行虚拟施工，使施工组织可视化。

（3）复杂构造节点可视化：利用 BIM 的可视化特性将复杂的构造节点全方位呈现，如复杂的钢筋节点、幕墙节点等。传统二维图样难以表示的钢筋排布，在 BIM 中可以很直观展现，甚至可以做成钢筋模型的动态视频，有利于施工和技术交底。

（4）设备可操作性可视化：利用 BIM 技术对建筑设备空间是否合理进行提前检验。图 2-2 所示为某项目生活给水机房的 BIM 模型，通过该模型可以验证设备房的操作空间是否合理，并对管道支架进行优化。通过制作工作集和设置不同施工路线，可以制作多种设备的安装动画，不断调整，从中找出最佳的设备安装位置和工序。与传统的施工方法相比，该方法更直观、清晰。

图 2-2　某项目生活给水机房的 BIM 模型

（5）机电管线碰撞检查可视化：通过将各专业模型组装为一个整体 BIM 模型，从而使机电管线与建筑物的碰撞点以三维方式直观显示出来。在传统的施工方法中，对管线碰撞检查的方式主要有两种：一是把不同专业的 CAD 图样叠在一张图上进行观察，根据施工经验和空间想象力找出碰撞点并加以修改；二是在施工的过程中边做边修改。

这两种方法均费时、费力，效率很低。但在 BIM 模型中，可以提前在真实的三维空间中找出碰撞点，并由各专业人员在模型中调整好碰撞点或不合理处后再导出 CAD 图样。

2. 协调性

协调各方主体，是建设行业工作的关键环节。建设单位、业主和设计单位需要相互配合。工程执行期间出现问题时，应召集相关人员召开协调会，找出问题原因并提出解决方法进行变更，采取适当的补救措施。在设计过程中，不同专业的设计师可能存在交流不畅的情况，导致各专业间相互冲突。例如，在管线铺设时，可能因为要分别画出施工图纸，造成实际建造期间存在问题。BIM 的协调性可以帮助处理这些问题，在建筑物建造前期，BIM 可以对各专业的碰撞问题进行协调，生成协调数据，帮助理解各专业间碰撞问题的性质和位置，以及协调建筑物的空间布局等。

3. 模拟性

BIM 技术不仅能模拟实际设计的建筑物模型，还可以模拟出虚拟操作的情况。在设计阶段，BIM 可以对需要进行模拟的过程进行模拟实验，如节能模拟、紧急疏散模拟、日照模拟、热能传导模拟等；在招投标和施工阶段可以进行 4D 模拟（三维模型和项目的发展时间模拟），也就是模拟实际施工情况，从而确定合理的施工方案来指导施工；同时还可以进行 5D 模拟（基于 3D 模型的造价控制模拟），从而实现成本控制；后期运营阶段可以模拟日常紧急情况的处理方式，如地震人员逃生模拟及消防人员疏散模拟等。

4. 优化性

事实上，整个设计、施工、运营的过程就是一个不断优化的过程。优化和 BIM 虽然不存在必然联系，但以 BIM 为基础，可以进行更好的优化。优化受三种要素的制约：信息、复杂程度和时间。没有准确的信息做不出合理的优化结果，BIM 模型提供了建筑物的实际信息，包括几何信息、物理信息、规则信息等。复杂程度达到一定高度，参与人员本身的能力已经无法掌握所有的信息，则必须借助一定的科学技术手段和设备的帮助。现代建筑物的复杂程度大多超过参与人员本身的能力极限，BIM 及与其配套的各种优化工具提供了对复杂项目进行优化的可能。目前，基于 BIM 的优化可以完成以下的工作。

（1）项目方案优化。把项目设计和投资回报分析结合起来，就可以实时计算设计变化对投资回报的影响，这样业主对设计方案的选择就不会主要停留在对外形的评价上，而可以更加明晰哪种项目设计方案更有利于自身的需求。

（2）异型设计优化。裙楼、幕墙、屋顶、大空间等的异型设计，虽然这些内容看起来占整个建筑的比例不大，但是占投资和工作量的比例较大，而且通常也是施工难度比较大和施工问题比较多的地方。对这些内容的设计施工方案进行优化，可以缩短工期，降低造价。

5. 一体化

一体化指的是 BIM 技术可进行从设计到施工再到运营的贯穿工程项目全生命周期的一体化管理。BIM 三维模型的数据库，不仅包含了建筑师的设计信息，而且可以容纳从设计到建成使用，甚至是使用周期终结的全过程信息。BIM 可以持续提供项目设计组成、进度以及成本信息，这些信息完整可靠并且具有极高的协调性。BIM 能在综合数字环境中保持信息不断更新并可提供访问权限，使建筑师、工程师、施工人员以及业主可以清楚全面地了解项目。这些信息在建筑设计、施工和管理的过程中能使项目质量提高，收益增加。BIM 可以完善建筑行业从上游到下游的各个企业间的协作，从而实现项目全生命周期的信息化管理，最大化地实现 BIM 一体化的意义。

在设计阶段，BIM 可将建筑、结构、给水排水、空调、电气等各个专业基于同一个模型进行工作，从而使真正意义上的三维集成协同设计成为可能。将整个设计整合到一个共享的建筑信息模型中，结构与设备、设备与设备间的冲突会直观地显现出来，工程师可在三维模型中随意查看，能准确捕捉到可能存在问题的位置，并及时调整，从而极大地避免了施工中的浪费。在施工阶段，BIM 可以同步提供有关建筑质量、进度以及成本的信息。利用 BIM 可以实现整个施工周期的可视化模拟，极大程度地促进了设计施工的一体化过程。

6. 参数化

参数化建模指的是通过参数（变量）而不是数字建立和分析模型，简单地改变模型中的参数值就能建立和分析新的模型。BIM 的参数化设计分为两个部分：参数化图元和参数化修改引擎。参数化图元指的是 BIM 中的图元是以构件的形式出现，这些构件之间的不同是通过参数的调整反映出来的，参数保存了图元作为数字化建筑构件的所有信息；参数化修改引擎指的是参数更改技术使用户对建筑设计或文档部分做的任何改动，都可以自动地在其他相关联的部分反映出来。在参数化设计系统中，设计人员根据工程关系和几何关系来指定设计要求。参数化设计的本质是在可变参数的作用下，系统能够自动维护所有的不变参数。因此，参数化模型中建立的各种约束关系，正是体现了设计人员的设计意图。参数化设计可以大大提高模型的生成和修改速度。

在某钢结构项目中，钢结构采用交叉状的网壳结构，其主肋控制曲线是在建筑师根据莫比乌斯环的概念确定的曲线走势基础上衍生出的多条曲线；有了基础控制线后，利用参数化设定曲线间的参数，按照设定的参数自动生成主次肋曲线。相应的外表皮单元和梁也是随着曲线的生成而自动生成。这种参数化的特性，不仅能够大大加快设计进度，还能够极大地缩短设计修改的时间。

7. 信息完备性

信息完备性体现在 BIM 技术可对工程对象进行 3D 几何信息和拓扑关系的描述以及完整的工程信息描述，如对象名称、结构类型、建筑材料、工程性能等设计信息，施工工序、进度、成本、质量以及人力、机械、材料资源等施工信息，工程安全性能、材料耐久性能等维护信息。

2.3　BIM技术相关软件介绍及其应用环境

BIM 技术的有效实施离不开相关软件的支撑。由于信息发展的速度越来越快，工程建设行业数字化转型率随之迅速提升，BIM 的商业价值也逐渐体现出来。但很多人对 BIM 的认识存在误区，认为 BIM 就是只靠一套软件从规划到设计再到建造沿用下去的。实际上，BIM 技术包括的软件很多，可以通过这一系列软件协调工作以实现全生命周期的建筑信息管理。

图 2-3 清晰地表述了一个项目在各个阶段所应用的不同的 BIM 软件。

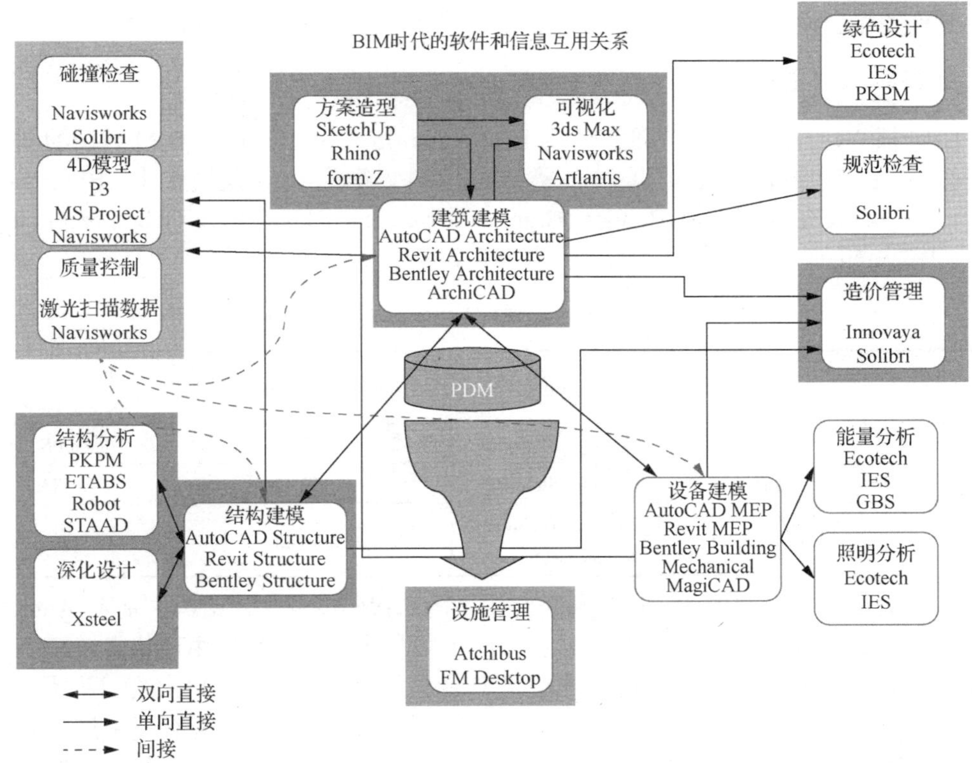

图 2-3　项目各个阶段所应用的不同的 BIM 软件

伊士曼（Eastman）将 BIM 应用软件按功能分为三大类，即 BIM 环境软件、BIM 平台软件和 BIM 工具软件。在本书中，我们习惯将其分为 BIM 概念设计软件、BIM 核心建模软件和 BIM 工具软件。

2.3.1　BIM 技术的相关软件

1. BIM 概念设计软件

BIM 概念设计软件用在设计初期，是在充分理解业主设计任务书和分析业主的具体要求及方案意图的基础上，将业主设计任务书里面基于数字的项目要求转化成基于几何形体的建筑方案，此方案用于业主和设计师之间的沟通和方案研究论证。论证后的成果可以转换到 BIM 核心建模软件里进行深化设计，并继续验证所设计的方案能否满足业主的要求。目前，主要的 BIM 概念软件有 SketchUp、SketchUp Pro 和 Affinity 等。

SketchUp 是诞生于 2000 年的 3D 设计软件，因其上手快速、操作简单而被誉为电子设计中的“铅笔”。后续又推出了更为专业的版本 SketchUp Pro，它能够快速创建精确的 3D 建筑模型，为业主和设计师提供设计、施工验证和流线，方便业主与设计师之间的交流协作。目前，SketchUp Pro 2025 已经投入设计使用中。

Affinity 是一款注重建筑程序和原理图设计的 3D 设计软件，在设计初期通过 BIM 技术，将时间和空间相结合的设计理念融入建筑方案的每一个设计阶段中，结合精确的 2D 绘图和灵活的 3D 模型技术，创建出令业主满意的建筑方案。

其他的概念设计软件还有 Tekla Structures 和 5D 概念设计软件 Vico Office 等。

2. BIM 核心建模软件

BIM 核心建模软件的英文通常称为 BIM Authoring Software，是 BIM 应用的基础，也是在 BIM 应用过程中接触到的第一类 BIM 软件，简称 BIM 建模软件。BIM 核心建模软件公司主要有 Autodesk、Bentley、Graphisoft/Nemetschek AG 以及 Gehry Technologies Dassault Systèmes 等，各自旗下的软件见表 2-2。

表 2-2　不同公司旗下的 BIM 核心建模软件

公司名称	Autodesk	Bentley	Graphisoft/Nemetschek AG	Gehry Technologies Dassault Systèmes
软件名称	Revit Architecture	Bentley Architecture	ArchiCAD	Digital Project
	Revit Structure	Bentley Structure	ALLPLAN	CATIA
	Revit MEP	Bentley Building Mechanical Systems	Vectorworks	

（1）Autodesk 公司的 Revit 软件是运用不同的代码库及文件结构区别于 AutoCAD 的独立软件平台。Revit 软件采用全面创新的 BIM 概念，可进行自由形状建模和参数化设计，并且还能够对早期设计进行分析。设计者借助这些功能可以自由绘制草图，快速创建三维形状，交互地处理各个形状。同时，可以利用内置的工具进行复杂形状的概念澄清，为建造和施工准备模型。随着设计的持续推进，软件能够围绕最复杂的形状自动构建参数化框架，提供更强的创建和控制能力，更高的操作精确性和灵活性。从概念模型到施工文档的整个设计流程都在一个直观环境中完成。并且该软件还包含了绿色建筑可扩展标记语言格式（Green Building XML，即 gbXML），为能耗模拟、荷载分析等提供了工程分析工具，并且与结构分析软件 Robot Structural Analysis Professional、RISA 3D 等具有互用性；与此同时，Revit 还能利用其他概念设计软件、建模软件（如 SketchUp）等导出的数字交换格式（digital exchange format，DXF）文件的模型或图样输出为 BIM 模型。

（2）Bentley 公司的 Bentley Architecture 软件是集直觉式用户体验交互界面、概念及方案设计功能、灵活便捷的 2D/3D 工作流建模及制图工具、宽泛的数据组及标准组件库定制技术于一身的 BIM 建模软件，是 Bentley 公司旗下有关 BIM 的应用程序集成套件的一部分，可针对设施的整个生命周期提供设计、工程管理、分析、施工与运营之间的无缝集成。在设计过程中，不但能让建筑师直接使用许多国际或地区性的工程规范标准进行工作，更能通过简单的自定义或扩充，以满足实际工作中不同项目的需求，让建筑师能拥有进行项目设计、文件管理及展现设计所需的所有工具。目前，该软件在一些大型复杂的建筑项目、基础设施和工业项目中应用广泛。

（3）Graphisoft 公司的 ArchiCAD 软件基于全三维的模型设计，拥有强大的平、立、剖面施工图设计，参数计算等自动生成功能，以及便捷的方案演示和图形渲染功能，为建筑师提供了强大的图形设计工具。它的工作流是集中的，其他软件同样可以参与虚拟建筑数据的创建和分析。ArchiCAD 拥有开放的架构并支持 IFC 标准，它可以轻松地与多种软件连接并协同工作。以 ArchiCAD 为基础的建筑方案可以广泛地利用虚拟建筑数据并覆盖建筑工作流程的各个方面。作为一个面向全球市场的产品，ArchiCAD 可以说是最早具有市场影响力的 BIM 核心建模软件之一。

（4）Gehry Technologies 公司的 Digital Project 软件是在 CATIA 软件基础上开发的一个面向工程建设行业的应用软件（二次开发软件）。它能够生成任何几何造型的模型且支持导入特制的复杂参数模型构件，如支持基于规则的设计复核的 knowledge expert 构件；根据所需功能要求优化参数设计的 product engineering optimizer 构件；跟踪管理模型的 project manager 构件。另外，Digital Project 软件支持强大的应用程序接口；对于建立了本国建筑业建设工程项目编码体系的许多发达国家（如美国、加拿大等）可以将建设工程项目编码［如美国所采用的标准化编码（Uniformat、Masterformat）体系］导入 Digital Project 软件，以方便进行工程预算的测算。

因此，对于一个项目或企业 BIM 核心建模软件技术路线的确定，可以考虑如下基本原则。

① 民用建筑可选用 Autodesk Revit。

② 工厂设计和基础设施可选用 Bentley Architecture。

③ 单专业建筑可选择 ArchiCAD、Revit、Bentley Architecture。

④ 异形建筑、预算比较充裕的项目可以选择 Digital Project。

3. BIM 工具软件

BIM 工具软件是 BIM 软件的重要组成部分，常见 BIM 工具软件及功能见表 2-3。

表 2-3　常见 BIM 工具软件及功能

BIM 工具软件类别	软件名称	功能
BIM 方案设计软件	Onuma Planning System，Affinity	把业主设计任务书里面基于数字的项目要求转化成基于几何形体的建筑方案
可与 BIM 接口的几何造型软件	SketchUp，Rhino，form·Z	完成项目几何造型设计，同时其工作成果可以输入 BIM 核心建模软件
BIM 可持续（绿色）分析软件	Autodesk Ecotect Analysis，IES，Green Building Studio，PKPM	利用 BIM 模型的信息对项目进行日照、风环境、热环境、噪声等方面的分析
BIM 机电分析软件	Designmaster，IES，Virtual Environment，Trane Trace	进行建筑信息模型建立与配置、管道与管系统模型建立

续表

BIM 工具软件类别	软件名称	功能
BIM 结构分析软件	ETABS，STAAD，Robot，PKPM	结构分析软件和 BIM 核心建模软件两者之间可以实现双向信息交换
BIM 可视化软件	3ds Max，Artlantis，AccuRender，Lightscape	减少建模工作量、提高精度与设计（实物）的吻合度、可快速产生可视化效果
二维绘图软件	AutoCAD、Microstation	配合现阶段 BIM 软件的直接输出还不能满足市场对施工图的要求
BIM 发布和审核软件	Autodesk Design Review，Adobe PDF，Adobe 3D PDF	把 BIM 成果发布成静态的、轻型的等格式，供参与方进行审核或利用
BIM 模型检查软件	Navisworks，Projectwise Navigator，Solibri Model Checker	用来检查模型本身的质量和完整性
BIM 深化设计软件	Xsteel	检查冲突与碰撞，模拟分析施工过程，评估建造是否可行，优化施工进度，三维漫游等
BIM 造价管理软件	Innovaya，Solibri，鲁班软件	利用 BIM 模型提供的信息进行工程量统计和造价分析
协同平台软件	ProjectWise，FTP Sites	将项目全生命周期中的所有信息进行集中、有效地管理，提升工作效率及生产力
BIM 运营管理软件	ArchiBUS	提高工作场所利用率，建立空间使用标准和基准，建立和谐的内部关系，减少纷争

完成项目模型创建一般需要多个 BIM 建模软件。各软件间的协同工作必然会伴随信息的交换，以图 2-4 来表述各软件之间的软件信息协同关系。

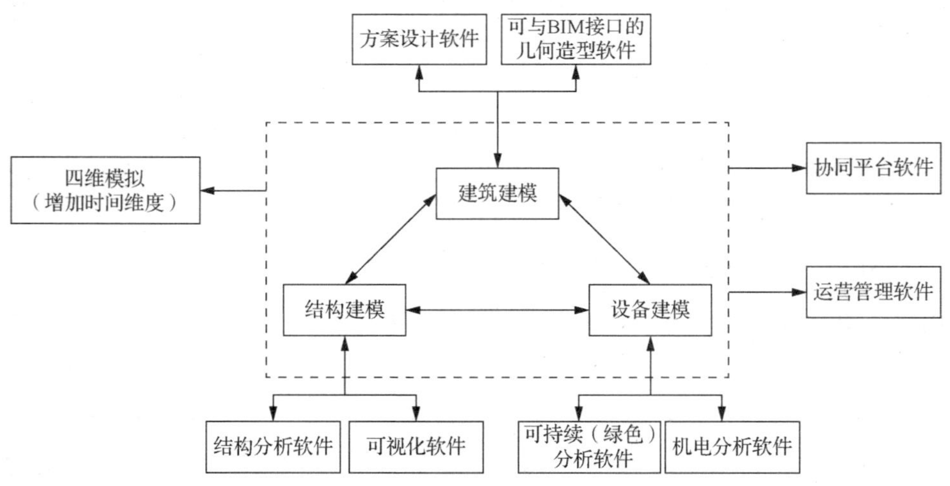

图 2-4　软件信息协同关系分析图

2.3.2　BIM 技术所需的应用环境

BIM 软件与传统的 CAD 软件最大的区别是 BIM 的数据是相互关联的，所以必须集中管理，这为各参与者实现协同管理提供了条件。

BIM 功能的实现首先需要一个协同工作的网络环境和一台用来存放项目数据的服务器，因此，通过交换机和网线将 BIM 参与者的计算机连接起来，用户在对 BIM 模型进行操作时可以通过网络访问存储于服务器上的文件并对其进行修改。图 2-5 为 BIM 技术在具体应用中的典型网络示意。

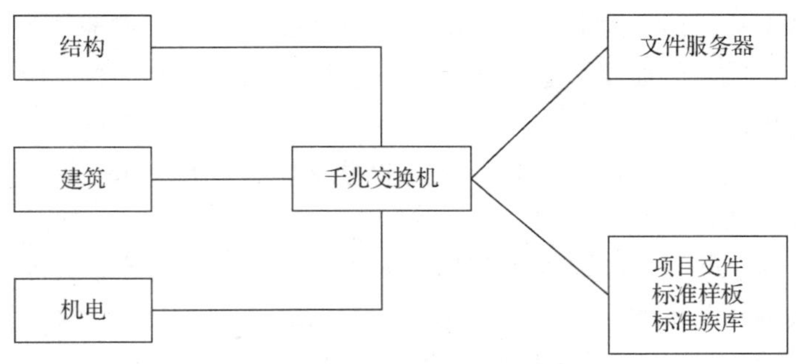

图 2-5　BIM 在具体应用中的典型网络示意

对 BIM 的数据进行保护是非常必要的，因为 BIM 与传统 CAD 应用的最大不同点是：BIM 的主要成果就是存储的数据。一旦数据损坏，将会带来巨大的损失。利用冗余存储是最常见的保护数据的措施，可以从硬件角度为数据安全提供保障，但是仅仅通过这种方式不能满足安全需求。为了保障数据的完整性，还需要应用新技术，采取新的备份方法保护数据的安全，具体途径如下。

（1）数据备份。比较简单的做法就是及时将存储设备上的相关数据进行复制，一旦正在使用的数据或是机器出现故障，可以通过调用备份文件恢复数据。

（2）异地容灾。数据备份基本保障了本地的数据安全，但是一旦存储设备的工作场所出现意外（譬如自然灾害），可能会导致数据的彻底损坏。因此，数据量小的可以通过移动存储备份到异地，数据量大的可以通过异地服务器进行数据备份。

（3）云端存储。随着近几年云端存储的发展和应用，利用云盘进行备份已成为常见的数据存储手段。云端存取基于网络连接，在连接因特网的环境中比较便捷，但是由于目前网络安全技术并不成熟，云端数据存储的保密性还不是很高，一些涉及商业秘密的数据以及不宜备份的数据不适合采用云端存储。

2.4　BIM技术相关岗位职责

1. BIM 项目经理

BIM 项目经理岗位职责包括以下几个方面。

（1）参与企业 BIM 项目决策，制订 BIM 工作计划。

（2）建立并管理 BIM 项目团队，确定人员职责与权限，并定期进行考核、评价和奖惩。

（3）负责设计环境的保障监督，监督并协调信息技术（information technology，IT）服务人员完成项目相关的 BIM 软硬件的安装调试及网络环境的建立。

（4）确定项目中的各类 BIM 标准及规范，如大项目切分原则、构件使用规范、建模原则、专业内协同设计模式、专业间协同设计模式等。

（5）负责对工作进度进行管理与监控。

（6）组织、协调人员进行各专业 BIM 模型的搭建、建筑分析、二维出图等工作。

（7）负责各专业的综合协调工作（阶段性管线综合控制、专业协调等）。

（8）负责交付成果的质量管理，包括阶段性检查及交付检查等。检查后还需组织人员解决发现的问题。

（9）负责对外数据的接收或交付，配合业主及其他相关合作方进行相关检验，并完成数据和文件的接收或交付。

对 BIM 项目经理的能力要求包括具备土建、水电、暖通等相关专业背景；具有丰富的建筑行业实际项目的设计与管理经验和独立管理大型 BIM 建筑工程项目的经验；熟悉 BIM 建模及专业软件；具有良好的组织能力及沟通能力。

2. BIM 工程师

BIM 工程师岗位职责包括负责创建 BIM 模型，基于 BIM 模型创建二维视图，添加指定的 BIM 信息；配合项目需求，负责 BIM 可持续设计（绿色建筑设计、节能分析、室内外渲染、虚拟漫游、建筑动画、虚拟施工周期、工程量统计等）。

对 BIM 工程师的能力要求包括具备建筑设计等相关专业背景，具有一定 BIM 应用实践经验，能熟练掌握企业 BIM 软件的使用。

3. BIM 制图员

BIM 制图员岗位职责包括协助项目经理、工程师等完成从方案到施工图阶段的绘图工作；能够搭建 BIM 模型，独立完成各专业建筑构件的建模工作。

对 BIM 制图员的能力要求包括具备基础的建筑、结构、机电专业知识及施工图识图能力；熟练掌握企业 BIM 软件、二维制图软件的使用。

4. BIM 技术研究人员

BIM 技术研究人员的岗位职责包括负责收集并了解现有和新兴的 BIM 相关软硬件的前沿技术，完成应用价值及优劣势分析，为企业整体信息化发展决策提供依据；根据企业信息化决策及实际业务需求，提供可采用的技术方案；对拟采用的技术方案及软硬件环境进行技术测试与评估；组织并协助业务部门对拟采用的软硬件系统进行应用测试。

对 BIM 技术研究人员的能力要求包括具备计算机应用、软件工程等专业背景；具有建筑设计领域信息化应用工作经验；具有 BIM 应用实施工作经验。

5. BIM 应用开发人员

BIM 应用开发人员的岗位职责包括负责针对企业实际业务需求的定制开发工作，现阶段重点开发方向为针对 BIM 应用软件的效率提升、功能增强等方面。其主要工作内容包括需求调研、可行性评估、应用开发、测试、客户培训、技术支持、后续维护等。

BIM 应用开发人员的能力要求包括具备计算机应用、软件工程等专业背景，能熟练掌握 ASP.NET 等开发环境，熟悉企业所用 BIM 软件开发接口，具备一定的软件开发经验。

6. BIM 技术支持人员

BIM 技术支持人员的岗位职责包括负责培训新员工熟悉掌握 BIM 应用流程、制度及规范等；负责 BIM 软件使用的初、中级培训；负责解决 BIM 软件使用中遇到的问题及故障。

BIM 技术支持人员的能力要求包括具备计算机应用、软件工程等专业背景，能熟练掌握 BIM 应用软件，具有良好的沟通能力及口头表达能力。

7. BIM 系统管理员

BIM 系统管理员的岗位职责包括负责 BIM 应用系统、数据协同及存储系统、构件库管理系统的日常维护、备份等工作；负责管理各系统人员的权限设置与维护；负责各项目环境资源的准备及维护。

BIM 系统管理员的能力要求包括具备计算机应用、软件工程等专业背景，具备一定的系统维护经验。

8. BIM 数据维护员

BIM 数据维护员的岗位职责包括负责收集和整理各部门、各项目的构件资源数据及模型、图纸、文档等项目交付数据；负责对构件资源数据及项目交付数据进行标准化审核，并提交审核情况报告；负责对构件资源数据进行结构化整理并导入构件库，同时保证数据检索的正常运行；负责对构件库中构件资源的一致性、时效性进行维护，保证构件库资源的可用性；负责数据信息的汇总与提取，以供其他系统及应用使用。

BIM 数据维护员的能力要求包括具备建筑、结构、暖通、给排水、电气等相关专业背景，熟悉 BIM 软件应用；具有良好的计算机应用能力。

9. BIM 标准管理员

BIM 标准管理员的岗位职责包括负责收集和贯彻落实国际、国家及行业的相关标准；负责制订企业 BIM 应用标准化工作计划及长远规划；负责组织制定 BIM 应用标准与规范；负责宣传及检查 BIM 应用标准与规范的执行；负责根据实际应用情况组织 BIM 应用标准与规范的修订。

BIM 标准管理员的能力要求包括熟悉相关国家标准及行业标准；熟悉建筑设计领域的生产流程；熟悉 BIM 软件的实施应用过程；具有良好的语言组织及表达能力。

2.5　BIM技术的应用

BIM 技术能够应用于工程项目规划、勘察、设计、施工、运营维护等各个阶段，实现建筑全生命周期内各参与方在同一多维建筑信息模型基础上的数据共享，为产业链贯通、工业化建造和繁荣建筑创作提供了技术保障；支持对工程环境、能耗、经济、质量、安全等方面的分析、检查和模拟，为项目全过程的方案优化和科学决策提供依据；支持各专业协同工作、项目的虚拟建造和精细化管理，为建筑业的提质增效、节能环保创造条件。

2.5.1 BIM 技术的应用计划

编制 BIM 应用计划包含以下几点。

1. 明确 BIM 项目需求

每个项目都有五种典型的利益相关者，即项目发起人、项目客户、项目经理、项目团队、项目相关职能部门的负责人，他们应该对项目承担责任。所以，在应用 BIM 技术进行项目管理时，须明确自身在管理过程中的需求，并结合 BIM 技术本身特点来确定项目管理的服务目标。这些目标必须是具体的、可衡量的，并且能够促进建设项目的规划、设计、施工和运营的成功。

2. 明确并实施 BIM 应用目标

企业在应用 BIM 技术进行项目管理时，须明确自身在管理过程中的目标，并结合 BIM 本身特点确定 BIM 辅助项目管理的服务目标，如提升项目的品质（声、光、热、湿等）、降低项目成本（须具体化）、节省运行能耗（须具体化）、系统环保运行等。

为完成 BIM 应用目标，各企业应紧随建筑行业技术发展步伐，结合自身在建筑领域的优势，确立 BIM 技术应用的战略思想。比如，某施工单位制定了“提升建筑整体建造水平、实现建筑全生命周期精细化动态管理”的 BIM 应用目标，据此确立了“以 BIM 技术解决技术问题为先导，通过 BIM 技术严格管控施工流程，全面提升精细化管理”的 BIM 技术应用思路。

3. 组织、建立 BIM 相关机构

在项目建设过程中需要有效地将各种专业人才的技术和经验进行整合，将他们各自的优势、经验得到充分的发挥，以满足项目管理的需要，提高管理工作的成效。为更好地完成项目 BIM 应用目标，响应企业 BIM 应用战略思想，需要结合企业现状及应用需求，先组建能够应用 BIM 技术为项目提高工作质量和效率的项目级 BIM 团队，进而建立企业级 BIM 技术中心，其主要负责 BIM 知识管理、标准与模板、构件库的开发与维护、技术支持、数据存档管理、项目协调、质量控制等工作。

4. 依据进度计划设计 BIM 应用方案节点

为了充分配合工程进度，实际应用将根据工程的进度计划（以施工为例）设计 BIM 应用方案。主要节点如下。

（1）投标阶段初步完成基础模型建立、厂区模拟、应用规划、管理规划。

（2）进场前初步制定本项目 BIM 实施导则、交底方案，完成项目 BIM 标准大纲。

（3）人员进场前有针对性地进行 BIM 技能培训，实现各专业管理人员掌握 BIM 技能。

（4）确保各施工节点前一个月完成专项 BIM 模型，并初步完成方案会审。

（5）各专业分包投标前 1 个月完成分包所负责部分的 BIM 模型工作，用于工程量分析、招标准备等。

（6）各专项工作结束后一个月完成竣工 BIM 模型以及相应信息的三维交付。

（7）工程整体竣工后针对物业进行三维数据交付。

5. 制订资源配置计划

（1）软件配置计划。BIM 工作覆盖面大，应用点多，因此任何单一的软件工具都无法全面支持。项目团队需要根据项目实施经验，拟定合适的 BIM 软件作为项目的主要模型工具，并自主开发或购买成熟的 BIM 协同平台作为管理依托。

（2）硬件配置计划。BIM 模型带有庞大的信息数据，因此，在 BIM 实施的硬件配置上也要有严格的要求。结合项目需求及成本，根据不同的使用用途和方向，对硬件配置进行分级设置，最大程度保证硬件设备在 BIM 实施过程中的正常运转，最大限度地有效控制成本。

6. 明确 BIM 实施办法、标准

BIM 应用贯穿于项目的各个阶段与层面。在项目 BIM 实施前期，应制定相应的 BIM 实施标准，对 BIM 模型的建立及应用进行规划，实施标准主要内容包括明确 BIM 建模专业、明确各专业负责人、明确 BIM 团队任务分配、明确 BIM 团队工作计划、制定 BIM 模型建立标准等。

现有的 BIM 标准有《美国国家 BIM 标准》（National BIM Standard-United States，NBIMS-US）、《新加坡 BIM 指南》、《英国建筑业 BIM 标准》[AEC（UK）BIM Standard]、以及《中国建筑信息模型标准框架研究》提出的中国 BIM 标准框架体系（Chinese Building Information Modeling Standards，CBIMS）等。

由于每个施工项目的复杂程度不同、施工方案不同、企业管理模式不同，仅仅依照单一的标准难以使 BIM 实施过程中的模型精度、信息传递接口、附带信息参数等内容保持一致，企业有必要在项目开始阶段建立针对性强、目标明确的企业级乃至于项目级的 BIM 实施办法与标准，全面指导项目 BIM 工作的开展。

2.5.2　“BIM+”技术的应用

1. “BIM+GIS”技术应用

地理信息系统（geographic information system，GIS）与 BIM 的集成应用研究成果相对较多，往往是针对特定的应用领域，以实际问题为出发点，充分发挥两者的优势，相互配合解决实际问题。

GIS 和 BIM 的集成应用成果按照不同领域大致可以划分为以下三类。

（1）工程建设管理领域。BIM 技术本身以三维模型为信息载体，以可视化和参数化

为核心功能，集成了建筑工程项目各种相关信息，是工程项目建设管理的数据基础。结合 GIS 大场景地理信息管理的优势，能够实现工程建设从微观到宏观的多尺度精细化管理。在施工阶段，GIS 和 BIM 技术可以用于建筑供应链管理，从工程项目的整体出发，对工程建设所需材料进行调度、跟踪和管理，结合射频识别技术（radio frequency identification，RFID）、全球定位系统（global positioning system，GPS）、物联网等多种技术，实现对建筑材料供应的可视化管理等。GIS 与 BIM 的集成应用不仅应用于施工建设阶段，也应用于建筑工程全生命周期的其他阶段（涵盖规划、设计、施工、竣工验收、运营维护），并已有相关成果。

（2）市政设施管理领域。市政设施是为城市提供基础服务功能的各类建筑物、构筑物、设备等的总称，是城市正常运转的重要保障。以 GIS 和 BIM 为核心的信息化管理手段，可以优化传统市政设施的管理方式，显著提高市政设施的管理效率。目前，GIS 和 BIM 技术已广泛应用于电力、供水、道路、公共资产等多个方面的市政设施管理。

市政设施管理分为多个尺度：建筑尺度的电力、供水等市政设施管理以 BIM 技术为主；社区、城市、区域、国家等尺度的市政设施管理依靠 GIS 实现。GIS 与 BIM 融合可以满足多尺度市政设施管理的需求，对市政设施的合理、高效、科学管理具有重要的现实意义。

（3）火灾应急处理领域。BIM 技术的兴起，使管理者对城市火灾应急处理的方式不再局限于利用 GIS 进行简单的室外路径规划，而是对建筑内部的结构和资源分布有了进一步的了解，让建筑内部路线规划具备了可能性。GIS 和 BIM 技术的集成应用能在火灾响应时间、火灾精细化处理、人员应急疏散等方面提供技术支持，国内外学者在这方面也做了大量研究工作。

2. “BIM+GIS+IoT”技术应用

物联网（the internet of things，IoT）技术是智慧工地系统运行的核心，只有应用 IoT 技术将人员、机械、物料等要素通过传感器联系到一起，才能构建起智慧工地管理系统的大网络，实时掌握工地中的情况。当然，仅仅依靠 IoT 技术是不够的，IoT 技术本身无法获取物体的原始数据信息，需要从设计初期利用 GIS 技术建立宏观的地理环境信息模型，利用 BIM 技术建立微观的工程信息模型，并在施工中与原始模型、计划进度安排进行对照，才能保证施工质量，实现有条不紊的施工。由此可见，GIS 技术和 BIM 技术是智慧工地系统的基础，是信息的来源和数据库；而 IoT 技术是智慧工地系统的核心，通过 IoT 技术可以把工地中多种因素联系到一起。最终，多种信息技术协同，方可实现智慧工地平台的搭建，实现虚拟与现实的统一。

3. “BIM+倾斜摄影”技术应用

通过无人机倾斜摄影测量技术可以得到工程区的三维实景模型。BIM 技术可以构建工程设计模型，通过三维实景模型与 BIM 模型的结合，可以将建成后的工程模型直观地呈现。

“BIM+倾斜摄影”的应用可以划分成以下三种类型。

（1）土方量计算。土方量计算是地面开挖工程中一项必不可少的工作，传统的计算方法一般需要考虑现场的地质、地形特征。在实际应用中，项目人员运用多旋翼无人机结合倾斜摄影技术的方法，基于地表栅格数据对指定区域中土方量进行计算，规避了传统土方量计算中复杂地形对所测结果的精度影响。计算过程快速便捷、自动化程度高，减少了大量人工计算。将所得数据与实测数据进行对比分析后，所得误差在允许范围内，准确度较高。

（2）虚拟进度与实际进度对比。将无人机倾斜摄影所生成的实景模型与 Revit 建模所得的 BIM 模型相结合，可以对项目计划进度与实际进度进行有效的管控。相较于仅通过无人机拍摄照片对工程进度进行把控，无人机倾斜摄影模型能够更直观、灵活地对各区域细节进行展示，同时由于所得模型是严格按真实比例进行缩放的，所测数据更为真实可靠。

（3）市政道路设计。市政道路设计存在交通量大、施工交通组织设计复杂、施工区域狭小、需与其他专业紧密配合等技术难点，因此在设计时需要考虑各类因素，对于设计方案的合理性提出了更高要求。将 BIM 技术应用于市政道路设计中，可以快速获得合理的三维设计方案。利用无人机倾斜摄影技术获取的三维实景模型及数据可作为 BIM 设计优质的三维基础资料，道路平面、纵断面、横断面和道路交叉等设计可依托实景模型展开，能够直观、快捷地检验设计方案与实际环境的匹配程度，进一步验证设计方案的合理性和可行性。

4. “BIM+3D 打印”技术应用

建筑行业是我国发展的支柱行业，对我国经济的增长起到决定性的作用。与国外相比，最近几十年我国建筑行业对新技术的应用一直处于劣势状态，甚至比较落后，导致大量的资源浪费和环境破坏，给我国的长远发展带来了不利影响。因此，国家及地方政府均大力推进新科技、新技术在建筑行业的应用。

单纯采用 BIM 技术虽然能够很好地实现各个部门间的信息沟通，使建筑从规划、设计、施工到运维整体化的实施更加畅通，提高了建造的效率。但是，应用 BIM 技术需要大量人力资源，这导致建造成本随人力成本的升高而大幅度提高，仍然无法解决资源浪费和环境破坏的问题，也无法减轻建筑行业的巨大压力。在施工阶段采用 3D 打印技术组装建造或直接打印建造模型，能够提高建造精度，节省大量的人力资源，防止高能耗，达到保护环境的目的。将 BIM 技术与 3D 打印技术相结合的具体方法是：用 BIM 技术负责建筑项目的设计阶段管理，并将其在施工阶段与 3D 打印技术相结合，直接打印出所需建筑构件或成型建筑，再进行组装或打磨修理。在此阶段，BIM 技术为 3D 打印技术提供了建筑模型，经过数据处理系统生成打印路径与步骤，3D 打印设备按照此路径进行相应的打印，最后进行项目的运维阶段管理。将 BIM 技术与 3D 打印技术相结合，不仅能发挥出各自的技术优势，而且能保证建筑建造过程的低能耗、高效率，实现绿色环保的同时获得高收益。

5. “BIM+VR”技术应用

因为 BIM 技术所建立的信息模型，包含了虚拟现实（virtual reality，VR）体验所需的信息数据，所以 BIM 模型与 VR 设备能实现自然对接，而无须复杂的软件技术开发，最终建成的 VR 场景兼具了建筑工程属性和用户体验的虚拟现实空间。随着建筑信息的修改，场景信息随之更新，不需要重新对模型进行处理以及开发软件。

对于“BIM+VR”技术的具体应用可以划分为以下五种类型。

（1）工程质量的控制。工程质量一直是建筑行业关心的核心问题之一。工程质量管理时间周期长，是一个动态的过程。影响工程质量的不确定因素众多，隐蔽性强；“BIM+VR”技术的产生及应用可以对现存的工程质量问题有针对性地进行解决，进而提高工程质量管理的效率。

“BIM+VR”技术可以作为一个数据共享平台，覆盖建筑全生命周期的各个阶段。“BIM+VR”平台中建筑构件信息、设备信息可以方便工程量的计算、工程造价的预估、建筑材料的采购与管理。该平台对建筑工程全生命周期的信息、文档资料的统一管理与变更能够及时反馈到相关专业人员，有利于解决工作职责混乱问题。从设计到施工阶段的数据信息会随着构件变更实时更新，工程预算直接生成造价数据表格方便工程调用。

（2）项目方案的决策制定。在方案设计前期，“BIM+VR”平台根据输入的相关数据，对项目的地理环境、气候条件、交通流量、土方平衡量等客观条件进行分析与模拟，可作为制定前期设计的依据。在方案设计阶段，“BIM+VR”技术能够建成一个具有沉浸感的虚拟现实场景，设计师可以在场景中感受建筑的空间尺寸、材质特点等，直接在场景中对方案进行调整与更新。这种三维空间的设计模式更有利于思维的表达。传统 3D Studio MAX、SketchUp、Lumion 等软件塑造的三维效果图和动态视频，虽然能够弥补业主对二维图纸识别能力不足的问题，但是效果图和真实场景毕竟存在较大差距。“BIM+VR”平台则可以让设计师更加真实、直观地感受方案效果，有效提高了设计质量与效率。

（3）解决建筑施工难题。在建筑工程的施工阶段，二维图纸到项目施工过程中存在信息壁垒，导致施工进度、质量、安全等均得不到有效保障，并且存在造价不可控、资源浪费等情况。但随着“BIM+VR”技术在建筑施工中的应用，施工难题迎刃而解。通过“BIM+VR”技术可以对施工进度、工程量、建筑信息模型进行互通，生成“真实”的施工模拟动画。通过将计划进度与实际进度参照对比，能够有效控制工期，降低损失。

基于建筑信息模型，利用 VR 技术可以建立精确的施工场景信息（包括材料堆放位置、机械设备布置、施工组织安排等）。在虚拟的施工现场中，可以自由地选择施工的时间、角度、位置来控制施工的进度，形成施工交底的参照数据。此外，对现场施工及管理人员进行 VR 技术培训，针对复杂的、危险性高的操作进行重复演练，可提前规避隐患，确保安全施工，既节省时间和建设投资，也提高施工企业的竞标能力。

（4）地产营销模式的创新。传统地产营销主要通过效果图、动画、沙盘向客户展示，场景信息不够真实。借助“BIM+VR”技术，一方面，客户在虚拟环境中实现房屋精确测量，远程体验小区环境、户型特点、采光效果，甚至变换装修风格，感受昼夜效果；

另一方面，虚拟场景还能对客户的行为做出反应及适应性改变，创造出身临其境的感受。

BIM 模型能够准确地显示建筑信息，真实还原建筑的原始数据。客户可以看到建筑结构内部管道、水电暖通设备等。这种全方位展示以及虚拟环境的沉浸式体验，可以提高客户的购买欲望，而且客户无须现场感知，能够如同身在其中。

（5）运维管理模式的变革。传统建筑运营阶段往往无法跟设计、施工阶段的数据信息实现互通共享、实时更新，而“BIM+VR”技术能够实时地向运维管理人员提供建筑工程各个阶段的信息数据，并且实时更新。例如，在建筑设备的维护过程中，可以对出现问题的地方进行及时的检测，迅速显示设备信息，并通知厂家做出处理。

2.5.3　BIM 技术应用意义

BIM 正在成为继传统 CAD 技术之后推动建筑行业技术进步和管理创新的又一项新技术，将会成为进一步提升企业核心竞争力的重要手段。BIM 的发展得到了我国政府和行业协会的高度重视。应用 BIM 技术，可大幅度提高建筑工程的集成化程度，促进建筑业生产方式的转变，提高投资、设计、施工乃至整个工程生命周期的质量和效率，提升科学决策和管理水平。对于不同的参与方，BIM 技术的应用意义也不同：对于业主投资，有助于提升其对整个项目的掌控能力和科学管理水平、提高效率、缩短工期、降低投资风险；对于设计师设计，有利于支撑可持续设计，强化设计协调性，减少因错、缺、漏、碰导致的设计变更，提高设计效率，促进设计质量的提升；对于施工方，有利于支撑工业化建造和绿色施工、优化施工方案、促进工程项目实现精细化管理、提高工程质量、降低成本和安全风险；对于运维方，有助于提高资产管理质量、提升物业使用和应急管理水平。

BIM 技术在不同阶段的应用意义如下。

1. 策划阶段

（1）投资估算。在进行投资估算时，预算员通常要先将建筑图数字化或将 CAD 图导入投资估算软件中或利用建筑图手工算量。这些方法均增加了出现人为错误的风险，使建筑图中的错误可能进一步扩大。

如果用 BIM 模型来取代建筑图，那么投资估算所需的材料名称、数量和尺寸都可以在 BIM 模型中直接生成，而且这些信息将始终与设计保持一致。当设计出现变更时（如窗户尺寸缩小），变更将自动反映到所有相关的施工文档和明细表中，预算员使用的所有材料的名称、数量和尺寸也会随之变化。

BIM 模型可以自动处理烦琐的工程量计算工作，使预算员可以利用节约下来的时间从事项目中对于编制高质量预算非常重要、更具价值的工作，如确定施工方案、套价、评估风险等。

（2）阶段规划。基于 BIM 的进度计划包括各项工作的最早开始时间、最晚开始时间和工作持续时间等基本信息，同时明确各项工作的前后搭接顺序。因此，进度计划的安排应是弹性的，可以依据项目的进展情况为后期进度计划的调整留有一定余地。利用

BIM 指导进度计划的编制，将各参与方集中起来协同工作，经充分沟通交流后，既可对具体的项目进展以及人员、资源和工器具的布置进行安排，也可通过可视化的手段对总体进度计划进行验证和调整。同时，各专业分包商也能以四维（four dimension，4D）可视化动态模型和总体进度计划为指导，在充分了解前后工作内容和工作时间要求的前提下，再对本专业的具体工作安排进行详细计划。各参与方相互协调实施进度计划，可以更加合理地安排工作和资源供应，防止专业内以及各专业间的不协调现象发生。

2. 设计阶段

（1）场地分析。场地特征是影响建筑选址和定位的决定性因素。气候（日照、风向等）、地貌（植被、水流流向等）和建筑物对环境的影响等自然及环境因素；相关建筑法规，交通系统、公共设施等政策及功能因素；地域本土特征、与周围地形的匹配度等文化因素都深刻影响着设计决策。BIM 具有强大的数据收集与处理能力，用户可用 BIM 技术对场地进行更客观、更科学的分析，从而可以更有效地平衡大量复杂的信息，进行更精确定量的导向性计算。

（2）设计方案论证。采用 BIM 软件进行方案设计时，可以将方案成果导入 BIM 核心建模软件进行设计深化，并可以验证其能否满足业主的要求。在设计方案论证阶段，项目投资方可以采用 BIM 来评估设计方案布局的合理性，如对设备、交通、照明、噪声等方面评估；还可以对建筑的局部细节进行推敲，迅速分析设计和施工中可能出现的问题。BIM 还能提供多种方便的、低成本的解决方案，如通过数据对比和模拟分析列出不同解决方案的优缺点，项目投资方能够迅速评估项目投资方案的成本和时间。

（3）结构分析。在 BIM 平台，结构分析阶段可以分为概念结构、复杂结构和深化结构阶段。①在概念结构阶段中，建筑师可以运用 BIM 核心建模软件自带的结构模块进行大概的分析与研究，以取得初步设计时所需要的数据。②在复杂结构阶段中，建筑师可以使用参数化分析软件进行复杂形体的分析。③在深化结构阶段中，建筑师可以结合其他的专业结构分析软件进行分析与研究。

（4）能源分析。在不同的设计阶段，BIM 模型需要的信息数据的深度不同。在前期方案设计阶段，需要建筑体形、高度、面积等主要信息，以进行相对宏观的分析，这一阶段分析会相对集中在日照、遮阳、热工性能、通风以及基本的能源消耗等方面。在施工设计阶段，则需提供精确的数量、尺寸、形状、材料以及与分析研究相关的深化信息，使 BIM 模型可以实现非常细致的采光分析、通风分析、热工计算以及生成能源消耗报告。

（5）照明分析。与照明分析相关的参数包括几何模型、材质、光源、照明控制以及照明安装功率与密度等，这些参数都可以在 BIM 软件中直接定义。与能源分析软件相比，照明分析软件对于建筑信息的需求量相对较低，因为照明分析往往不需要确定房间的用途、分区以及各种设备的详细信息。

3. 施工阶段

（1）3D 视图及协调。施工阶段是将建筑设计图变为工程实物的生产阶段。进行基于 BIM 技术的施工过程 3D 视图虚拟分析，可以对建筑施工过程进行事前预测，并加强施工过程中的动态管理，还可以优化施工组织设计，拓宽项目管理的思路，改善施工管理过程中信息的共享和传递方式，提高工程管理水平和建筑业的生产效率。

（2）数字化建造预制构件。BIM 系统能将模块参数化、自定义化、可识别化，使数字化建造预制构件成为可能。但由于实际条件的限制，如数字加工材料有限、加工成本昂贵、数字加工工具尺寸限制、大量规格不同的模块等因素，制造成本和施工难度大幅增加。

（3）施工场地规划。基于 BIM 的施工场地规划，首先须建立施工项目所在地已有和拟建的建筑物、管线、道路、施工设备和临时设施等相关实体的 3D 模型；然后赋予 3D 模型中各个不同对象以动态时间属性，实现各对象的实时交换功能，使各对象随时间动态变化进而形成 4D 场地模型；最后在 4D 场地模型中，修改各实体的位置和造型，使其符合施工项目的实际情况。基于 BIM 的施工场地规划需要建立统一的实体属性数据库，并存入各实体的设备型号、位置坐标和存在时间等信息，包括材料堆放场地、材料加工区、临时设施、生活文化区、仓库等设施的数量及存在时间、占地面积和其他各种信息。用户通过漫游虚拟施工场地，可以直观地了解施工现场布置，并查看各实体的相关信息。当有影响施工的情况出现时，用户可以修改数据库的相关信息进行调整。

（4）施工进度模拟。BIM 模型集成了材料、场地、机械设备、人员甚至天气情况等信息。通过 4D 施工进度模拟，可以直观地反映施工的各项工序，方便施工单位协调各专业的施工顺序，提前组织专业班组进场、执行施工、准备设备、布置场地和周转材料等工序。4D 施工进度模拟具有很强的直观性，非工程技术出身的人员也能快速、准确地了解工程的进度。

4. 运营阶段

BIM 参数模型可以为业主提供建设项目中所有系统的信息。在施工阶段做出的修改将全部同步更新到 BIM 参数模型中，形成最终的 BIM 竣工模型。BIM 竣工模型作为设备管理的数据库，可为系统的维护提供依据。

BIM 参数模型可同步提供有关建筑使用情况或性能、入住人员与容量、建筑已用时间以及建筑财务等方面的信息；BIM 参数模型还可提供数字更新记录，以改善搬迁规划与管理；BIM 参数模型还能够促进标准建筑模型对商业场地条件的适应。总体来说，BIM 参数模型使有关建筑的物理信息和关于可出租面积、租赁收入或部门成本分配等重要财务数据都更加易于管理和使用。

2.6　BIM技术的发展历程与展望

2.6.1　国外 BIM 技术的发展历程

建筑是一个异常庞大而复杂的系统，所涉及的专业、参与方和使用方众多。但长久以来，建筑行业只能通过一系列图纸和文档［如建筑产品技术规格说明书（specification，

Specs）、信息邀请书（RFI）等］来将这一庞大的系统描述清楚。即使是专业人员，面对同一个对象，如果站在开发、设计、施工、生产或者最终使用者的不同角度看，通过传统的纸质媒介所理解的信息都是不同的。更何况这些内容又是随着建设、使用过程中的动态变化而变化且需多方协调的。所以建筑生产过程中出现诸多问题的原因，归根到底，是建筑信息的庞大已经超出了传统媒介的承载能力，导致信息无法精确传递。所以，建筑行业一直期望能有个载体将建设生产内容变成一个所见即所得的对象，这个对象承载与之相关的全部信息。于是在计算机与 CAD 技术出现后，建筑行业便开始探索将计算机作为建筑生产信息载体的可能性。

从最早 20 世纪 60 年代道格拉斯 · C. 恩格尔巴特（Douglas C. Englebart）在《增强人类智能：一个概念框架》（Augmenting Human Intellect：A Conceptual Framework）一文中所提出的创建三维建筑模型的构想，到 20 世纪 70 年代产生了查尔斯 · M. 伊士曼（Charles M. Eastman）的《建筑产品模型》（*Building Product Models*）等论述，建筑行业不约而同地描绘了同一个场景：计算机所呈现的虚拟建筑展示了建筑的每一个构件（object based design），且每个构件都有一个与之关联的数据库（relational database），用以描述这个构件在建设过程中的所有相关信息。

这些理论中最有代表性的是 Charles M. Eastman 在 1974—1975 年提出的建筑描述系统（building description systems，BDS）概念。当时 Charles M. Eastman 团队将这个概念做成了完整的产品。按照 Charles M. Eastman 概念的描述，BDS 是一个基于三维图形的设计工具，能够将建筑按照对象分解，形成对象库，同时每个对象背后是与之相关的数据库，建筑师在设计时从库中选取所需的对象组成一个建筑，而这个关联数据库的三维可视化设计成果可以直接交付给施工团队使用。这种描述实际上已经很接近于现在的 BIM，这是后来很多研究认为 BIM 起源于 BDS 的原因。其实，在 BDS 出现的同一时期，欧洲的部分国家如英国、芬兰、挪威等也出现了对应的理论和产品。但由于种种原因，BDS 被广泛认为是后来 BIM 的先驱。当时的 BDS 是基于 PDP-10 计算机（20 世纪 60 年代，由美国 DEC 公司生产的大型机）运行的，由于客观条件的制约，只有极少数的设计师真正使用过 BDS 或同类产品。

随着计算机性能的逐渐增强，在 20 世纪 90 年代，建筑业开始尝试 3D 设计+协同平台+数模分离的管理模式。最具代表性的就是英国希思罗机场（Heathrow Airport）案例。20 世纪 90 年代初，希思罗机场开始要求设计方使用 Sonata、ArchiCAD、CAD-Duct、Xsteel 等软件按照特定标准进行三维设计，并基于 Navisworks/Solibri 软件进行跨专业协调，同时委托顾问单位搭建共享数据环境（common data environment，CDE）平台，按照一定结构，将项目的文档和信息进行组织。最终将这些信息导入 Maximo［一种企业资产管理（enterprise asset management，EAM）系统软件］，用于机场的运营管理。所以说，类似于现在 BIM 的生产方式在 20 世纪 90 年代就已经开始在建筑行业实践，只是那个时候还没有人想过给这样的工作方式取名叫 BIM。

2000 年，Autodesk 公司发布的 Revit 软件采用了当时非常新颖的族编辑器（family editor，family 也可以理解为 object）实现了视觉参数化建模，建模对象的参数/属性以直观的列表形式显示，类似于建模对象附带的信息清单，同时方便参数/信息的输入和积累。

两年后，Autodesk 公司发布了一份名为《建筑信息模型》（*Building Information Modeling*）的白皮书。

2006 年，联邦勤务总署（General Services Administration，GSA）最早的一批 BIM 试点项目陆续进入交付和使用阶段。但在收到了由各类软件所建立的 BIM 交付物后，GSA 发现对来自不同项目各式各样的模型格式进行后期管理极为不便。由于当时美国的政府机构无法指定使用某个软件，所以 GSA 迫切需要一个统一的数据标准来辅助其进行后期的模型和数据管理。于是便开始逐渐引入由 building SMART（最具权威性的非营利国际 BIM 标准组织）所确立的中立标准——工业基础类标准（industry foundation classes，IFC）。此后，伴随着 BIM 技术的实践，很多标准术语也随之出现。例如，多细节层次（levels of detail，LOD）标准是为了解决不同阶段的模型应用问题而出现，项目信息平台（project information platform，PIP）、信息技术评估表（IT Assessment Form）等是为了解决管理问题而出现的。这些名词大多由软件厂商在产品实践过程中所提出，后来慢慢被整合到 BIM 的标准体系里。

在理论研究方面，伴随着 BIM 标准体系的完善，美国在 2007 年发布了第一个国家级别的 BIM 标准——NBIMS-US v1。作为一个国家标准，NBIMS-US v1 不能算是完美，但是其发布标志着 BIM 的发展进入了一个新阶段，也让行业正式开始将 BIM 看作一个技术体系。与 NBIMS-US v1 同年发布的还有英国国家标准 BS1192: 2007，其后来被视为英国 BIM Level 2（BIM 按协作程度所划分的等级，进入 BIM Level 2 的标志是协作工作）的核心标准之一。BS1192 和 NBIMS-US v1 风格完全不同，前者主要讲如何通过标准化的管理手段结合 CDE 的使用，把项目的信息组织贯通起来。在 2007 年，BS1192 并未和 BIM 这个名词有所关联，直到英国推行 BIM Level 2 后，BS1192 才变成了“BIM 标准”。

2011 年 5 月，英国政府发布了在 BIM 历史发展过程中具有举足轻重地位的政策性文件《政府建设战略 2011》（Government Construction Strategy 2011），著名的“BIM 强制令”（BIM 从市场自发变成了政府强制）即出自这个文件。英国的这个政策后来影响了很多国家对 BIM 的态度。

从国外 BIM 技术的发展及研究现状可知，BIM 技术在建筑行业已展露出蓬勃发展的势头。我国 BIM 技术的发展情况与日本、新加坡等国相似，可吸取成熟的经验，以推动 BIM 技术在我国的发展。

2.6.2　我国 BIM 技术的发展历程

在我国，BIM 技术最早在香港推行，而后热潮推向内地，并得到业内人士认可，从而在建筑行业迅速扩展。同时，政府也采取了一系列措施以推广 BIM 技术，获得了设计院、施工单位等相关部门的积极响应。

《中华人民共和国国民经济和社会发展第十四个五年规划和 2035 年远景目标纲要》在第十一章提出：“统筹推进传统基础设施和新型基础设施建设，打造系统完备、高效实用、智能绿色、安全可靠的现代化基础设施体系”。住房和城乡建设部在 2011 年开始研究 BIM 技术在建筑产业领域的发展，曾先后发布多条相关政策推广 BIM 技术，并于

2020 年发布了《住房和城乡建设部工程质量安全监管司 2020 年工作要点》，对 BIM 技术的普及做出了相应的指导。《住房和城乡建设部工程质量安全监管司 2020 年工作要点》指出：创新监管方式，采用“互联网+监管”手段，推广施工图数字化审查，试点推进 BIM 审图模式，提高信息化监管能力和审查效率。推动 BIM 技术在工程建设全过程的集成应用，开展建筑业信息化发展纲要和建筑机器人发展研究工作，提升建筑业信息化水平。

随着国家政策的不断推进，各地方相关部门也先后作出响应，针对住房和城乡建设部及部分省份的政策进行初步分析如下。

1. 住房和城乡建设部的政策

自 2011 年开始，住房和城乡建设部几乎每年发布一则关于 BIM 技术推进的相关政策，这些政策中既有针对 BIM 技术推广的政策性要求，又有具体项目的推进目标，还有从技术层面上对于工程全过程 BIM 应用的指导性意见。

2011 年 5 月 10 日，住房和城乡建设部发布的《2011—2015 年建筑业信息化发展纲要》将“十二五”期间，基本实现建筑企业信息系统的普及应用，加快建筑信息模型（BIM）、基于网络的协同工作等新技术在工程中的应用，推动信息化标准建设，促进具有自主知识产权软件的产业化，形成一批信息技术应用达到国际先进水平的建筑企业确定为总体目标，这是住房和城乡建设部首次提到 BIM 这一概念。之后，住房和城乡建设部不仅对 BIM 的概念进行了进一步的深化，还对 BIM 技术的发展目标有了明确规定，例如，2014 年 7 月 1 日发布的《关于推进建筑业发展和改革的若干意见》中提出“推进建筑信息模型（BIM）等信息技术在工程设计、施工和运行维护全过程的应用，提高综合效益。推广建筑工程减隔震技术。探索开展白图替代蓝图、数字化审图等工作。”

2015 年 6 月 16 日发布的《关于推进建筑信息模型应用的指导意见》明确了推进 BIM 技术应用的发展目标：“到 2020 年末，建筑行业甲级勘察、设计单位以及特级、一级房屋建筑工程施工企业应掌握并实现 BIM 与企业管理系统和其他信息技术的一体化集成应用。到 2020 年末，以下新立项项目勘察设计、施工、运营维护中，集成应用 BIM 的项目比率达到 90%：以国有资金投资为主的大中型建筑；申报绿色建筑的公共建筑和绿色生态示范小区。”

2023 年 4 月 20 日，住房和城乡建设部信息中心以网络视频会议形式，主办召开了《中国建筑业信息化发展报告（2023）智能建造深度应用与发展》编写启动会，标志着建筑业信息化领域具有权威性和广泛影响力的年度报告编写工作正式开启。本年度报告主题聚焦“智能建造深度应用与发展”，召集建筑业领军企业和智能建造领域先行者共同研讨，旨在展现建筑领域智能建造的深度实践与发展变化，探索建筑业高质量发展路径。

2. 部分省份的政策

在住房和城乡建设部政策的影响下，全国十几个省份纷纷响应。北京、上海、广东、广西、云南、辽宁、黑龙江、湖南等各地区陆续出台 BIM 技术应用相关指导意见，全面贯彻落实住房和城乡建设部发布的 BIM 技术指导政策。

1）北京市

国内最早发布 BIM 相关政策的城市是北京。2014 年 5 月，北京质量技术监督局、北京市规划委员会联合发布了关于《民用建筑信息模型设计标准》（DB11/T 1069—2014）。文件中将 BIM 的资源要求、模型深度要求、交付要求等作为规范民用建筑应用 BIM 设计的基本内容。该标准于 2014 年 9 月 1 日正式实施。标准强调了 BIM 建筑的实施规范，对北京地区民用建筑的施工要求具有指导意义。

2）广东省

广东省作为沿海发达地区，拥有邻近港澳等地的地理位置优势，在 BIM 技术的推广发展过程中也走在全国前列。2014 年 9 月 16 日，广东省住房和城乡建设厅发布了《广东省住房和城乡建设厅关于开展建筑信息模型 BIM 技术推广应用工作的通知》（以下简称《通知》）。《通知》中明确了未来五年广东省 BIM 技术应用目标："到 2014 年底，启动 10 项以上 BIM 技术推广项目建设；到 2015 年底，基本建立我省 BIM 技术推广应用的标准体系及技术共享平台；到 2016 年底，政府投资的 2 万平方米以上的大型公共建筑，以及申报绿色建筑项目的设计、施工应当采用 BIM 技术，省优良样板工程、省新技术示范工程、省优秀勘察设计项目在设计、施工、运营管理等环节普遍应用 BIM 技术；到 2020 年底，全省建筑面积 2 万平方米及以上的建筑工程项目普遍应用 BIM 技术。"

此外，作为广东省经济发展关键城市的深圳市，也在广东省住房和城乡建设厅发布政策文件半年后发布了 BIM 相关政策。2015 年 5 月 4 日，深圳市建筑工务署发布《深圳市建筑工务署政府公共工程 BIM 应用实施纲要》和《深圳市建筑工务署 BIM 实施管理标准》。前者对 BIM 应用的形势与需求、政府工程项目实施 BIM 的必要性、BIM 应用的指导思想、BIM 应用需求分析、BIM 应用目标、BIM 应用实施内容、BIM 应用保障措施和 BIM 技术应用的成效预测等做了重要分析，并提出了 BIM 应用的阶段性目标。后者则明确了 BIM 组织实施的管理模式、管理流程，各参与方协同方式，各自职责要求以及成果交付标准等，为建筑施工企业提供了 BIM 项目实施标准框架与实施标准流程。

2022 年，深圳市发布的《关于支持建筑领域绿色低碳发展若干措施》中提到，加快推进建筑信息模型（BIM）技术应用。引导工程建设项目广泛应用 BIM 技术，提升项目信息化智能化管理水平，提高建筑工程品质。对于符合国家、广东省和深圳市 BIM 相关标准和要求，经市建设主管部门评定为 BIM 技术应用示范项目的，按照建筑面积每平方米最高资助 15 元，单个项目资助金额上限为 150 万元，且不超过项目建筑安装工程费用的 3%。同一项目仅资助 1 次。

3）上海市

自 2014 年开始，上海市政府、建筑施工及 BIM 相关管理部门先后发布多条 BIM 技术推进政策，这些政策既为上海市 BIM 技术推广给予了政策支持，又为具体项目提供了技术标准规范。从上海近年来发布的 BIM 政策文件及相关通知可以看出，上海市在 BIM 技术推广应用过程中，从政策的制定与发布，到制定相关应用标准，再到规范应用细则，以及定期调查应用成果，全方位地从政策、标准以及配套服务上为 BIM 技术在本地区进行有效应用给予全力支持。

2014 年 10 月 24 日，上海市政府发布了《关于在本市推进建筑信息模型技术应用的指导意见》（以下简称《指导意见》）。在《指导意见》中明确了未来三年上海市 BIM 技术应用目标和重要任务，同时也制定了政策落实的具体保障措施：组织 BIM 技术应用推广联席会议、明确 BIM 技术应用要求和配套费用、完善相关建设工程评奖管理办法、建立 BIM 技术应用示范经验交流平台和机制。此政策文件出台后，各有关部门积极组织成立上海 BIM 技术应用推广会议办公室，从加强组织协调和责任落实等方面为 BIM 技术推广提供全方位支持。

2015 年，继上海市城乡建设和管理委员会发布《上海市建筑信息模型技术应用指南（2015 版）》明确了各参与施工单位及各阶段的参考依据和指导标准后，上海建筑信息模型技术应用推广联席会议办公室在短短两个月内发布了三项 BIM 相关文件：《上海市推进建筑信息模型技术应用三年行动计划（2015—2017）》、《关于报送本市建筑信息模型技术应用工作信息的通知》和《上海市建筑信息模型技术应用咨询服务招标文件示范文本》。这是联席会议办公室成立以来的第一次“大动作”。《上海市推进建筑信息模型技术应用三年行动计划（2015—2017）》主要从管理角度推进 BIM 推广工作的落实，而另外两个文件侧重于从 BIM 应用规范化角度来合理化管理 BIM 服务。

2016 年，上海市建筑相关行业主管部门——上海市住房和城乡建设管理委员会发布《关于本市保障性住房项目实施建筑信息模型技术应用的通知》，其对 BIM 实施服务具体价格的制定提供了指导意见。同时，2016 年 7 月上海市第一本由政府牵头的《2016 上海市建筑信息模型技术应用与发展报告》对外正式发布。根据上海市住房和城乡建设管理委员会的要求将每年编制一本 BIM 技术应用与发展报告，并由上海建筑信息模型技术应用推广中心承担此类报告的编制工作。此类报告主要对近年来上海地区 BIM 工作的发展落实情况进行了具体的调查分析，总结了各环节的经验，为以后进行 BIM 推广工作打下了基础。

4）浙江省

长三角作为中国经济发展重要的地区之一，江、浙、沪三地的经济一直是国家经济的中流砥柱，但在相关政策的发布与推进上，其他两省相较于上海稍显落后。在上海发布政策的两年后，2016 年 4 月 27 日浙江省住房和城乡建设厅发布《浙江省建筑信息模型（BIM）技术应用导则》。文件明确规定了浙江省 BIM 技术实施的组织管理模式和各类 BIM 技术应用点的主要内容，对建立完整的 BIM 工作体系和标准规范具备指导意义。与此同时，其他建筑相关管理部门也在积极推进 BIM 技术的发展。例如，2016 年 7 月，浙江省建筑业技术创新协会发布了《浙江省建筑施工企业 BIM 应用服务供应商推荐咨询报告》，该报告既对 BIM 技术应用产业链进行了调查分析，又对中国现有建筑施工企业 BIM 技术应用情况进行了详细梳理，为浙江省建筑行业各方主体单位未来 BIM 发展战略规划提供了重要参考依据。

2021 年 4 月 20 日，浙江省人民政府官网发布了《浙江省人民政府办公厅关于推动浙江建筑业改革创新高质量发展的实施意见》（以下简称《实施意见》）。《实施意见》特别指出：“到 2025 年，全省建筑业改革创新取得明显成效，新型建造方式和建设组织方式推进效果显著，'浙江建造'品牌效应进一步体现，打造'全国新型建筑工业化标杆省'。"

国内 BIM 相关政策的制定为我国 BIM 技术的发展打下了一定基础，但是进一步推广 BIM 技术的应用还存在一定的阻碍，主要包括以下几个方面。

（1）国内 BIM 应用缺乏统一的标准（仍在修订中），导致各种软件间数据交换存在困难，数据导出和导入过程中信息易丢失。这制约了相关设计软件的发展，也限制了 BIM 技术的应用。

（2）国内软件厂商的研发能力和国际上软件公司差距较大，短期内无法研发出适用于我国的三维设计、算量、施工管理软件。

（3）国内软件市场不规范，知识产权相关保护力度不够，导致软件厂商举步维艰，没有人力和财力研发更好的产品。

（4）目前，已经有大型的建筑设计院使用三维软件设计建模，但是出图仍需转化为二维的 CAD 图纸，转化后构件的属性数据易丢失。而建设方或参与方（如施工单位、业主、造价咨询公司）拿到二维图纸后又要重新建立三维模型，造成时间和经济上的浪费。因此，如果设计单位出图的同时能将 BIM 数据按照统一标准保存，作为设计文件的组成部分，其他各方也能够使用，将进一步促进 BIM 技术在项目实施过程中的应用。

（5）目前，国内很多施工单位规模小，人员的知识水平、管理意识不足，施工管理缺少精细化的概念，管理人员计算机和信息技术有待提高。施工过程中，处理各专业的配合施工、解决图纸矛盾主要通过开会形式。这些都制约了 BIM 技术的推广。

2.6.3　BIM 技术与其他新概念、新技术的结合

1. BIM 技术与绿色建筑

绿色建筑是指在建筑的全生命周期内，最大限度节约资源（节能、节地、节水、节材）、保护环境和减少污染，为人们提供健康、适用、高效的使用空间，与自然和谐共生的建筑。

BIM 最重要的意义在于它重新整合了建筑设计的流程，其所涉及的建筑全生命周期管理（building lifecycle management，BLM），又恰好是绿色建筑设计的关注和影响对象。真实的 BIM 数据和丰富的构件信息给各种绿色建筑分析软件以强大的数据支持，确保了结果的准确性；BIM 的某些特性（如参数化、构件库等）使建筑设计及后续流程针对分析的结果，有非常及时和高效的反馈；绿色建筑的设计是一个跨学科、跨阶段的综合性设计过程，而 BIM 模型刚好顺应需求，实现了单一数据平台上各个工种的协调设计和数据集中；BIM 技术的应用能将建筑各项物理信息分析从设计后期显著提前，有助于建筑师在方案阶段，甚至概念设计阶段进行绿色建筑相关的决策。

另外，BIM 技术提供了可视化的模型和精确的数字信息统计，将整个建筑的建造模型呈现在人们面前，三维的立体感给人以视觉冲击和图像记忆。而绿色建筑则是根据现代的环保理念提出的，主要是运用高科技设备，合理化利用自然资源，实现人与自然的和谐共处。基于 BIM 技术的绿色建筑设计应用主要通过数字化的建筑模型、全方位的

协调处理、环保理念的渗透三个方面来进行，实现绿色建筑环保和节约资源的目标，对于整个绿色建筑的设计有很大的辅助作用。

总之，结合 BIM 技术进行绿色建筑设计已经是一个受到广泛关注和认可的系统性方案，也让绿色建筑发展进入一个崭新的时代。

2. BIM技术与信息化

信息化是指培养、发展以计算机为主的智能化工具为代表的新生产力，并使之造福社会的历史过程。智能化生产工具与过去生产力中的生产工具的区别在于，它不是孤立分散存在的，而是一个规模庞大的、自上而下的、有组织的信息网络体系。这种系统性生产工具正改变人们的生产方式和生活方式，使人类社会发生极其深刻的变化。

随着我国国民经济信息化进程的加快，建筑业信息化早些年已经被提上了日程。《2003—2008年全国建筑业信息化发展规划纲要》明确指出：“建筑业信息化是指运用信息技术，特别是计算机技术、网络技术、通信技术、控制技术、系统集成技术和信息安全技术等，改造和提升建筑业技术手段和生产组织方式，提高建筑企业经营管理水平和核心竞争力，提高建筑业主管部门的管理、决策和服务水平。”建筑业的信息化是国民经济信息化的基础之一，而管理的信息化又是实现全行业信息化的重中之重。因此，利用信息化改造建筑工程管理，是建筑业健康发展的必由之路。但是，我国建筑工程管理信息化无论从思想认识上，还是在专业推广中都还不够成熟，仅有部分企业不同程度地、孤立地使用信息技术的某一部分，且仍没有实现信息的共享、交流与互动。

利用BIM技术对建筑工程进行管理，由业主方搭建BIM平台，组织监理、设计、施工多方进行工程建造的集成管理和全生命周期管理。BIM系统是一种全新的信息化管理系统，目前正越来越多地被应用于建筑行业中。它要求参建各方在设计、施工、项目管理、项目运营等各个过程中将所有信息整合在统一的数据库中，通过数字信息仿真，模拟建筑物所具有的真实信息，为建筑的全生命周期管理提供平台。在整个系统的运行过程中，要求业主方、设计方、监理方、总包方、分包方、供应方进行多渠道和多方位的协调，并通过网上文件管理协同平台进行日常维护和管理。BIM技术是新兴的建筑信息化技术，同时也是未来建筑技术发展的大势所趋。

3. BIM技术与物联网

物联网是指通过射频识别、红外感应器、全球定位系统、激光扫描器等信息传感设备，按约定的协议将物体与互联网相连，物体通过信息传播媒介进行信息交换和通信，以实现智能化识别、定位、跟踪、监管等功能的一种网络。

BIM技术与物联网集成应用，实质上是建筑全过程信息的集成与融合。BIM技术发挥上层信息集成、交互、展示和管理的作用，而物联网技术则承担底层信息感知、采集、传递、监控的功能。二者集成应用可以实现建筑全过程“信息流闭环”，实现虚拟信息化管理与实体环境硬件之间的有机融合。目前，BIM技术在设计阶段应用较多，并开始向建造和运维阶段延伸。物联网应用目前主要集中在建造和运维阶段，二者集成应用将会产生极大的价值。

在建筑建造阶段，二者集成应用可提高施工现场安全管理能力、确定合理的施工进度、支持有效的成本控制、提高质量管理水平等。例如，临边洞口防护不到位、部分作业人员高处作业不系安全带等安全隐患在施工现场无处不在，基于 BIM 技术的物联网应用可实时发现这些隐患并报警提示。高处作业人员的安全帽、安全带、身份识别牌上安装的无线射频识别，可在 BIM 系统中实现精确定位；如果作业行为不符合相关规定，身份识别牌与 BIM 系统中相关定位会同时报警，管理人员可精准定位隐患位置，并采取有效措施避免安全事故发生。在建筑运维阶段，二者集成应用可提高设备的日常维护和维修的工作效率，提升重要资产的监控水平，增强安全防护能力，并有助于完善智能家居系统。

BIM 与物联网集成应用目前仍处于起步阶段，尚缺乏数据交换、存储、交付、分类、编码和应用等系统化、可操作的集成和实施标准，且面临着法律法规不完善、与建筑业现行商业模式不符、BIM 应用软件不足等诸多问题，但这些问题将会随着技术的发展及管理水平的不断提高得到解决。BIM 技术与物联网的深度融合与应用，势必将智能建造提升到智慧建造的新高度。开创智慧建筑新时代，是未来建筑行业信息化发展的重要方向之一。未来建筑智能化系统，将会出现以物联网为核心，以功能分类、相互通信兼容为主要特点的建筑“智慧化”的控制系统。

4. BIM 技术与数字化加工

数字化是将不同类型的信息转变为可以度量的数字，将这些数字保存在适当的模型中，再将模型引入计算机进行处理的过程。数字化加工则是在已经建立的数字模型基础上，利用生产设备完成对产品的加工。

BIM 技术与数字化加工的集成，意味着将 BIM 模型中的数据转换成数字化加工所需的数字模型，制造设备可根据该模型进行数字化加工。目前，主要应用在预制混凝土板生产、管线预制加工和钢结构加工三个方面。数字化加工，一方面，工厂的精密机械可自动完成建筑物构件的预制加工，不仅制造出的构件误差小，生产效率也可大幅提高；另一方面，建筑中的门窗、整体卫浴、预制混凝土结构和钢结构等多种构件，均可异地加工，再被运到施工现场进行装配，既可缩短建造工期，也容易掌控质量。

例如，深圳平安国际金融中心为超高层项目，有十几万平方米风管加工制作安装量，如果采用传统的现场加工制作安装，不仅大量占用场地，而且受垂直运输影响，效率低下。为此，该项目探索基于 BIM 技术的风管工厂化预制加工技术，将制作工序移至场外，由专门加工流水线高效切割完成风管制作，再运至现场指定楼层完成组合拼装。在此过程中，依靠 BIM 技术进行分段预制和现场施工的误差测控，大大提高了施工效率和工程质量。

未来，将以建筑产品三维模型为基础，进一步整合资料（如构件制造、构件物流、构件装置的工期、成本等信息），以可视化的方法完成 BIM 技术与数字化加工的融合。同时，更加广泛地发展和应用 BIM 技术与数字化技术的集成，进一步拓展信息网络技术、智能卡技术、家庭智能化技术、无线局域网技术、数据卫星通信技术、双向电视传输技术等与 BIM 技术的融合。

5. BIM 技术与装配式建筑

利用 BIM 技术能有效提高装配式建筑的生产效率和工程质量，将生产过程中的上下游企业联系起来，真正实现以信息化促进产业化。借助 BIM 技术三维模型的参数化设计，图样生成与修改的效率都有很大幅度的提高，克服了传统拆分设计中的图样量大、修改困难的难题；钢筋的参数化设计提高了钢筋设计的精确性，增强其可施工性。用加上时间进度的 4D 模拟技术进行虚拟化施工，能够提高现场施工管理的水平，降低施工工期，减少图样变更和施工现场的返工，最终节约了投资。因此，BIM 技术的使用能够为预制装配式建筑的生产提供有效帮助，使得装配式工程精细化这一特点更容易实现，进而推动现代建筑产业化的发展，促进建筑业发展模式的转型。

思　考　题

1. BIM 的含义总结为哪几点？
2. BIM 技术有哪些常用术语？
3. 列举几个常见的 BIM 工具技术软件并说明其功能。
4. 简单说明 BIM 技术在国内外的发展历程。
5. 简单说明 BIM 技术的应用意义。

第 3 章　装配式建筑设计阶段的 BIM 技术应用

3.1　BIM技术在方案设计中的应用

装配式建筑是设计、生产、施工、装修和运维管理“五位一体”和系统集成的建筑，并非“传统生产方式 + 装配化”的建筑。它应该具备标准化设计、工厂化生产、装配化施工、一体化装修和信息化运维管理五大特点。相比传统的建造方式，装配式建造更适合应用 BIM 技术和方法。这是由于其精益建造的典型特征、系统集成的设计方法和数字营造的发展趋势共同决定的。

BIM 技术在设计阶段的应用优势，本质上是通过数字化手段重构传统设计流程，实现从二维图纸到三维全信息模型的革命性升级。要求 BIM 技术需贯穿设计、生产、施工、运维全生命周期，BIM 技术在方案设计中的应用优势主要有以下几个方面。

1）集成化信息平台

集成是装配式建筑的核心形式，且 BIM 技术可以作为集成的主线。利用 BIM 技术创建一个集成化信息共享平台，贯穿设计、生产、施工、装修和运维管理全过程，实现真正意义上的集成化和系统化，达到信息共享，实现全方位信息化集成，服务于建筑全生命周期。

2）高效化协同合作

BIM 技术设计过程的核心是模型的建立，采用三维建模软件虚拟化设计建筑，使各专业设计工程师（建筑、结构、给排水等）在平台上共同建模，并及时在同一平台上获取相关信息。针对全生命周期中的各专业实现协同规划、协同作业、协同设计、协同修改。相当于平台为各专业设计工程师提供了一个三维信息的沟通交流通道，工程师们所需要的图纸可以从模型中直接生成，减少各个专业之间交织的工作量，避免不必要的设计变更与返工，提高生产效率。

3）精细化设计方案

在施工前期，利用 BIM 技术，建筑设计师能够对装配式建筑的预制构件进行详细精准的充分设计，首先通过虚拟化设计建筑，将装配式建筑的各个构件基本信息发送到云端服务器上，其次在云端服务器对构件尺寸、样式等信息进行有效的整合，避免设计冲突、返工以及不必要的资源浪费。BIM 技术强大的出图功能可以提供准确的模型信息，厂家根据模型信息在工厂完成各种型号的预制构件的生产，最终实现工程全过程闭合。

4）精密化施工方案

由于装配式建筑的现场施工吊装工艺比较复杂，对施工作业的机械化程度要求比较高。在现场装配施工之前，运用 BIM 技术对每个施工环节和安装顺序进行模拟和调整，能够减少操作失误。设计人员可以校核装配式建筑钢筋、预埋管线、孔洞等，规范建筑的构件族库和建筑的规格，并通过进行碰撞测试和预制构件安装模拟检查，以及可视化直观设计检查，查看是否存在碰撞现象、安装工艺是否合理等，能够减少施工过程中出现的偏差，从而加快施工现场的工作效率。同时可以模拟施工现场的突发安全事故，以及应急疏散情况，以完善施工安全管理，排除安全隐患。

3.2　BIM技术在构件设计中的应用

3.2.1　构件的拆分设计

现阶段装配式框架结构设计的核心理念是“等同现浇”，在结构整体模型计算通过后，对主要结构构件进行拆分设计，形成叠合梁、叠合板、预制柱、预制隔墙等预制构件。拆分设计的目的是把整体设计方案拆分成预制构件设计方案，拆分后的预制构件经过进一步深化设计后，在工厂进行标准化生产。和传统的现浇结构相比，预制构件拆分设计是装配式框架结构深化设计的独有环节，也是基于 BIM 技术的装配式框架结构深化设计流程中的重要内容。

在装配式建筑设计阶段中，通过 BIM 技术创建的数字化模型能够将墙体以及楼板等模型构件进行整合，然后根据需求进行深化设计，将整体的模型进行拆分，从而形成多个单独的构件设计，成为工厂制作的重要依据。在具体操作中，通过 BIM 技术对构件进行拆分的过程，需要根据工厂的设计以及生产要求，严格地控制预制构件种类，从而降低加工难度，提高构件的生产效率。同时还要进行构件连接部件的设计以及预制构件配筋的设计。通过 BIM 技术建构的三维模型，可直观地展现各个构件之间的连接情况，这样能够反映拆分构件的精准度，从而使拆分的构件设计更加合理和完善。相比于二维图纸设计，通过 BIM 技术创建的构件三维模型能够有效地消除设计盲点，从而减少设计中的误差，提高拆分构件的设计质量。除此之外，采用 BIM 技术进行构件拆分设计还有一个很明显的优势，就是设计模型安全性高，不会出现数据丢失的问题。

构件拆分是装配式建筑标准化设计的核心和关键，因为通过装配式建筑功能、主体受力情况、承载能力、工程成本等条件进行方案设计，能够减少预制构件的类别，做到“少构件、多组合”，进而控制工程成本。

装配式建筑设计施工图中，建筑模型的墙体和楼板需要保持一定的整体性，在设计阶段则需要将整体模型拆分成多个部分，从而对各个构件进行更加深入细致的检查。导出施工图后运用 BIM 技术对装配式建筑进行构件拆分，依据各构件的功能和结构受力方式可将构件分为垂直构件、水平构件和非受力构件。其中，垂直构件主要为预制墙体；水平构件主要包括预制楼板、预制楼梯等；非受力构件包括 PC 外墙板、建筑装饰构件等，装配式构件具体拆分图如图 3-1 所示。对拆分完成后的预制构件进行汇总，可以统计了解项目所需的预制构件清单，将统计完成的预制构件清单进行分类并发送给相关单位；相关单位提出修改预制构件的意见后，设计单位依据清单对预制构件进行优化。优化预制构件的设计规格、尺寸能够有效减少预制构件的种类，使模具数量得以控制，进而降低工程成本。

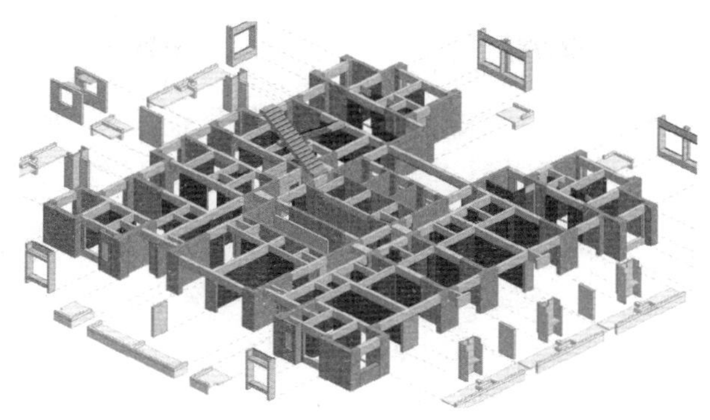

图 3-1　装配式构件具体拆分图

对于大体量的项目，预制构件的尺寸、种类和数量繁多，如果单纯依靠人工在二维图纸上进行拆分设计，工作量巨大且易出错。通过 BIM 技术三维数字化功能，能够读取模型中预制构件尺寸、类别、三维坐标等信息，从而实现对装配式框架结构中梁、板、柱等预制构件的自动拆分。这充分体现了 BIM 技术带来的优势，大大提高了拆分设计效率。

3.2.2　构件的节点设计

装配式建筑构件与现浇部分的连接质量是影响装配式结构整体性的重要因素，也是施工质量的控制要点。装配式建筑构件连接方式主要有干式连接和湿式连接两种。干式连接包括通过预埋件焊接、螺栓连接等，其节点构造应符合计算简图要求，并且需要按实际内力验算螺栓、焊缝、钢板截面、牛腿或销栓受剪、局部承压等部位的承载力。湿式连接常用于装配整体式混凝土结构，通过钢筋、后浇混凝土或灌浆将各个构件结合为整体的连接方式具有比较可靠的节点性能，符合“等同现浇”的设计理念。

在装配式建筑传统设计方案中，设计人员仅能凭自身想象力完成构件二维的节点构造向三维的转化，加之多数构件节点部位的构造方式较为复杂，导致在连接节点设计环节容易出现各类设计问题，影响设计质量（如在后续施工期间时常出现构件拼接错位等质量问题）。现在，依托于 BIM 技术，能够开展可视化设计、碰撞检查与施工模拟作业，降低了连接节点设计难度，使构件拼接错位等设计问题能够在设计阶段被发现并解决。在节点设计的不同环节，BIM 技术均能得到应用。首先，在可视化设计环节，可通过 BIM 技术预先绘制三维可视化图纸，设计人员在可视化状态下对照分析，对照节点构造方式和现场情况，直观对比多种节点设计方式。其次，在碰撞检查环节，BIM 技术能够以可视化方式呈现预制装配式建筑结构中各处构件的节点连接情况，显示各处节点的间隔距离、运动轨迹等信息，并生成碰撞检查报告，帮助设计师检查是否存在节点软硬碰撞等问题，便于设计师对碰撞部位的节点位置进行调整。最后，在施工模拟环节，按同样的方法开展模拟施工试验，能够检查装配式建筑在施工期间是否会出现拼接错位、预制构件松脱失稳等问题，并将模拟施工过程作为技术人员交底的主要凭证。

3.2.3　构件的细节分析

BIM 技术所建立的可视化三维模型可以清晰表现设计细节，包括钢筋排布情况、构件细部构造等。同时，由三维模型也可以快速导出各个位置的图纸，在发生设计变更和改动时，不需要重复修改二维图纸。最重要的是，由 BIM 技术所建立的模型的直观性是传统图纸无法比拟的，在技术交底等工作阶段应用具有很大优势。在装配式方案设计阶段，如 Revit 模型可以直接给构件上色，便于区分和比对拆分方案，也能快速选择出同类型的构件。此外，Revit 在拆分方案变更阶段不需要重复建模，只需要修改其中一个构件就可以同步更新所有同类型构件的设计。在节点设计时，利用 BIM 的碰撞检查功能可以快速找出节点设计不合理之处，利用 BIM 模型进行拆分方案对比和变更既高效又直观。BIM 的另一大优势是产业门类齐全，几乎涵盖建筑行业全领域，在设计环节有 Revit 等建模软件，结构环节有 PKPM 绿色分析软件，在施工、预算等环节有广联达等大批软件的支持。因此，运用 BIM 技术对装配式构件进行设计、配筋和分析，将会附带大量的 BIM 应用价值。

3.3　BIM技术在不同专业设计阶段的应用

3.3.1　建筑设计

以住宅建筑项目为例，详述 BIM 技术在建筑设计各阶段应用的优势。

住宅建筑项目具有建设周期长、资源成本投入大的特点。其前期规划阶段是项目全生命周期的重要阶段，项目的可行性研究须在该阶段完成，可行性研究的成果决定投资方是否对项目进行投资。此外，前期规划阶段还须进行初步设计，并对项目建设工期、成本概算、技术经济指标等内容进行评估。BIM 技术强大的建筑信息储备功能、模拟功能和数据计算统计功能能够很好地辅助前期规划阶段的工作。

1. *初步设计阶段*

初步设计阶段的主要工作是完成方案设计，并对其进行评估修改。应用 BIM 技术三维建模功能可更方便地进行方案设计，还能在三维建筑模型的基础上进行效果模拟。以下为 BIM 技术在装配式建筑初步设计阶段中的优势。

（1）提前预判问题，提高施工质量。装配式建筑设计的平面结构要遵循统一的标准，在施工时，构件之间常会发生冲突，即图纸与实际施工严重不匹配。例如：预留门窗洞口与结构冲突导致施工难度增加；预制构件有尺寸偏差时需反复调整，增加了构件拼接施工阶段的安全风险。

复杂的建筑设计会增加运输与施工难度：设计较复杂的构件运输时会因造型差异、运输量少而增加成本，同时，在加工、堆放、吊装、使用过程中也存在风险。此外，预制构件的安装也需占用现场空间，安装到位的预制构件固定、支护与现浇连接等操作还需预留出足够的操作空间。BIM 技术平台能够充分发挥其可优化性与可模拟的特点，一定程度上解决施工现场遇到的问题，提高建筑整体性和抗震性。

（2）提供 PC 图纸，核查设计问题。在装配式建筑的初步设计阶段使用 BIM 技术，发挥其可出图性、可视化的特点，有助于进行 PC 专项设计。该阶段应提供 PC 结构设计说明，预制构件的平面、立面分布图，相关计算书等。初步设计阶段的 PC 专项设计对在施工图中设计绘制准确的分布图及详图大有裨益，有助于确保建筑设计方案满足实际需求。在初步设计阶段，设计人员因不了解装配式技术而产生的一系列问题可通过 BIM 技术得以减少。

（3）推动集成设计发展。传统建筑设计运输、施工等专业间条块分割严重且多为串联式发展，缺少前期集成。在施工图阶段，因各专业分包而导致成本增加、变更频繁。例如，装配式建筑的竖向构件虽采用预制装配式，但是其横向构件的连接仍需灌浆，导致成本增加，降低了建造速度。

在初步设计阶段应用 BIM 技术，不仅能达到精细化建模的目的，还能精准拆分模型，实现“少规格、多组合”的设计理念。在项目开始就统筹管理、设计、施工、工厂甚至物流多方，以 BIM 平台为基础，通过信息化技术把设计思想和统筹管理贯穿至整个项目，这就需要推动装配式建筑由割裂式设计向集成设计变革。因此，初步设计阶段是 BIM 技术发挥最大价值的阶段。

住宅建筑方案初步设计的重要内容是日照分析，如图 3-2 所示，分析结果直接反映住宅项目的居住品质。BIM 技术可用于建筑日照分析、能耗分析、环境噪声分析和水耗分析、阴影和反射等。具体的分析流程是将 Revit 建立的建筑信息模型导出为 gbXML 文件，并将其导入 Autodesk Ecotect 进行分析，如图 3-3 所示。

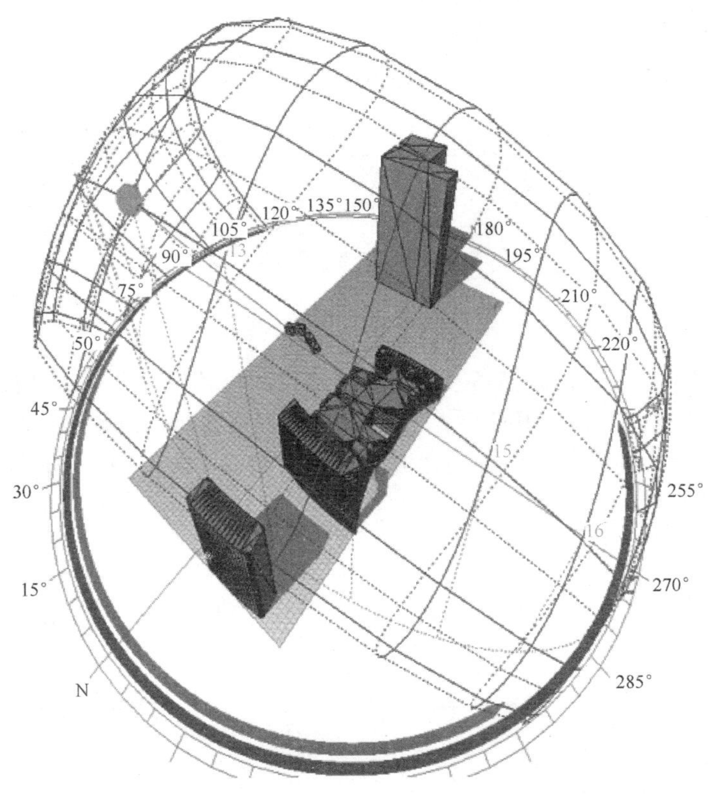

图 3-2　日照分析

同时，BIM 技术的三维模拟功能可为城市规划和城市设计提供良好的信息支撑，有助于完成科学合理的项目规划。BIM 建立的建筑模型可结合地理信息系统实现数字规划，建立项目周边及整个城市的三维景观；还可对项目周边交通等环境特点进行评估，从而为政府的城市规划管理提供技术支持。

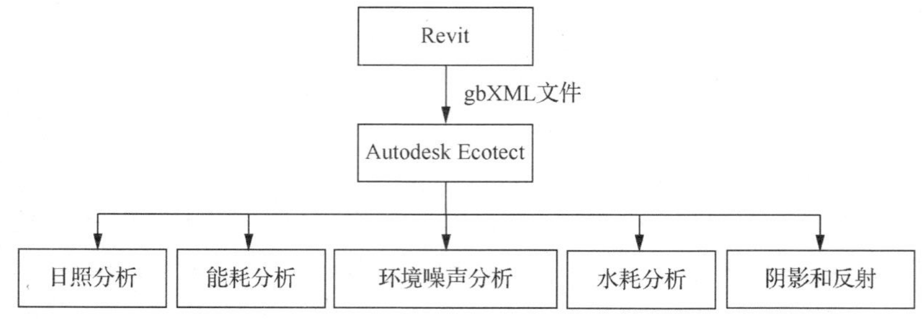

图 3-3　日照分析流程

2. 信息管理

项目的前期规划阶段涉及很多专业问题，需要建设单位内各部门进行协调工作，包括设计部、财务部、项目部、销售部、客户中心、物业公司等部门。在进行方案调整时，各部门之间须进行信息交流。由于各部门形成的信息沟通网错综复杂（图 3-4），易出现信息交流不畅等问题，影响项目前期规划阶段的工作。

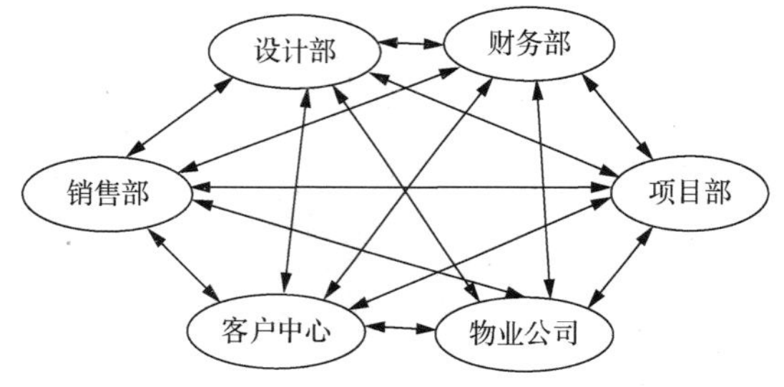

图 3-4　各部门沟通网络图

BIM 技术拥有强大的信息储备功能，所以建设项目初期立项、签订合同、设计策划与质量管理等程序都可以在 BIM 平台上进行。这种以建筑信息模型为核心的各部门交流与沟通的平台极大地简化了各部门之间的信息沟通网（图 3-5），有利于项目前期规划阶段工作的有序开展。

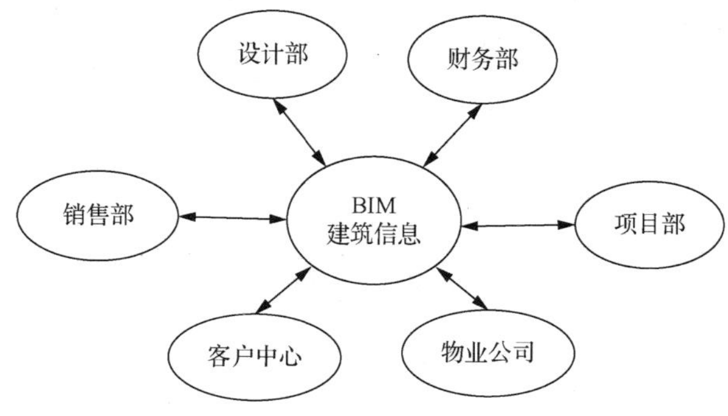

图 3-5　基于 BIM 技术的各部门沟通网络图

3. 经济效益分析

对于建设单位而言，是否对装配式住宅项目进行投资取决于项目的经济效益。因此，在项目的前期规划阶段，首先需要对装配式住宅项目的经济效益进行分析，分析过程须充分考虑装配式住宅设计阶段、部品构件生产阶段、施工阶段和运维阶段的资金投入，以科学评价项目建设投产后的获利能力。

在装配式住宅项目的前期规划阶段应用 BIM 技术能够更好地控制项目的资金使用。例如，统计项目部品构件时能更高效地完成工程量统计，方便制定合理的项目预算。另外，BIM 技术还可通过 5D 模拟（三维+时间+成本）技术实现对施工过程成本的精细化管理。

装配式建筑的特点是建筑的"零件化"，即建筑被拆分成很多建筑部品构件。例如，在 Revit 中，可应用"族"（Revit 中最基本的图形单位，包括系统族、标准构件族和内建族）来建立门、窗、楼梯、墙体、雨篷等标准化、模数化的建筑构件（图 3-6），然后利用这些构件组装成厨房、卫浴等建筑部品。通过这一功能，Revit 可对种类繁多的建筑部品构件进行统计，使项目的建筑信息更加简洁，便于进行工程量统计和工程预算。

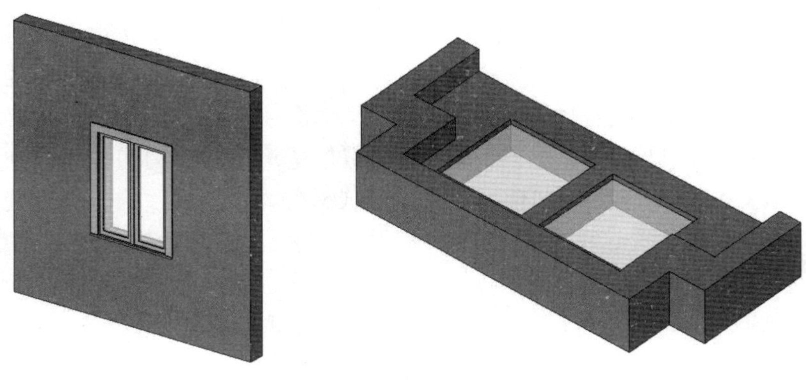

图 3-6　建筑构件

相较于传统交付的毛坯房，精装修的住宅产业化的建筑产品消除了二次装修带来的质量安全隐患，减少了装修成本及装修引起的建筑垃圾和噪声污染。Revit 拥有强大的建筑构件族库，应用 BIM 技术的三维建筑信息模型和已建立的部品构件库，可为业主和室内装修设计师协同进行室内设计提供保障，完成住宅产业化、标准化、模数化的要求和业主的个性化要求，实现室内装修的设计前置。

3.3.2　结构设计

装配式建筑结构是将建筑工程中工程量比较大的作业转移到专门的工厂进行加工设计，制作完成后再运输到工程现场进行拼装而完成的建筑结构。BIM 技术对于装配式建筑结构设计的应用价值如下。

（1）有效提升结构设计的效率。装配式建筑结构设计的最终环节需要完成大量的预制构件的拼接和安装，拼接与安装的顺利与否取决于预制构件的尺寸、规格和预留空间等要素。需要其相互协调才能保证万无一失。而 BIM 技术的数据信息共享功能，可以同时实现不同空间、不同项目活动的人员之间及时的数据传输和数据共享。信息的同步保证了能够第一时间发现数据问题，及时进行沟通、调整和修改，从而避免了很多不必要的时间浪费和产生重复作业的可能。此外，设计人员可以根据其他方面的数据，及时地对自己的设计方案重新评估，一旦发现有问题，就可以及时修改，避免了后期造成大范围的作业返工。

（2）有利于预制构件的精细化设计。装配式建筑结构对预制构件的精细化要求极高，在 BIM 技术的支持下，可以实现预制构件的绝对标准化设计。也就是说，设计人员将需要的预制构件的详细尺寸、规格和标准上传云端，在数据系统中就可以直接实现标准化的预制构件设计。这种做法一方面可以使数据库信息更加完整；另一方面，一旦现场有变，某一项数据需要调整，系统会自动重新匹配出最优方案，既可以满足不同用户的需求，又可以实现产品的精细化设计。

（3）优化生产环节。预制构件的生产环节也可以用到 BIM 技术，主要应用于生产环节的质量把关。生产方可以根据设计方在云端上传的各项数据需求和模型获得需要生产的预制构件的各项信息和数据。在实际生产过程中，生产方可以通过及时的数据信息更新和上传与设计方保持密切的联系，双方沟通协作，能够有效提升预制构件的生产质量。

在我国，预制装配式住宅常采用的结构形式多为预制混凝土结构和钢结构。使用 Revit 进行结构设计的流程如下：首先，需要根据建筑预制结构构件建立预制梁、预制柱、预制楼板、预制外墙、预制楼梯等族，形成构件库；然后，构件库中选择出设计所需的标准构件，并设置这些构件的相应参数；最后，将这些构件进行组装，完成结构设计。这一流程大大提高了结构设计效率。值得注意的是，虽然 Revit 可直接提供结构模块（图 3-7），并进行简单的结构计算（即建筑部分先画好梁，返给结构计算，然后再进行反提资，修改梁的宽和高等数据），但结构设计需要进行的承重、配筋等专业计算，Revit 自带的结构模块无法满足。

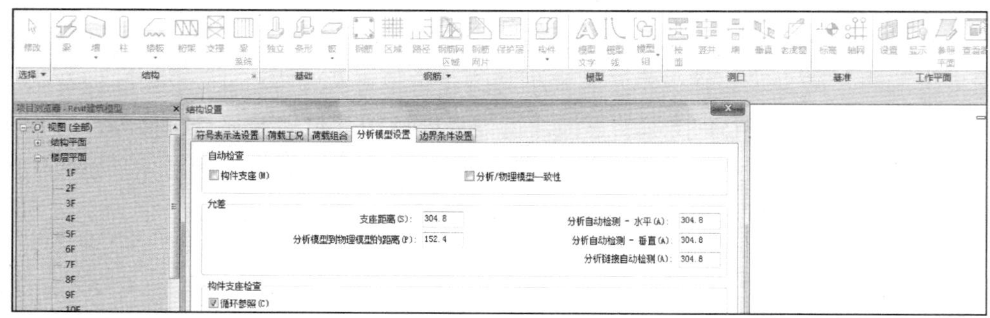

图 3-7　Revit 结构模块

应用 BIM 技术的软件很多，各软件之间可通过接口连接，协同工作。结构系列软件是基于 BIM 技术的建筑结构设计软件，设计人员可直接在其中建立结构模型并进行计算；也可给软件安装 Revit 接口补丁，将 Revit 中的模型导入相应的结构系列软件中，通过模型关联和模型匹配建立起两个模型之间的关联和对应关系，然后进行计算，这样可省去结构建模步骤。在结构系列软件内完成结构计算后，可再将模型导入 Revit，方便进行设备设计，以进一步完善建筑信息模型。

无论采用哪一种结构形式的装配式住宅结构，设计的关键都是节点设计。节点连接可采用现浇混凝土或螺栓连接等方式，利用三维模型可直观了解节点处钢筋配置情况，为节点设计提供便利。

3.3.3 设备设计

设备设计在建筑设计和结构设计之后进行。传统的设备设计独立于建筑设计和结构设计，容易造成设计不合理的现象发生。BIM 技术建立的三维建筑信息模型为建筑设计、结构设计和设备设计提供信息资源共享平台，在建筑设计和结构设计的基础上设备设计得以更好地进行。在 BIM 技术三维建筑信息模型中，设计人员能够更加直观地了解各管线的空间位置关系、管线与建筑结构之间的空间关系，为管线的正确排布增加了保障。此外，设计时还可以通过 Revit MEP 来检查各个设备的运行状况，了解设备连接管道中流体的运行状态，确保整个系统的正常运行。在 Revit 中，与管线综合有关的功能可以有效消除设备设计中的不合理设计。另外，由于三维建筑模型中构件信息相互关联，在某一视图下对构件进行修改后，其他视图也会自动修改，从而有效减少了设计错误，提高了工作效率。

在装配式建筑中，电气设计为设备设计的主要部分，因此，电气工程相关的设计人员必须加大对 BIM 技术的研发与运用，以保证建筑规划方案的精确度。

下文将着重介绍 BIM 技术在电气设计中的应用。

1. BIM 技术在电气设计中的应用价值

（1）信息传递。采用 BIM 技术可以绘制二维图样，但必须有相应族库作保障。然而，目前 BIM 技术应用软件中系统图数量相对较少，且与建筑电气相关的数据更少，因此为了充分满足建筑电气设计的需求，必须建立电气族库。这样不仅可以更好地保护数据信息，提升数据的真实可靠性，还能确保电气信息的全面性，为后续的设计工作提供更为有力的保障。实际工程中，对建筑电气设计需求，要求相关工作者应依据规范标准快速建立电气族库，同时确保产品型号与规格合理，以帮助后续工作顺利开展。在建立电气族库过程中，必须要明确上下游数据传输的实际需求，确保信息能够及时安全地传递。

（2）测量及布局的准确控制。“量”是电气设计工作开展之前的一项必要工作。设计者需要全面熟悉业主的实际需求和建筑的结构设计。在设计工作中，要以业主的实际需求为导向，保证电气设计与结构设计和实际情况相一致，一方面需要保证设计的合理性，另一方面需要提升设计的适用性。另外，在设计过程中需要精准地测量、计算电气机房的面积，并对电气设备的布设位置进行精确的把控，从而制定出合理的管道线路方案。传统电气设计方式中，使用简单的线条来表达设计方案的图纸，往往会存在机房设计精度不足等问题，而且还难以体现出电气设计的细节。使用 BIM 技术后，能够对管线和布局进行精确的控制，保证建筑电气的细部可以精准地呈现出来，而且设计人员也可以更好地把握电气设计的每一个细节，提升设计的精确性。

2. BIM 技术在电气设计中的应用环节

（1）配电系统的设计。在进行与配电控制系统有关的设计准备工作时，需要纵观建筑电气系统的整体，并收集建筑内部的有关数据，以设计出合理的建筑电气图。通过对与设计相关的历史数据进行综合比较分析，可以更好地减少设计风险。在绘制电气图的过程中，一定要对供电半径和机房区域等做出科学合理的计划，尽可能地避免出现碰撞。与此同时，还必须合理地布置供电装置和插座。在已有历史参数与 BIM 技术的帮助下，精确地建立相应的三维模型，从而进行供电线路的布设，使整个配电体系中的线路有效连接。使用 BIM 技术，可以全面分析配电系统，体现配电线路中的所有细节，从而了解配电线路的实际属性，并与配电盘所对应的明细情况进行全方位检测，避免产生细部问题，影响建设工程的顺利进行。而针对施工中配电价格体系的具体设计工作，也可以直接从平面视图的角度标注细部，特别是配电线路及其相关的设备。工程后期的施工还需要更具体的设计指示，从而可以保证配电网体系的完整性，充分满足设计方案的要求。

（2）照明系统的设计。建筑电气设计尤其需要重视照明系统。BIM 技术在这一环节应用的前提是全面收集照明系统相关的数据信息，设计人员需要对这些数据进行收集、分析与整理，以保证照明系统与室内房间规划相适应。照明系统设计中通过合理利用 BIM 技术，能够将设计方案转变成立体化的模型，并将设计方案模型化、可视化地进行呈现，进而了解到方案设计中存在的问题。

（3）其他机电智能系统的设计。从实际设计经验来看，BIM 技术与其他机电智能系统的有效融合，能够让电气设备与建筑主体之间的协调性更强。设计人员需要合理利用 BIM 技术的优势，对设计的细节进行优化，最大程度地模拟和还原机电智能系统，进而帮助工作人员实时关注监控这些系统的运作情况。

3. BIM 技术在电气设计中的实际应用

（1）建立电气族库。在工作过程中，每一项具体的设计工作都需要结合电气设计的相关数据信息开展。现阶段，BIM 技术的应用可以让设计人员更加快速地构建电气族库，其中 Revit 是实现 BIM 技术应用重要的设计软件之一。根据我国的电气制图标准建立电气族库，能够更好地满足电气项目的需求。在这一过程中，针对不同种类的线路与设备，需要为其匹配相对应的族，使其能够在平面图上精准地表现出来。除此之外，还需要符合实际尺寸、性能等方面的需求。设计人员应高度关注电气族库的具体类型和数量，避免对后续的计算和模型构建产生不利影响。

（2）电气平面设计。平面设计内容涵盖照明和供电等方面，在使用 BIM 技术设计电气平面系统过程中，设计师还可通过 Revit MEP 软件，将已整合的电气族库信息记录在软件中，以便在以后的工程设计中随时调取有关数据，提高了设计工作的质量与效率。此外，根据国际电气设计的有关规范与规定，在电气设计时一定要对三维建模中的电线和灯具等做出合理的标注；与此同时，还要检测相应碰撞情况，在保证呈现重点的基础之上，进一步提高电气设计的有效性。

（3）建立电气系统模型。在 BIM 技术应用过程中，非常重要的一个环节是发挥 BIM 技术的可视化与模拟化作用，搭建出一个完善的系统模型。设计人员需要注意的是，建模之前必须清楚地了解建模的过程，并且掌握工程的相关标准与要求，利用现场调查等方式获取相关数据，以建立中心文件，进而充分满足工程项目的实际需要。在建立中心文件之后，需要将文件及时传输到服务器上，并链接相对应的模型。除此之外，围绕提升设计效率的实际需求，设计人员需要对电气资料进行分类整理。在应用中心文件时，设计人员需要将楼层作为参考物，并及时更新有关的数据信息，发挥 BIM 技术的优势，进而确保构建的系统模型与工程的实际需求相适应。

3.3.4　BIM 技术在深化设计中的应用

各专业初期设计阶段完成的图纸往往不能直接用于指导构件生产，需要进行深化设计。深化设计阶段各专业设计人员可利用 BIM 技术完成碰撞检查，进行优化，得到项目真实工程量的准确信息。BIM 技术建立的三维建筑信息模型包括建筑各构件的空间位置信息、材料属性信息和特定编码信息等。当前，装配式建筑应用 BIM 技术进行深化设计的难点主要有以下几方面。

（1）深化设计阶段各方沟通协调量大，所得信息高度耦合。深化设计阶段设计人员需要消化来自各方的信息，包括业主、设计、生产厂、施工、配件供应方等，并将这些相关甚至可能冲突的信息融合到深化设计中。各方利用 BIM 技术协同进行深化设计时，如果没有统一的流程和信息优先级原则，会在信息不断输入的深化设计过程中出现信息的重复和混乱。

（2）BIM 软件出图样式与国家标准不符。由于当前国内常用的 BIM 软件为 Revit，尽管该软件在建模方面也比较成熟，但是出图样式与国内相关的出图标准差距较大，缺少相关的族库和样板，也无法按照国家的相关标准进行修改，因此出图也是应用 BIM 技术进行深化设计需要面对的重要问题。

（3）预制构件数量多，重复工作量大。装配式建筑的一大特点是构件的标准化，在深化设计初期会尽量将预制构件按照种类进行归并，以减少构件数量。然而随着深化设计的深入，机电设计、生产和加工等单位的介入导致在一个预制构件设计基础上产生多个外形一致但有细微区别的构件，如果用人工方法对这些相似但又不同的构件进行 BIM 建模和出图会产生大量的、机械化的重复劳动，造成人力资源的浪费。

（4）各层模型数据传递不畅。BIM 技术的一个重要特点是能够实现信息的传递和整合，从而实现数据从设计到施工的无缝传递。而目前主流软件 Revit 仅能在单个模型内部较好地实现信息传递，但无法有效实现不同模型之间的信息传递。在 BIM 应用过程中，为便于单个预制构件的出图和工程量统计，项目会被拆分成若干单个预制构件模型，在总装模型中再通过链接的形式进行拼装。但 Revit 并不支持链接文件的信息提取，这对整个项目的数据整合和传递有较大影响。

可用于深化设计的 BIM 软件有 Navisworks 和 Tekla。Navisworks 可用于碰撞检查；

Tekla 可用于细部设计，如节点优化设计、工程量统计等。BIM 技术在装配式结构深化设计阶段应用的流程图如图 3-8 所示。

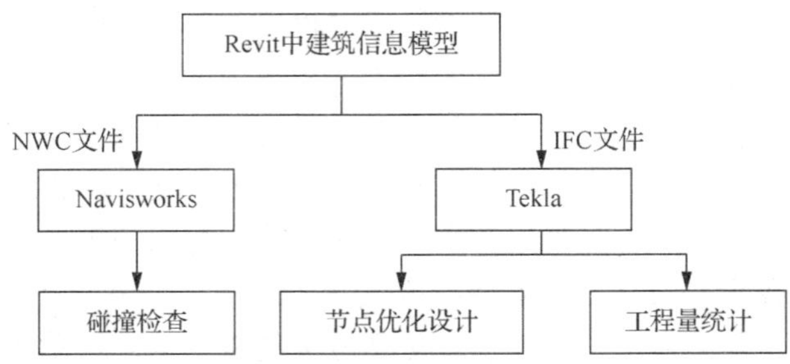

图 3-8　BIM 技术在装配式结构深化设计阶段应用的流程图

碰撞检查包括构件间碰撞检查和节点处碰撞检查。在进行构件间碰撞检查时，若管线与结构主体存在碰撞，碰撞区域会高亮显示，便于修改。将 Revit 中的建筑信息模型导出为 NWC 文件即可链接到 Navisworks 中，应用 Navisworks 对预制装配式混凝土结构进行碰撞检查，可检测出预制构件内的主筋、箍筋、拉结筋、K 形支架等构件之间是否存在不合理碰撞。

节点设计是深化设计过程中的重点和难点。节点形式主要有湿作业的现浇钢筋混凝土节点和干作业的螺栓连接节点。各构件通过节点进行相连，因此节点配筋的合理性将直接影响整个建筑的整体性能和抗震性能。深化设计阶段可应用 Tekla 进行节点碰撞检查，可以检测出节点处预留钢筋是否存在冲突和碰撞，螺栓连接是否合理，便于及时对节点设计进行调整和修改。为避免重复建模，可通过 IFC 文件完成 Revit 和 Tekla 的链接，实现模型的相互转化。

Tekla 拥有各种可以进行工程量统计的模板。在深化设计阶段应用 Tekla 可真实、快捷地得到工程量统计数据，有效减少人工操作的同时，提高了工作效率和工程量信息的准确率。由 Tekla 得到的工程量信息也可以进一步指导构件生产等后续阶段工作。

通过深化设计可以发现前一阶段的设计错误或漏洞，从而优化设计方案，减少因设计不合理带来的经济损失，更好地指导构件生产。

思　考　题

1. BIM 技术在装配式建筑的设计阶段有哪些优势？
2. BIM 技术在装配构件设计中的运用有哪些？
3. 简述构件拆分设计的主要内容。
4. BIM 技术在建筑设计专业的应用有哪些？
5. 如何使用 BIM 技术完成建筑的深化设计？

第 4 章　装配式预制构件生产阶段的 BIM 技术应用

4.1　BIM技术与构件生产概述

装配式预制构件生产阶段是质量管理的重要环节。《国务院办公厅关于大力发展装配式建筑的指导意见》（国办发〔2016〕71 号）中明确指出确保工程质量安全。完善装配式建筑工程质量安全管理制度，健全质量安全责任体系，落实各方主体质量安全责任。加强全过程监管，建设和监理等相关方可采用驻厂监造等方式加强部品部件生产质量管控；施工企业要加强施工过程质量安全控制和检验检测，完善装配施工质量保证体系；在建筑物明显部位设置永久性标牌，公示质量安全责任主体和主要责任人。加强行业监管，明确符合装配式建筑特点的施工图审查要求，建立全过程质量追溯制度，加大抽查抽测力度，严肃查处质量安全违法违规行为。装配式建筑采用工业化的生产方式，实现了建筑构件的机械化生产（图 4-1）。其优势在于在工厂生产加工建筑构件可改善混凝土养护环境，有效消除传统现场施工中因操作不当引起的钢筋错位，使建筑构件质量得到保障，从而提高了建筑质量。因此，构件生产阶段成为装配式建筑全生命周期建设的关键，科学合理地进行构件生产显得尤为重要。

图 4-1　建筑构件的机械化生产

混凝土预制构件的关键技术及成套装备作为建筑工业化的基础环节，其研究和开发将为实现建筑设计标准化和构件制造工厂化提供专业的技术及设备保障。将 BIM 技术可视化、参数化等优势与预制构件生产加工流水线系统融合，在构件从原材料进场，到成品出厂的生产周期中合理利用，可使生产更加高效、管理更加便捷。

在装配式建筑构件的生产过程中，由于二维图纸上所反映出的信息十分有限，技术人员若在二维平面上进行预制构件的生产加工，有可能会出现信息提取的情况。BIM 软件携带的信息贯穿整个建筑周期，借助 BIM 技术可以将装配式建筑中所有部件的详细信息共享给生产单位，传递的方式可以是三维信息化模型，也可以是二维深化设计图纸。运用 BIM 技术、物联网技术和 GPS 定位系统基本可以实现对装配式建筑构件生产、出厂和运输的全方位追踪。方便项目各参与方及时沟通、及时查询各工作完成情况，并安排下一步工作。

4.1.1 PC 构件生产现状

随着越来越多的企业开始重视建筑工业化的转型，一些 PC 构件的生产工厂相继建立。随着信息化管理发展，不同阶段的 PC 构件生产工厂面临的问题总结如下。

（1）对于产品种类的不确定性导致工厂规划的不科学性。预制工厂在建立前应明确产品的种类、选型与定位，必须对市场需求有一个清楚的认识。工厂管理人员提前对产品的近期需求与中远期需求进行总体规划，生产符合市场需求的产品，才能保证其经济性与科学性。

（2）仅实现工厂化，未实现机械化。达到工厂化的制造方式并不困难，可以简单地理解为将工地的工作搬到工厂车间内去完成，改变了工作场地，改善了工作环境。但是并没有提高太多的生产效率，工厂内依旧实行粗放生产，依然是“人海战术”进行作业，无法控制产品质量。

（3）仅实现机械化，未实现自动化。在预制构件的工厂化生产中引入机械化的方法后，提高了工作效率，减少了不良品的出现概率。但是在整个生产流程中都是以工作站点的形式存在，各个站点之间交流不便、协同困难，在管理方面造成很多不便，同时也不利于工艺技术的革新。

（4）仅实现自动化，未实现集团管理信息现代化。预制件自动化的流水线在如今已经逐渐被各家 PC 构件生产工厂所引进和使用，其特点是用相对较少的占地面积获得较高的产能，同时人工数量也大幅度减少，对于质量控制、安全管理等方面都有很好的促进。但是在集团跨区域统筹管理多个 PC 构件生产工厂时，存在的诸多问题也正是当前各大型集团、公司所面临和急需解决的问题。

现阶段大部分构件生产停留在工厂化和局部机械化的阶段，信息技术使用匮乏，因此效率很低，质量管理无法大规模管控。

4.1.2 BIM 在构件生产中的作用

管理 PC 构件生产的全流程是整个项目流程中的一部分，是 PC 构件模型的信息以及流程过程中的管理信息交织的过程，是有效进行质量、进度、成本以及安全管理的支撑。利用 BIM 技术在项目管理中独特的优势，结合预制构件特有的生产模式，可极大提高预制构件的生产效率，有效保证预制构件的质量。BIM 在构件生产中的作用主要体现在以下几方面。

（1）预制构件的加工制作图纸内容理解与交底。

（2）预制构件生产资料准备，原材料统计和采购，预埋设施的选型。

（3）预制构件生产管理流程和人力资源的计划。

（4）预制构件质量的保证及品控措施。

（5）生产过程监督，保证安全准确。

（6）计划与结果的偏差分析与纠偏。

基于 BIM 模型的预制装配式建筑，采用计算机辅助制图（computer aided mapping，CAM）技术及构件生产管理系统，能够将 BIM 信息直接导入工厂中央控制系统，与加工设备对接；再通过可编程逻辑控制器（programmable logic controller，PIC）识别设计信息，实现设计信息与加工信息共享，形成设计-加工一体化的模式。这一过程中无须设计信息的重复录入，大大减轻了工作量，从而提高了工厂的生产效率。

4.2　BIM技术在构件生产管理中的应用

预制构件生产管理的主要流程包括构件生产计划安排，构件生产过程中的人、材、机的管理和构件生产过程控制。构件生产计划安排阶段的主要工作是根据工厂实际生产能力与建筑项目构件的施工进度需求，制订科学有效的生产进度计划。BIM 技术在装配式建筑构件生产管理中的应用可具体分为构件生产、深化设计、信息交付三个阶段，在这三个阶段的应用各不相同。总的来说，BIM 技术首先是根据构件生产计划安排，对构件生产所需要的人、材、机等进行管理，其次是控制构件生产过程，对构件生产过程中出现的问题及时调整。

4.2.1　BIM 技术在构件生产阶段的应用

为了实现对构件生产的有效管理，需要将信息化管理平台逐渐应用到构件生产管理过程中，利用 BIM 技术设计构件生产管理系统，通过 BIM 的数据支撑作用提升构件的质量水平和生产效率。

（1）BIM 技术可用于管理生产订单，存储订单详细信息。用户能够根据订单中构件材料信息以及加工厂现有物料进行备料，对缺少的材料及时进行采购，避免生产订单下达后因缺料无法生产，耽误工期。

（2）BIM 技术可以编制生产计划，使构件生产实现信息化、高效化。

（3）BIM 技术还可用于生产加工过程。通过 BIM 信息化模型，管理人员将构件模型信息导入到中央控制体系，与加工设备对接，加工设备识别提取模型中的数据信息，使设计与加工信息共享，实现构件设计-生产一体化管理。

在构件生产过程中，通过在构件中置入无线射频识别（RFID）芯片（每一个构件都有一个独立的 RFID 芯片信息，BIM 构件信息模型与实际构件生产一一对应）形成信息化统一管理（图 4-2）。RFID 包含三个部分：读卡器、电子标签、应用软件系统。RFID 属于自识别系统，其工作原理是利用磁耦合来实现电子标签和读卡器之间的信息传递，属于非接触类信息交换。在装配式建筑构件管理中，通过使用 RFID 技术大大提高了管理水平。

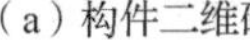

（a）构件二维码

（b）RFID芯片

（c）BIM信息管理系统界面

图 4-2　预制构件信息管理体系

在装配式建筑生产阶段，通过将 BIM 技术和 RFID 技术相结合，可以将含有构件尺寸、材料类别、生产时间、安装地点等信息的芯片植入构件中（图 4-3）。依据每个构件所具有的编码对其进行动态跟踪，能够有效追踪构件在生产、运输、安装等过程中的实时位置，并实时反馈构件的储存、质量等信息，实现了装配式构件的全过程联动，从而达到构件在生产阶段零库存、零缺陷的目标。

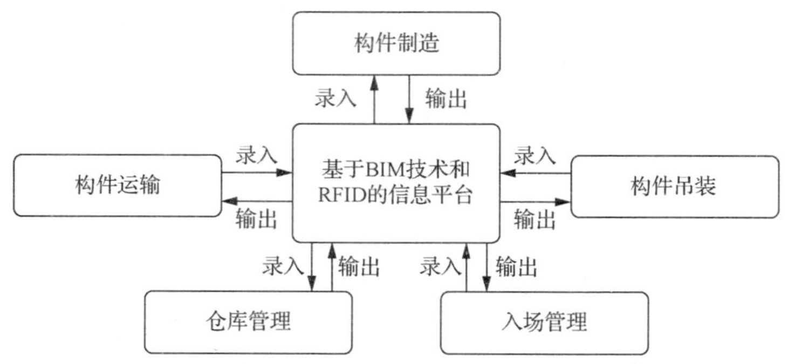

图 4-3　装配式构件全过程联动流程示意图

4.2.2　BIM 技术在构件深化设计阶段的应用

装配式建筑相较于传统建筑项目工程，主要增加了构件设计、构件工厂预制及构件现场吊装等工序。为了使构件模型所包含的生产相关信息能够有效地在构件生产过程中使用，现阶段装配式建筑构件深化设计通常是以工厂为主体开展。在设计院交付的构件图纸的基础上，结合工厂的实际生产工艺，运用 BIM 三维建模技术进行构件深化设计。构件深化设计是在满足结构力学设计的基础上，根据多专业所提出的建筑需求，结合工厂自身构件生产工艺的水平以及施工吊装过程的需求，对构件几何尺寸及各项预埋件进行深化设计。构件深化设计的具体工作流程如下：建筑专业先向深化设计人员提供 BIM 模型和施工图纸，构件专业再结合建筑本身的特点和 BIM 构件库完成拆分深化设计，反向影响建筑专业设计。

构件深化设计人员在本阶段要进行的工作如下：首先，需要根据预制装配式建筑设计任务书和设计阶段交付的数据模型成果，确定工作目标、范围和深度，再按照确认好的构件拆分原则（如结构受力状况、连接方式、位置关系、加工工艺和生产设备条件等），结合预制率和装配率的要求进行相应的拆分和深化设计，并出具构件拆分图纸；其次，构件深化设计人员应结合工厂生产设备和资源条件，以族库的形式进行构件合理性、经济性、少数量性的拆分设计并形成可用于数字化生产的构件制作模型和构件加工所需的深化设计图纸，以便精确统计构件工程量（含体积和重量），形成各类组件、埋件和洞口的精准信息，指导预制率和装配率的计算；最后，构件深化设计人员须根据前期的构件拆分成果使用 BIM 软件对模型进行形体优化、碰撞检测工序等，并根据检测结果优化构件之间和预埋钢筋管线之间的冲突。若需更改构件设计图纸或者设计本身发生变更时，信息可同时联动到整个模型，方便及时调整并生成优化后的构件制作模型。

构件深化设计过程要深入考虑构件节点的构造与安装顺序。目前，二维平面的拆分深化设计图纸难以承载大量信息，会影响后续构件生产的效率和精确度，而基于 BIM 技术进行构件深化设计则大大提高了信息的承载量。具体的设计流程如下：在 BIM 软件系统中设置构件尺寸参数性能、使用材料，利用族创建功能中的拉伸、旋转、缩放等命令建立构件的三维模型，对每个构件模型添加构件标号、混凝土钢筋用量、预埋件、预留孔洞等信息。构件模型的建立使构件加工图纸和三维模型参数化数据实现了双向连接。通过这种连接可以直接生成构件材料使用明细表，为后续的构件生产加工提供详细的数据。此外，将构件模型导入建筑 BIM 模型中，可以通过碰撞检查功能检测预制构件之间、预制构件和现浇混凝土之间可能存在的问题，提高构件的合格率。

构件深化设计时须考虑工业化产品的要求，必须符合加工精度、质量标准、运输要求和安装精度的规定。项目中，通过会审和碰撞检测优化后的大量构件信息在 BIM 模型中的协同联动尤其重要，它是后续构件模具设计、图纸生产、加工、运输模拟的基础，也是原材统计、采购、造价和产能排布的分析依据，更是后续构件加工制作过程中形成的产品关键信息追根溯源的保证。

基于 BIM 的构件模型库也是构件深化设计的重要组成部分。构件模型库的构件一般包括内、外墙板，叠合板，梁，柱，楼梯，女儿墙，阳台板等类型（图 4-4）。选择模数化、标准化的通用构件模型加入构件库，按照构件结构和类型逐一分类。在使用时，构件模型库的建立极大地提高了构件模型的利用率。

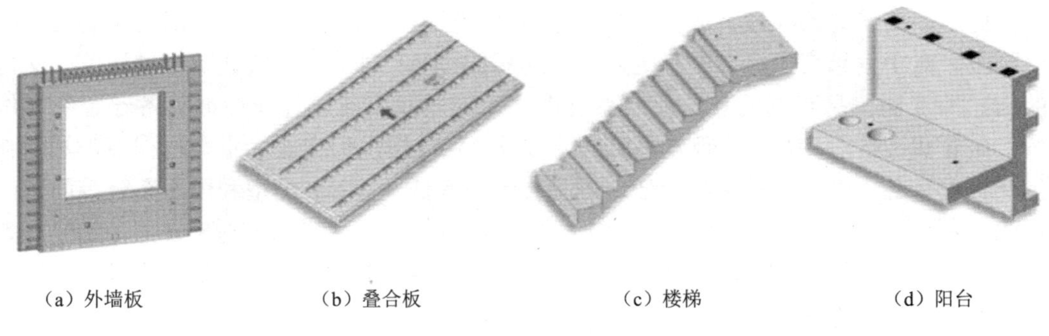

（a）外墙板　（b）叠合板　（c）楼梯　（d）阳台

图 4-4　BIM 构件库中的部分构件类型

4.2.3　BIM 技术在构件信息交付阶段的应用

经过初步设计阶段和深化设计阶段，工程可产生上百张图纸，建筑构件也有成百上千，应用 BIM 技术可快速地在信息平台上找到所需信息，减少工作量，更加科学准确地指导设备进行构件生产。

BIM 相关信息技术应用实现的基础是信息的有效交付，为了保证信息在项目参与方之间实现有效传递，需要明确各项信息交付行为。

在交付前需要根据交付对象、工程阶段及任务类型明确交付内容，按照统一的信息交付标准进行交付。其中，信息交付标准不仅包括预制装配式建筑的 BIM 设计标准，还涉及信息的格式、信息的分类标准、信息的深度要求与信息的范围。图 4-5 为装配式建筑预制构件生产信息交付内容。

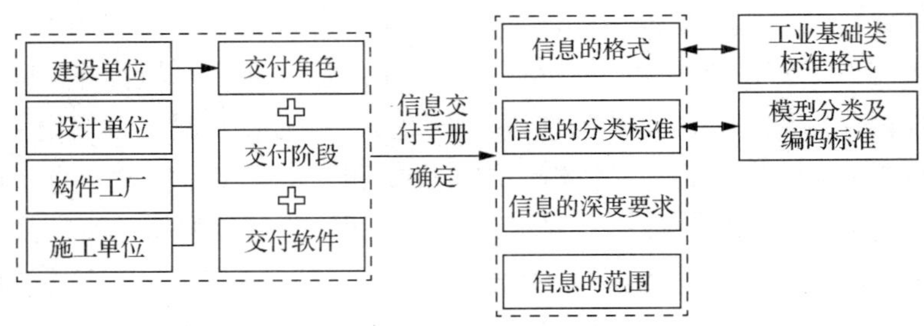

图 4-5　装配式建筑预制构件生产信息交付内容

信息交付手册（information delivery manual，IDM）标准的确立使信息可以在建筑全生命周期的多参与方之间、多项目之间以及多业务流程之间实现特定需求信息及非完整工业基础类标准（industry foundation class，IFC）格式信息的交互和共享，从而达到针对特定阶段的信息需求和表达模式的标准化，并与 IFC 标准形成映射关系，为多源异构 BIM 模型和软件工具之间的协同工作提供了信息标准基础。在传统项目的建筑全生命周期中，IDM 是一套较为系统的信息交付标准，近几年，根据不同专业需要，逐步向特殊领域扩展，形成相应的信息交付标准。

国外针对基于 IFC 的构件拓展及描述方法研究早于国内，并已经形成较为完善的扩展机制，国内此研究较少，且多为直接使用扩展机制进行 IFC 扩展。目前，国内对于建筑构件编码的研究已经较为成熟，但对统一的装配式领域国家编码标准的制定仍处于起步阶段。对于信息交付标准的制定，国际通用的 IDM 对于装配式建筑全过程信息交付的信息深度和信息范围的规定已初具雏形，对形成我国建筑行业标准具备一定参考价值。尽管我国针对 BIM 的研究成果已经形成一定规模，但在实际生产过程中仍然面临生产管理杂乱、生产自动化程度低、信息传递效率低及 BIM 模型利用不充分等问题。因此，面对理论研究与实际应用的脱节，除了需要进一步完善相关理论之外，如何有效地将各项研究应用到实际的构件生产过程中，提高各环节的效率，也是现阶段各研究单位和企业应该重点思考的问题。

4.3　BIM技术在物料管理中的应用

基于 4D-BIM 的施工物料全过程管理系统实现了物料管理与 BIM 模型的无缝衔接。物料相关数据与 BIM 模型双向链接，建立起清晰的业务逻辑和明确的数据交换关系，拓展了 4D-BIM 系统的数据收集渠道与管理手段，实现对物料全过程的可视化跟踪，加强物料管理过程控制。

（1）物料单全流程追踪。使用 BIM 技术管理物料的全流程如下：从 4D-BIM 系统生成所需物料数据，通过接口提取物料数据生成物料单，由采购部提交物料单下单工作；项目总工根据实际施工进度判断采购部提交的物料单是否合理，如有异议退回物料单申请，若无异议则通过审核；将物料单提交给物料厂，物料厂获取物料规格、型号、数量、时间等信息后进行生产、扫码出货、上传节间检验批资料等流程，采购部扫码入库；工程部进行扫码架设物料；物料安装完毕后对物料进行归档，同时在 4D-BIM 系统进行物料 BIM 模型更新，展现物料最后到达的位置。

（2）施工物料出入库管理。施工物料出入库管理能够实现对物料的有序控制，可以对施工物料进行入库管理、出库管理和对物料数量进行相关统计分析等。以二维码为载体，对物料的入库和出库进行管理，驱动物料的运转。构件厂在物料出厂时粘贴相应的二维码标识，利用物料管理系统进行二维码出厂扫描，能够避免因物料单信息有误或物料变更等原因可能导致的风险及损失；物件部收到物料，进行入库时，利用物料管理系统进行二维码扫描入库，入库物料信息能够实时反馈给施工工程部、构件厂等项目参与方；工程部安装物料，利用物料管理系统扫描二维码，对物料的架设状态进行跟踪，可实时监控物料的动向，查询物料的状态。另外，只要二维码生成便具有唯一性和传播性，二维码管理使物料数据信息在施工过程中无法改动，从而施工管理更为严谨，项目管理更为科学、有效。

（3）误工风险分析。实际施工过程中，物料的交付时间延误和数量偏差是造成工程延误的重要原因。通过 BIM 技术的误工风险分析功能，实时跟踪施工所需各构件的生产、运输、计划入库料单、实际入库料单等数据，可以分析得出误工情况。在实际应用中，也可以通过设定物料的计划进场时间节点，将逾期的构件标记为“警告”，及时展示给项目总工，项目总工通过联系构件对应负责人追踪进展，避免因厂家原因造成构件延误，影响施工进度。

（4）物料进度管理。物料进度管理功能主要用以实现对物料的计划与实际施工的差别分析和展示。BIM 技术支持计划入库与实际入库、计划架设和实际架设的对比分析，能够将结果渲染成进度图进行展示。各施工方通过该进度图，可直观地了解物料流程的整体进度。

4.4　BIM技术在物流运输中的应用

与传统现浇混凝土建筑工程相比，将构件从加工厂运送到施工现场是装配式建筑的增加环节，会导致施工成本明显增加。因此，为达到有效控制构件运输成本的目的，必须选择最优的物流运输方案。

运用 BIM 技术选择物流运输方案主要有以下几种方式：运用 BIM 技术中构件的数量、类型等信息，根据项目管理的施工计划，通过模拟技术筛选出最优的运输车辆种类和数量，有效降低运送次数；将不同运输途径的里程、交通质量、道路路况等信息录入 BIM 技术信息管理平台，利用 BIM 技术模拟运送过程，选取最佳的运送路线，从而提升运输效率。如果预制构件在运输的过程中摆放不合理，未采取有效的安全措施，会导致预制构件严重受损，从而影响现场安装效率，导致工期拖延，生产成本也相应地提高。所以，为减少该部分所产生的成本损失，可以使用 BIM 模拟功能对构件的运输过程等进行模拟，设计出可以有效结合现场安装施工的运输路线，增加满载量，降低成本。

此外，BIM 技术还可以与互联网结合，以实现对物流运输环节的管理。例如，采用 RFID 技术对构件的出厂、运输、进场和安装等环节进行追踪监控，并以无线网络即时传递信息。信息以设置好的方式在云平台上的 BIM 模型中实时响应，以此对构件施工质量、进度进行追踪管理。互联网与 BIM 相结合的优势在于信息准确丰富、传递速度快，能够有效减少人工录入信息可能造成的错误。基于互联网的预制装配式建筑施工管理平台通过 RFID 技术、GIS 技术能够实现对预制构件出厂、运输、进场和安装等环节的信息采集和跟踪，并实现实时信息传递。项目各参与方可以通过基于互联网的施工管理平台直观地掌握预制构件的物流和安装进度信息。基于互联网的预制装配式建筑施工管理平台搭建设计的 4 个管理环节依次是出厂、运输、进场、吊装，如图 4-6 所示。

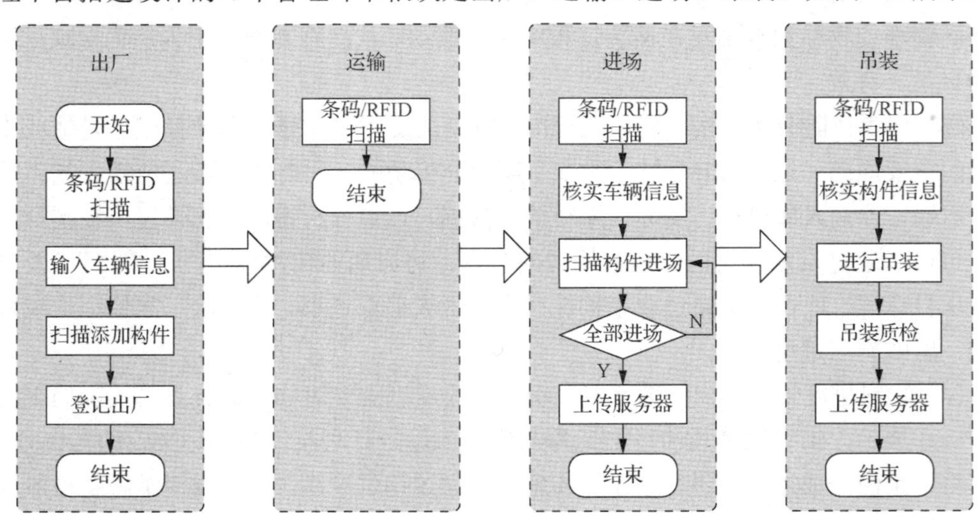

图 4-6　出厂、运输、进场、吊装 4 个管理环节

1. 出厂管理环节

出厂管理环节可通过扫描条码对车辆进行识别，由出厂管理员完成车辆信息的录入，包括车牌号、司机信息等。确认车辆信息后，对准备出厂的预制构件进行扫描确认，自动完成预制构件与车辆的关联及出厂登记。

2. 运输管理环节

施工单位根据装配式建筑当前的施工进度来组织构件的运输计划。生产管理人员通过手持阅读器或移动端查询、定位需要运输的构件，记录预制构件的当前信息。构件的运输线路需要综合多方信息进行设计，如施工现场的位置、高速公路的线路和高速公路的出入口等。BIM技术拥有强大的信息集成功能，通过与GIS技术的结合，可迅速查阅工地现场周围情况，生成三维地形图，根据三维地形图分析工地周围运输线路，合理确定运输路线。

3. 进场管理环节

物料进入施工现场时，由进场管理员通过扫描条码获取并核实车辆信息，验证通过后对车载的预制构件进行扫描，自动完成进场登记。进场扫描结束后，系统会自动对车载构件进行清点，如有未入场或缺失的预制构件，系统会给出提示。管理员需继续进行进场扫描，直到车载的构件全部进场登记。

4. 吊装管理环节

在预制构件吊装过程中，通过RFID扫描可获取构件信息，包括预制构件安装位置及要求等属性。吊装完成后，由吊装管理员进行质量检查，并将结果上传服务器永久保存。

综上所述，该系统完成了预制构件从出厂、运输、进场、吊装全过程的跟踪，预制构件的属性存放于远程服务器。基于移动互联网，在对应的权限下，可以随时对构件的信息进行溯源查询。

4.5 BIM技术在设备管理中的应用

采用“BIM+GIS”集成的方式可对工程机械设备（以下简称设备）进行管理。具体方法是利用两种技术生成高精度数据实景模型，实现设备工作位置的三维信息化显示，再借助一系列的数据传输装置对设备工作状态进行监控。两者的集成，使得信息的表达更加准确直观，具有重要的应用价值，其具体应用如下。

（1）对于加入平台管理的所有设备，可以通过车载终端实现对设备进行实时定位跟踪。在系统中设定每台设备的可运行范围，一旦有设备超出其被设定的运行范围或状态异常时将实时报警，提醒操作人员和管理人员，并将异常信息传输至平台管理中心。这样可以保证设备只能在指定的工作区域内进行相应的作业操作。

（2）平台管理的数据中心还可实时采集设备的位置、状态、运行时间、油耗等相关信息。依据采集的数据，数据中心对设备的运行状态、油耗、作业指标及路径规划等进行分析，为科学合理地利用设备提供依据。

（3）在设备的安全管理方面，平台可对其运行速度、作业时间、作业载重等数据进行实时监控，一旦在运行过程中出现异常情况，就会报警提示现场操作人员和管理人员。当设备持续出现异常且一直未做出相应调整时，系统可对设备进行远程控制，保证设备的运行安全。比如，当运行中的设备遇到紧急情况时，系统可对设备进行断油等操作，运行的设备接收到此指令后，若仍不能及时采取相应措施，则系统可强制切断继电器，使设备彻底停止运行。

（4）系统还能对设备运行中可能会出现的故障信息进行实时监控，包括读取设备运行时的油温、水温、气压、发动机转速等参数。如果此类参数出现异常，则系统后台将对此类信息数据进行分析诊断，显示故障内容及相应解决方案。监控系统通过所接收到的信息，首先对数据库中相似的内容进行搜索，为故障的排除提供参考，同时系统通过服务中心将故障信息传输给相关人员，以便其远程进行故障内容诊断。平台服务中心可将相关的解决方案快速提供给相应的操作人员，以便及时排除故障。当设备发生危险状况时，操作人员应及时呼叫服务中心，服务中心会在第一时间内进行相应操作，及时通知救援人员。

采用“BIM+GIS”技术的工程设备管理平台对设备管理工作的价值，主要表现在以下几个方面。

（1）提高管理效率。通过系统对数据的精确采集、实时上传，管理人员可以有效掌握工程项目的进展情况，提供及时有效的指导。

（2）降低施工成本。采用数字化信息采集可以有效杜绝设备怠工、漏油等现象，减少人员投入，提高管理与施工的效率，多维度地降低施工成本。

（3）提高安全性管理水平。采用信息化平台，可以加强设备形位管控及设备信息的认证，确保操作人员处于安全的施工环境中，有效增强操作人员的安全意识与规范操作意识。

（4）实现扁平化信息管理。通过数字信息的及时上传，可以减少中间人员的参与及各层级之间的沟通次数，用直观化的数据连接各部门，能够提升企业的信息化水平，实现扁平化管理。

思　考　题

1. BIM 技术从哪些方面实现了对预制构件生产的有效管理？
2. 简述现阶段 PC 构件生产现状以及 BIM 技术将对构件生产带来的改变。
3. 简述 BIM 技术在装配式建筑的生产管理阶段中的应用。
4. 预制构件的生产管理主要包括哪些方面？
5. 简述 BIM 技术在装配式建筑中的应用点。

第 5 章　装配式建筑施工阶段的 BIM 技术应用

5.1　装配式建筑项目进度管理

进度管理是贯穿项目全生命周期的系统性过程，包含进度计划编制、资源协调、过程监控及动态调整；进度控制是进度管理中的关键子过程，针对实际进度与计划的偏差进行监测、分析与纠偏。

5.1.1　装配式建筑项目进度控制概述

1. 进度控制的定义

工程建设项目的进度控制是指在既定的工期内，对工程项目各建设阶段的工作内容、工作程序、持续时间和逻辑关系编制最科学合理的施工进度计划（以下简称进度计划）。为保证进度计划能够按期实施，在项目部管理方式、资金使用、劳动力使用及安排、材料订购及使用、机械使用等方面做好针对性工作；在项目具体实施过程中，项目部应经常检查实际进度是否按进度计划要求进行，分析影响进度计划的各种不利因素，及时调整进度计划或提出弥补措施，直至工程竣工达到验收条件，可交付使用。进度控制的最终目标是确保项目按时完成，或者在保证施工质量和不增加施工实际成本的前提下，适当缩短施工工期。

需要注意的是，装配式建筑项目进度控制方法同传统现浇建筑项目进度控制方法有较大不同，装配式建筑使用的构件一般委托给预制构件生产企业生产，室内装饰也有部分工作不在现场完成，如门窗、整体厨卫等委托给施工现场外的其他生产企业生产并运输到现场，现场湿作业明显减少，因此装配整体式建筑项目进度控制方法应体现其独有的特点。

2. 项目施工的组织形式

考虑装配式建筑项目的施工特点、工艺流程、资源利用、平面或空间布置等要求，其施工可以同传统现浇建筑项目一样，采用依次施工、平行施工、流水施工等组织形式。

（1）依次施工。将拟建项目划分为若干个施工过程，每个施工过程按施工工艺流程顺次进行施工，前一个施工过程完成之后，后一个施工过程才开始。

（2）平行施工。平行施工通常在拟建项目工期十分紧迫时采用。在工作面、资源供应允许的前提下，可布置多台吊装机械、组织多个相同的操作班组，在不同的施工段上同时组织施工。

（3）流水施工。流水施工是将拟建工程划分为若干个施工段，并将施工对象分解成若干个施工过程，按照施工过程成立相应的操作班组，如支模班组、绑扎钢筋班组、构件吊装班组、水电暖通配管班组、浇筑混凝土班组等，各操作班组按施工顺序依次完成施工段内的施工过程，依次从一个施工段转到下一个施工段；施工在各施工段、施工过程上连续、均衡地进行，使相应专业班组间实现最大限度的搭接施工。例如，装配式建筑项目每楼层仅水平构件为预制构件，竖向构件为现浇混凝土，单位工程预制率不够高时可采用流水施工。

3. 进度控制的程序

装配式建筑项目进度控制的程序同传统现浇结构项目进度控制的相同，需要按照以下 5 个步骤来进行。

（1）确定进度控制目标。明确进度计划开工日期、总工期和竣工日期，并确定项目分期分批的开工、竣工日期。

（2）编制进度计划。具体安排实现进度目标的工艺关系、组织关系、搭接关系、起止时间、劳动力计划、材料计划、机械计划及其他保证性计划，并使其得到各个方面（如施工企业、业主、监理等）的批准。

（3）实施进度计划。由项目经理部的工程部调配各项施工项目资源，组织和安排各工程队按进度计划的要求实施工程项目。

（4）施工项目进度检查与调整。在施工项目部的计划、质量、进度、安全、材料、合同部门等各职能部门的协调下，定期检查各项活动的完成情况，记录项目实施过程中的各项信息，用进度控制比较方法判断项目进度完成情况。如果进度出现偏差，则应调整进度计划，以实现项目进度的动态管理。

（5）阶段性任务或全部任务完成后，应进行进度控制总结，并编写进度控制报告。

4. 进度控制的措施

装配式建筑项目进度控制的措施主要有组织措施、管理措施、经济措施和技术措施等。

1）组织措施

为了实现项目进度控制目标，应建立健全的项目进度管理组织体系；设置专门的工作部门和具有进度控制岗位资格的专人负责进度控制工作；在职能分工和岗位职责中明确进度控制的工作任务，确保进度目标得到充分的分析和论证；编制进度计划，定期跟踪进度计划的执行情况，采取纠偏措施，及时调整进度计划。

2）管理措施

建筑工程项目进度控制的管理措施涉及管理的观念、方法、手段，合同管理和风险管理等。进度控制需要树立正确的管理观念，包括进度计划系统管理的观念、动态管理的观念、进度计划多方案比较和选优的观念；运用科学的管理方法和工程网络计划的方法编制进度计划，实现进度控制的科学化管理；选择合适的承发包模式，以避免过多的合同交界面影响工程的进展；采取风险管理措施，以减少进度失控的风险量；重视信息技术在进度控制中的应用。

3）经济措施

进度控制的经济措施涉及资金需求计划、资金供应的条件和经济激励措施等。为保证进度控制目标的实现，应编制与进度计划相适应的资源需求计划，包括资金和其他资源（专业化项目管理团队、吊装队伍等）需求计划。例如，专项施工人员会同项目经理确保专项工程进度的资金落实；留足采购预制构件及相关材料的专项资金；按时发放作业班组或分包方工资；对施工操作人员采用必要的奖惩手段，保证施工工期按时完成。项目经理及专项施工人员利用分包合同或其他经济责任状，对预制构件生产单位和施工现场作业班组或劳务队人员进行控制约束，采取提前奖励、拖后处罚的方法，确保预制构件专项施工安装进度计划按时完成。

4）技术措施

进度控制的技术措施涉及对实现进度目标有利的设计技术和施工技术的选用。采用新工艺、新技术、新材料、新设备及适用的操作方法。例如，应选用合理的吊装机械或开发装配式项目专用的吊装机械及机具，预制叠合楼板采用独立钢支撑或盘扣式脚手架系统；后浇混凝土部分则采用定型钢模板、塑料模板或铝模板及相应支撑系统。在工程进度计划制订或者进度受阻时，应分析设计技术和施工技术对进度的影响因素，有无改变施工技术、施工方法和施工机械的可能性。

5. 进度控制的要点

装配式建筑项目主要有以下进度控制的要点。

（1）为保障工期目标实现，在工程进行过程中应投入相当数量的劳动力、机械设备，配备充足的管理人员，并根据施工方案合理有序地对人、材、机进行有效调配，方可确保计划中各施工节点如期完成。

（2）正常情况下，预制装配式 PC 厂家在接收到确定的装配式拆分方案施工图后，从工艺深化设计到模具制作、生产、拼装，再到首批预制构件发货进场，应控制周期不超过 60d。

（3）预制构件制作前，构件采购方应组织深化设计单位对构件工厂进行生产前的技术交底。

（4）首批预制构件隐蔽验收前，预制构件工厂应组织项目甲方、监理方、采购方、设计院共同对构件进行隐蔽验收。

（5）预制装配式构件正式吊装前，项目甲方应组织设计院、深化设计单位到项目现场对监理方、总包方、吊装单位进行施工前的技术交底，着重强调装配式节点部位与传统施工工艺的不同点及具体施工要求。

（6）预制构件进场前，构件厂应已完成不少于 3 个楼层的构件，方可确保现场吊装施工启动后不会因为等待构件供应而窝工。

（7）项目第一批次构件吊装时，由于施工队伍熟悉图纸需要一个过程，现场不同施工班组的穿插配合需要磨合，可依照标准层进度（含传统施工部分）编制规则：第一个楼层按 12d/层，第二个楼层按 10d/层，第三个楼层按 8d/层，进入第四个楼层已基本完成磨合，可以按 7d/层或 6d/层进行进度计划编制。

（8）为保证现场施工的连续性，应在开工前由构件采购方根据项目进度计划，要求并组织构件厂、吊装队就需求计划、吊装顺序及运输相关事宜进行充分讨论，协商出吊装进度、生产排产、供货计划。为了标准层各工种有效衔接，吊装队应根据吊装顺序、工序衔接、施工进度等情况反向提出装车顺序、车载数量、构件进场时间等要求给构件厂。

（9）吊装施工过程中，楼栋和楼栋之间也可以组织流水施工，正常情况下每个熟练的吊装班组可以负责 2～3 栋楼的流水施工；每栋楼的高层部分应每层单独进行流水施工组织，流水段可按单元划分，每个单元墙体分一个流水段，顶板为另一个流水段。

（10）当建筑单体的外围护墙体是装饰、保温与窗框预埋综合一体的构件时，主体结构装配施工完成后，外围墙体的竖向施工量将大幅减少且施工周期也大幅缩短，后续只要完成外围墙体的拼缝封闭、外窗封闭及楼层断水作业，即可为室内装修创造穿插施工作业的条件。在此基础上，可以进行高层单体建筑的室内精装立体穿插施工。

5.1.2 装配式建筑项目施工进度计划的编制

1. 施工进度计划

1）施工进度计划的定义

施工进度计划是将项目所涉及的各项工作、工序进行分解后，按照工作开展顺序、开始时间、持续时间、完成时间及相互之间的衔接关系编制的作业计划。通过进度计划的编制，使项目实施形成一个有机的整体，同时，进度计划也是进度控制管理的依据。

施工进度计划是施工现场各项施工活动在时间、空间上先后顺序的体现。合理编制施工进度计划必须遵循施工程序的规律，根据施工方案和工程开展程序去组织施工，才能保证各项施工活动的紧密衔接和相互促进，充分利用资源，确保工程质量，加快施工速度，达到最佳工期目标。同时，还能降低建筑工程成本，充分发挥投资效益。

2）施工进度计划的分类

施工进度计划按编制对象的不同可分为建设项目施工总进度计划、单位工程进度计划、分阶段（或专项工程）工程进度计划、分部分项工程进度计划。

（1）建设项目施工总进度计划。

建设项目施工总进度计划是以一个建设项目或一个建筑群体为编制对象，用以指导整个建设项目或建筑群体施工全过程进度控制的指导性文件。它按照总体施工部署，确定每个单项工程、单位工程在整个项目施工组织中所处的地位，也是安排各类资源计划的主要依据和控制性文件。

建设项目施工总进度计划涉及地下与地上工程、室外与室内工程、结构装饰工程、水暖电通安装、弱电系统布置及电梯安装等各种施工专业，施工工期较长，特别是当建设项目或建筑群体中仅部分单体建筑是装配式建筑，而其他单体建筑是传统非装配式建筑的情况，故其建设项目施工总进度计划主要体现综合性、全局性。建设项目施工总进度计划一般在总承包企业的总工程师领导下进行编制。

（2）单位工程进度计划。

单位工程进度计划是以一个单位工程为编制对象，在建设项目施工总进度计划控制目标下，用以指导单位工程施工全过程进度的指导性文件。它所包含的施工内容比较具体明确，施工期较短，故其作业性较强，是进度控制的直接依据。单位工程开工前，由项目经理组织，在项目技术负责人领导下编制单位工程进度计划。

装配式建筑项目的单位工程进度计划编制需要考虑装配式项目施工过程的诸多因素，例如，拟施工的单位工程中竖向和水平构件都采用预制构件或部品，还是仅水平构件采用预制构件，应充分考虑工程开工前现场布置情况、吊装机械布置情况和最大起重量情况；地基与基础施工时，考虑开挖范围内如何布置预制构件情况；主体结构施工安装时，考虑预制构件安装顺序和每个预制构件安装时间及必要的辅助时间；预制构件吊装安装时，考虑同层现浇结构如何穿插作业。

（3）分阶段工程（或专项工程）工程进度计划。

分阶段工程（或专项工程）工程进度计划是以工程阶段目标（或专项工程）为编制对象，用以指导其施工阶段（或专项工程）实施过程的进度控制文件。例如，装配式建筑项目吊装施工适用于编制专项工程进度计划，专项工程进度计划应具体明确预制构件进场时间、批次及堆放场地，并绘图标示；充分说明对应钢筋连接的工作时序、预制构件的安装节点；清晰展示同层现浇结构的模板及支撑系统、钢筋布置及混凝土浇筑的流程。

（4）分部分项工程进度计划。

分部分项工程进度计划是以分部、分项工程为编制对象，用以具体实施操作其施工过程进度控制的专业性文件。

分部分项工程进度计划的编制对象为阶段性工程目标或分部、分项细部目标，目的是把进度控制进一步具体化、可操作化，也是专业工程具体安排控制的体现。此类进度计划与单位工程进度计划类似，比较简单、具体，通常由专业工程师与负责分部、分项工程的工长进行编制。

3）施工进度计划的分解

根据建设项目施工总进度计划编制建设项目施工进度计划，构件生产厂根据建设项目施工进度计划编制构件的生产计划，保证构件能够连续供应。与常规项目不同，装配式建筑主体结构施工还须编制构件的安装计划，细化为季度计划、月计划、周计划等，并将计划与构件厂进行对接，以此指导预制构件的进场。

2. 施工进度计划编制

1）施工进度计划编制依据

装配式建筑项目施工进度计划编制首先是根据国家现行的有关设计、施工、验收规范，如《装配式混凝土结构技术规程》（JGJ 1—2014）、《装配式混凝土建筑技术标准》（GB/T 51231—2016）、《混凝土结构工程施工质量验收规范》（GB 50204—2015）、《混凝土结构工程施工规范》（GB 50666—2011）；其次是根据工程所在的地方标准及单位工程施工组织设计；最后依据工程项目施工合同、工程项目预制（装配）率、预制构件生产厂家的生产能力、预制构件最大重量和数量、拟用的吊装机械规格数量、施工进度目标、专项构件拆分和深化设计文件；同时，也要结合施工现场条件、有关技术经济资料进行编制。

2）施工进度计划编制方法

（1）横道图法。

横道图法是最常见且普遍应用的进度计划编制方法。横道图是按时间坐标绘出的，整个计划由一系列横道线组成，每根横向线条表示工程各工序的施工起止时间、先后顺序。它的优点是易于编制、简单明了、直观易懂、便于检查和计算资源，特别适合现场施工管理。但是，作为一种计划管理的方法，横道图法存在不足之处。首先，不容易看出工作之间的相互依赖、相互制约关系；其次，反映不出哪些工作决定了总工期，更看不出各工作之间的区别及有无伸缩余地（即机动时间）、有多大的伸缩余地；再者，由于横道图不是一个数学模型，不能实现定量分析，无法分析工作之间相互制约的数量关系；最后，横道图不能在执行情况偏离原计划时，迅速而简单地进行调整和控制，更无法实行多方案的优选。

（2）网络计划技术法。

网络计划技术法可生成双代号网络图，与横道图相反，其能明确地反映出工程各组成工序之间的相互制约和依赖关系，可以用它进行时间分析，确定出哪些是影响工期的关键工序，以便施工和管理人员集中精力抓施工中的主要矛盾，减少盲目性。而且它是一个定义明确的数学模型，可以建立各种可调整优化的方法，并可利用计算机进行分析计算。

在实际施工过程中，应注意横道图法和网络计划技术法的结合使用，即在应用计算机编制施工进度计划时，先用网络计划技术法进行时间分析、确定关键工序、进行调整优化，然后输出相应的横道图用于指导现场施工。装配式建筑项目进度计划，一般选择采用双代号网络图和横道图，其图表中宜有资源分配情况。

3）施工进度计划编制原则

施工程序和施工顺序随着施工规模、性质、设计要求，以及装配式建筑项目施工条件和使用功能的不同而变化，但仍有可供遵循的共同规律，在装配式建筑项目施工进度计划的编制过程中，应充分考虑与传统混凝土结构项目施工的不同点，以便于组织施工。装配式项目施工进度计划编制应遵循以下原则。

（1）须多专业协调深化设计图纸。

（2）须事先编制构件生产、运输、吊装方案；事先确定塔式起重机选型。

（3）须考虑现场堆放预制构件平面布置。

（4）由于钢筋套筒灌浆作业受温度影响较大，宜避免冬期施工。

（5）预制构件装配过程中，应单层分段分区吊装施工。

（6）既要考虑施工组织的空间顺序，又要考虑构件装配的先后顺序。在满足施工工艺要求的条件下，尽可能地利用工作面，使相邻两个工种在时间上合理地、最大限度地搭接起来。

（7）穿插施工，吊装流水作业。通过流水段有效进行穿插，基于工序的排列，找出塔吊空闲期，利用塔吊空闲期组织构件进场、卸车，不影响结构正常施工。通过清晰的工序计划管理，使现场施工质量控制、进度控制、安全控制、文明施工控制做到常态化、标准化。

5.1.3　BIM 技术在进度管理中的应用

BIM 技术的引入，可以突破二维的限制，给装配式建筑项目进度控制带来不同的体验。BIM 技术在装配式建筑项目进度管理中的应用体现在项目进程中的方方面面，下面仅对其关键应用点进行具体介绍。

1. BIM 技术与施工进度模拟

当前建筑工程项目管理中用于表示进度计划的甘特图由于专业性强、可视化程度低，无法清晰描述施工进度以及各种复杂关系，难以准确表达工程施工的动态变化过程。通过将 BIM 技术与施工进度计划相链接，将空间信息与时间信息整合在一个可视的 4D（3D+时间）模型中，不仅可以直观、精确地反映整个建筑的施工过程，还能够实时追踪当前的进度状态、分析影响进度的因素、协调各专业、制定应对措施，以缩短工期、降低成本、提高质量。

目前常用的 4D BIM 施工管理系统或施工进度模拟软件很多，利用此类管理系统或软件进行施工进度模拟大致分为以下步骤。

（1）将 BIM 模型进行材质赋予。

（2）应用软件 Project 制订施工进度计划。

（3）将施工进度计划文件与 BIM 模型链接。

（4）制定构件运动路径，并与时间链接。

（5）设置动画视点并输出施工模拟动画。

通过 4D 模型进行施工进度模拟，能够完成以下内容：基于 BIM 技术的施工组织，对工程重点和难点的部位进行分析，制定切实可行的对策；依据模型，确定方案、排定计划、划分流水段；BIM 施工进度模拟可以季度为单位来编制计划，将周和月结合在一起，假设后期需要任何时间段的计划，只需在这个计划中过滤即可自动生成，做到对现场的施工进度进行每日管理。

2. BIM 技术与施工安全和冲突分析系统

（1）时变结构和支撑体系的安全分析。通过模型数据转换机制，可自动使 4D 施工信息模型生成结构分析模型，以进行施工期时变结构与支撑体系任意时间点的力学分析计算和安全性能评估。

（2）施工过程进度、资源和成本的冲突分析。通过动态展现各施工段的实际进度与计划进度的对比关系，实现进度偏差和冲突分析及预警；指定任意日期，自动计算所需人力、材料、机械及其成本，进行资源对比和预算分析；根据清单计价和实际进度计算实际费用，动态分析任意时间点的成本及其影响关系。

（3）场地碰撞检测。基于施工现场 4D 时间模型和碰撞检测算法，可对构件与管线、设施与结构进行动态碰撞检测和分析。

3. BIM 技术与建筑施工优化系统

基于建筑施工优化系统，建立进度管理软件 P3/P6 数据模型与离散事件优化模型的数据交换，实现基于 BIM 技术和离散事件模拟的施工进度、资源以及场地布局的优化，并对整个施工过程进行模拟分析。

（1）基于 BIM 技术和离散事件模拟的施工优化。通过对各项工序的模拟计算，得出工序、工期、人力、机械、场地等资源的占用情况，对施工工期、资源配置以及场地布置进行优化，实现多个施工方案的比选。

（2）基于过程优化的 4D 施工过程可视化模拟。将 4D 施工管理与建筑施工优化系统进行数据集成，实现基于过程优化的 4D 施工过程可视化模拟。

4. 三维 BIM 技术交底及安装指导

在大型复杂工程施工技术交底时，工人往往难以准确理解技术要求。针对技术方案无法细化、不直观、交底不清晰的问题，其解决方案是改变传统的思路与做法（通过纸介质表达），转向借助三维 BIM 技术呈现技术方案，使施工重点、难点部位可视化，提前预见问题，确保工程质量，加快工程进度。应用三维 BIM 技术进行交底即通过三维 BIM 模型让工人直观地了解自己的工作范围及技术要求，主要方法有两种：一种是虚拟施工和实际工程照片对比；另一种是将整个三维 BIM 模型进行打印输出，用于指导现场的施工，方便现场的施工管理人员用模型进行施工指导和现场管理。

对钢结构而言，关键节点的安装质量至关重要。安装质量不合格，轻者将影响结构受力形式，重者将导致整个结构的破坏。三维 BIM 模型可以提供关键构件的空间关系及安装形式，方便技术交底与施工人员深入了解设计意图。

5. BIM 技术与移动终端现场管理

采用无线移动终端、Web 及 RFID 等技术，全过程与 BIM 模型集成，实现数据库化、可视化管理，避免任何一个环节出现问题给施工和进度质量带来影响。

BIM 技术和理念是从美国发展起来的，之后逐渐扩展到欧洲及日本、新加坡等发达国家，2002 年之后国内开始逐渐接触 BIM 技术和理念。从应用领域上看，国外已将 BIM 技术应用在建筑工程的设计、施工以及建成后的运营维护阶段；而国内应用 BIM 技术的项目较少，且大多集中在设计阶段，缺乏施工阶段的应用。BIM 技术发展缓慢直接影响其在进度管理中的应用，国内 BIM 技术在装配式建筑项目进度管理中的应用主要需要解决软件系统、应用标准和应用模式等方面的问题。目前，国内 BIM 应用软件多依靠国外引进，但类似软件不能满足国内的规范和标准要求，必须研发具有自主知识产权的相关软件或系统，如基于 BIM 技术的 4D 进度管理系统，才能更好地推动 BIM 技术在国内装配式建筑项目进度管理中的应用，提升进度管理效率和项目管理水平。BIM 标准的缺乏是阻碍 BIM 技术功能发挥的主要原因之一，国内应该加大 BIM 技术在行业协会、大专院校和科研院所的研究力度，相关政府部门应给予更多的支持。另外，目前常用的项目管理模式阻碍了 BIM 技术效益的充分发挥，应该推动与 BIM 技术相适应的管理模式的应用，如综合项目交付模式，把业主、设计方、总承包商和分包商集合在一起，充分发挥 BIM 技术在建筑工程全生命周期内的效益。

5.1.4　BIM 技术在进度管理中的应用思路

1. 基于 BIM 技术的进度管理体系

1）进度管理体系的指导思想

着眼于实际工程项目的具体情况，结合管理人员的管理习惯，用真实的模型代替空洞的理论，将传统管理方式的抽象和烦琐转化为三维立体的、直观的模型。BIM 技术能够实现三维可视化、模拟施工等过程，极大地提高了管理效率。BIM 技术能够将施工前期的各种信息进行整合并模拟，可以提前发现错误并适时进行调整；同时，在施工过程中也可以同步进行数据更新，保障施工进度的稳步进行。在整个施工过程中，进度管理体系对工程项目进行全面的、综合的管理，保障项目的顺利进行。

2）进度管理体系的设计原则

（1）进度管理的本质是管理，即通过恰当的管理方式，保障工程项目按期完成或提前完成。进度管理的目标是实现预定的工程进度，保质保量地完成工程要求，所以在工程项目建设阶段，每一个进度目标的制定都显得尤为重要。因此，需要专业管理人员对进度目标进行合理的分析、跟踪并实时更正出现的偏差，以保证整个工程项目的顺利完成。

（2）进度管理的关键是效率，即在规定的时间内完成确定的工程量。在整个工程项目建设阶段，对工程项目采用何种技术和什么样的管理手段、怎样协调各部分的人员与资源、如何让机械设备发挥最大的效率，是提高工程项目进度管理效率需要重点关注的方向。在提高工作效率的同时，还要兼顾细节，不能为了追求效率而忽略工程细节。将进度目标落实到具体单位，指定相关责任人，定期抽查工程项目进度完成情况，确保高层管理人员能够全面实时掌握工程项目的完成情况。

（3）进度管理的灵魂是资源利用。如何利用有限的资源发挥最大的价值，是管理人员需要思考与解决的问题。工程项目的资源是有限的，管理人员需要调度关键资源到关键部位，保证项目的顺利进行。

3）进度管理体系的组成

（1）项目总进度纲要。在工程项目立项以后，需要编制众多与工程项目进度相关的文件，其中由业主单位牵头编制的项目总进度纲要（以下简称总纲要）在所有文件中起统领作用，作为其余各进度相关文件的指导与规范。其他关于项目进度计划的文件都须围绕总纲要来进行编制，秉承统一的思想，坚持上下一致的原则，逐级、逐层次地建立项目二级、三级进度计划。基于 BIM 技术的工程项目进度管理，并不会改变原有进度管理的总体层级与关系，只是在各个阶段建立关于 BIM 技术的信息模型，使进度管理更加具体与形象，避免纸上谈兵式的管理模式。BIM 技术能够实现的进度编制过程有进度模拟、横道图等。

（2）二级进度计划。当总纲要确定完成之后，工程项目的其余各相关部门需要根据总纲要编制各自的部门纲要，也就是二级进度计划。其中主要包括设计与施工两个部门编制的相关文件，以管理各自部门的进度计划，按时完成相关的任务。二级进度计划不同于总纲要，它更加具体，明确性更高，指定相关的时间节点完成进度，确定里程碑节点并作为进度计划的控制点。

（3）三级进度计划。该级进度计划更加明确与具体，是对上级进度计划的详细划分。对于设计阶段来说，其主要任务是给出工程项目所需要的设计方案。施工单位在此级的施工进度计划包含各个专业的进度计划，其中包括建筑、结构、机电、水暖进度计划等。这个阶段的进度计划与实际工程直接相关，指导并接受现场的反馈。图 5-1 为三级进度计划示意图。

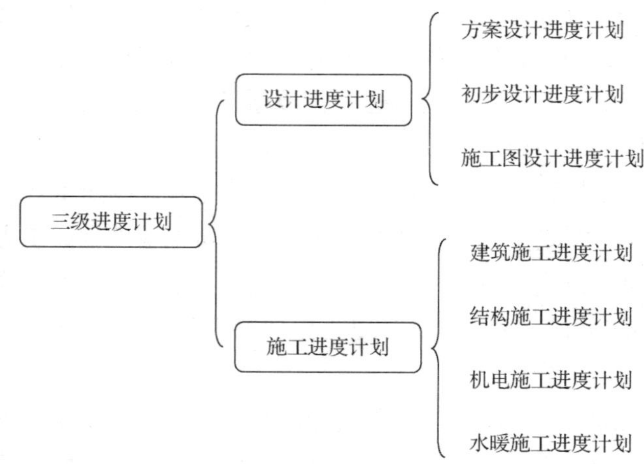

图 5-1　三级进度计划示意图

4）进度管理体系的模型构建原则及流程

BIM 是建筑信息模型的英文简称，所以在构建 BIM 模型时，必须有信息的添加，这样才能区别于其他简单的三维模型。所有组成模型的构件都需要把自身相应的参数输入到其中，组成集成化的数据库。输入模型中的信息有很多，包括物理性质、材料属性、位置信息等所有相关信息，只有这样才能保证整个 BIM 模型的可靠与科学，模拟出的结果才更加贴合实际。在构建 BIM 模型时，需要严格地遵循一定的建模标准与指导原则，避免在一个模型中出现不同的规则而发生分歧。

基于 BIM 技术的三维建模需要遵循与实际情况相符的原则。三维模型的建立是将传统二维图纸立体化，在二维进度管理中存在的问题，也需要在三维模型中注意。在工程项目进度管理时，需要及时更新模型，提供可视化的结果。模型中的所有构件都需要按照实际工程项目的建设来布置。

图 5-2 所示为基于 BIM 技术的进度管理体系的实现流程。

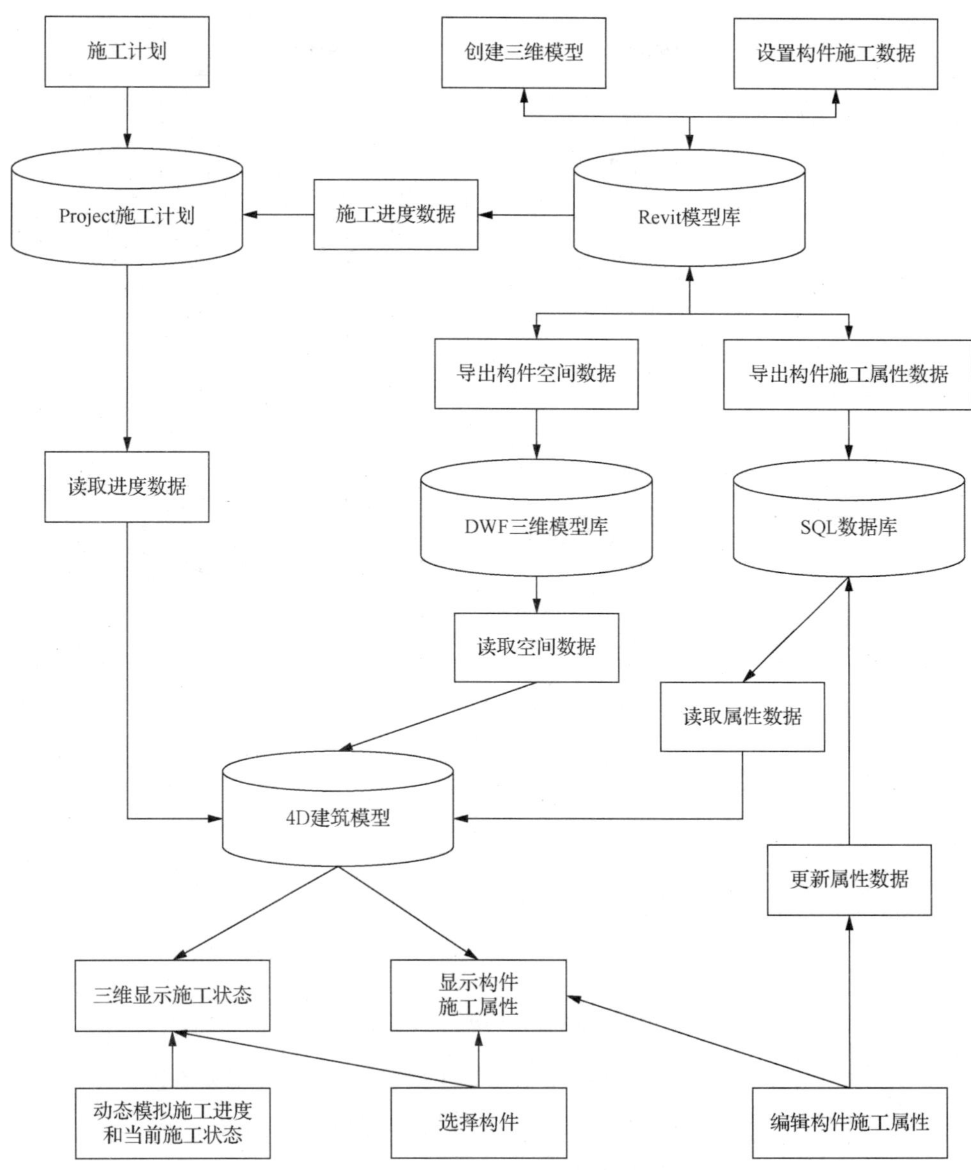

图 5-2　基于 BIM 技术的进度管理体系的实现流程

总之，基于 BIM 技术的进度管理与传统进度管理最大的区别在于建筑信息模型的建立与更新，BIM 技术能够实现信息的实时传递与反馈，并自动更新相关信息，保证进度管理的顺利进行。基于 BIM 技术的工程项目模拟，能够具体地衡量进度计划编制的可靠性与科学性，及时发现进度计划的问题所在，从而对进度计划做出改变，达到最合理的进度管理方式。图 5-3 是基于 BIM 技术的进度管理体系实施途径。

图 5-4 所示为基于 BIM 技术的进度管理体系实施框架，主要从四个方面对工程项目的目标进行了明确。每个方面均细致地划分为众多小方面，逐层达到进度管理的计划目标。

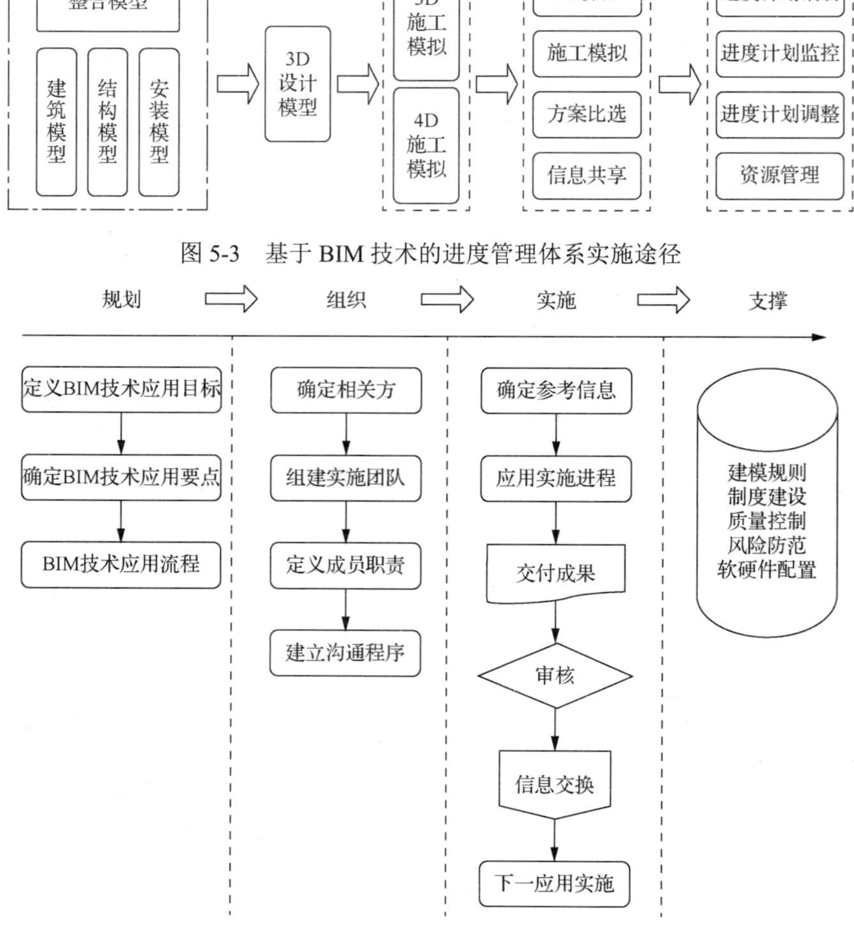

图 5-3　基于 BIM 技术的进度管理体系实施途径

图 5-4　基于 BIM 技术的进度管理体系实施框架

图 5-5 所表示的主要流程为 BIM 技术在施工进度管理方面的应用，更加详细地说明了 BIM 技术在施工阶段中是如何与进度管理体系相结合的。

2. 基于 BIM 技术的进度计划分析

完善合理的进度计划是工程项目顺利实施的基础，一个工程项目的实施也需要各个部门的密切配合。在实际现场施工中，各个单位是在同一个大的平台上，利用有限的资源与场地完成先前布置的任务，此时合理的管理就显得尤为重要。基于 BIM 技术的进度计划编制以业主为核心、各参建部门为辅助，相互影响共同协作完成编制。其步骤为：首先，在前期阶段对工程项目周边环境进行综合分析，及时发现不良的影响因素；其次，在施工准备阶段通过 BIM 技术，完成进度计划的编制，其余各部门也需要根据实际情况对进度计划进行合理优化；最后，在现场施工阶段，管理人员需要实时更新三维模型，对各个相关部门进行信息的传递与反馈，保持模拟施工与实际施工的一致性。图 5-6 所示为基于 BIM 技术的进度管理流程。

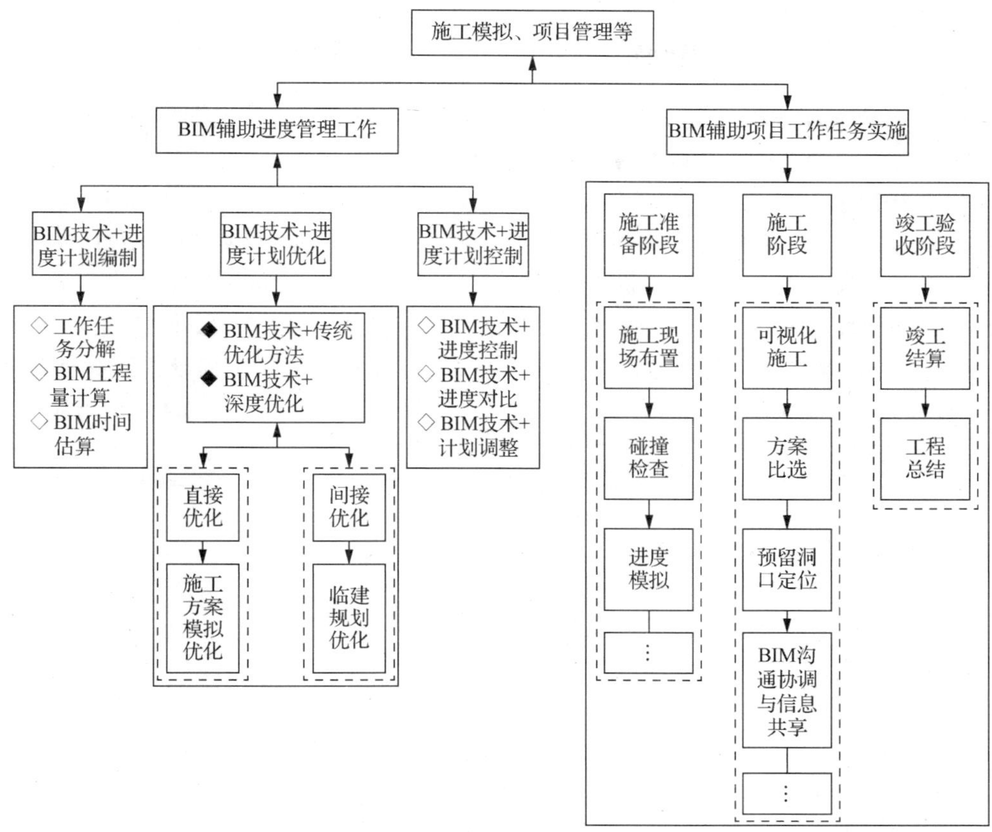

图 5-5　BIM 技术在施工阶段中与进度管理体系的结合

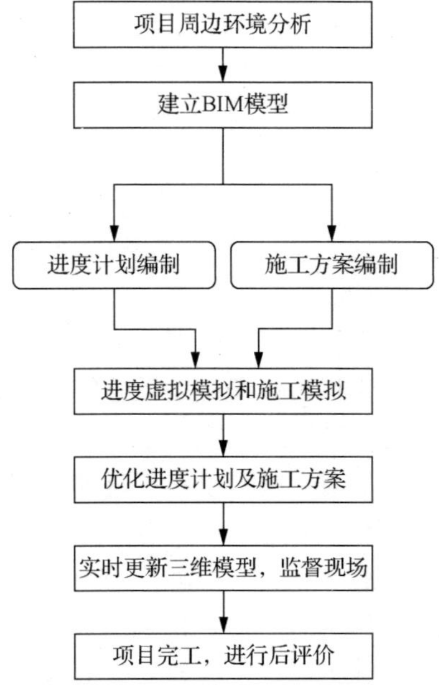

图 5-6　基于 BIM 技术的进度管理流程

利用 BIM 技术对进度计划进行编制，可以利用施工模拟的技术特点，对项目进行施工前模拟，及时发现冲突与不协调的问题，从而优化管理。在项目施工过程中，通过及时更新模型，可以将实时进度展现在管理者面前，为管理者提供更加直观的视觉效果，以便管理者调整管理策略和调度资源。

利用 BIM 技术进行三维模型的创建，然后添加进度计划，完成基于 BIM 技术的进度管理应用。现场资源的优化与利用、如何布置场地等均可以通过 BIM 技术的施工模拟和虚拟漫游来完成。在多次的改变与调整后，可以完成更加科学与完善的布置方案。图 5-7 是基于 BIM 技术的 4D 场地方案优化流程。首先建立 4D 模型，涵盖建筑物模型、4D 元素及场地建模，同时制订资源配置计划（包括工程材料、机械设备配置及人员组织）。接着依次进行场地布置和场地模拟，最终实现现场持续优化的 4D 场地方案。

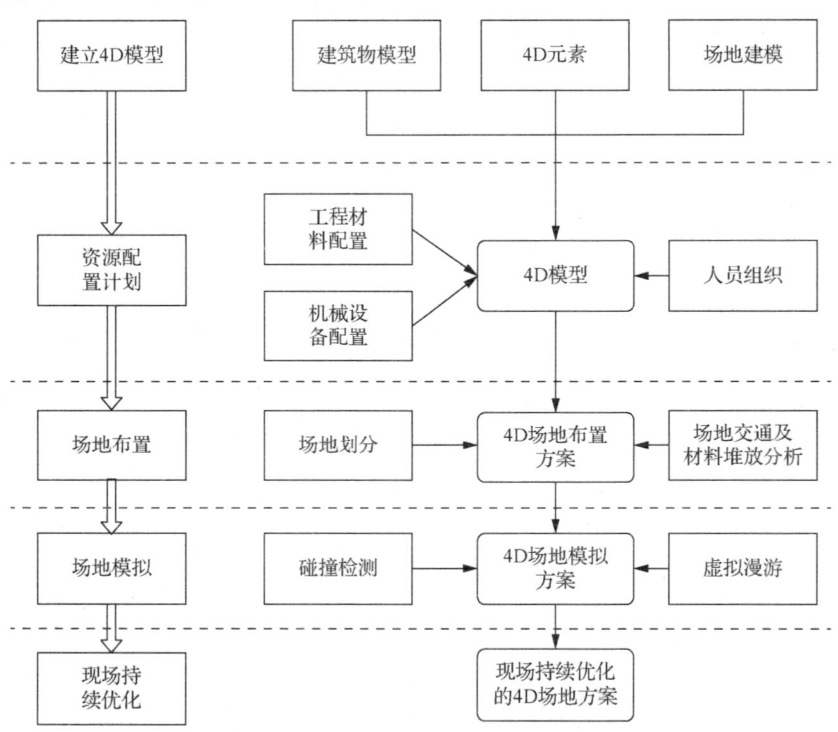

图 5-7　基于 BIM 技术的 4D 场地方案优化流程

基于 BIM 技术的进度计划编制与传统进度计划编制相比，具有以下几个方面的优点。第一是信息全，即 BIM 模型包括工程项目所有的信息，每一项信息都集成在信息库中，不论是对信息的修改还是提取，都可以在信息库中很容易找到所相关的信息并进行利用。这为进度计划的编制提供了很好的平台，能极大地提高进度计划编制的效率。第二是协调性高，即与工程项目相关的部门都可以在 BIM 平台上进行沟通，充分发挥每个部门的职能，及时解决存在的问题，通过协调沟通使工程项目的开展更加畅通。第三是可视化，BIM 技术具有可视化的特点，使建立在其基础之上的进度计划也同样具有可视化的特点。可视化的进度计划能够让管理人员实时掌握具体的工程进度，并合理地安排工作任务，极大提高管理效率，间接创造经济效益。

3. 基于 BIM 技术的进度控制

在工程项目施工阶段，总会出现各种各样的问题，即使前期做了充分的考虑，也仍然会出现不可控的因素，这样会影响进度计划的实施。BIM 技术能弥补传统进度控制的缺点，其电子信息的传递更加快速与直接，保证了信息的可靠性与及时性，使工程项目的变动第一时间出现在模型中。基于 BIM 技术的进度控制的核心没有发生变化，还是通过与实际工程的对比，发现问题并解决问题，以验证模拟的准确性。基于 BIM 技术的进度控制方法更加现代化，可以利用电子软件进行控制。首先，可以采用激光扫描器，将工程项目第一现场的实际情况扫描，然后上传至 BIM 工作平台，通过对比发现与计划进度的差距或者问题，这样做可以省去中间环节、节约资源、减少失误。其次，可以成立现场的 BIM 团队，通过团队工作人员的介绍和讲述，沟通各部门的信息，做到协调一致，实现进度控制。基于 BIM 工作平台的团队工作方式如图 5-8 所示。

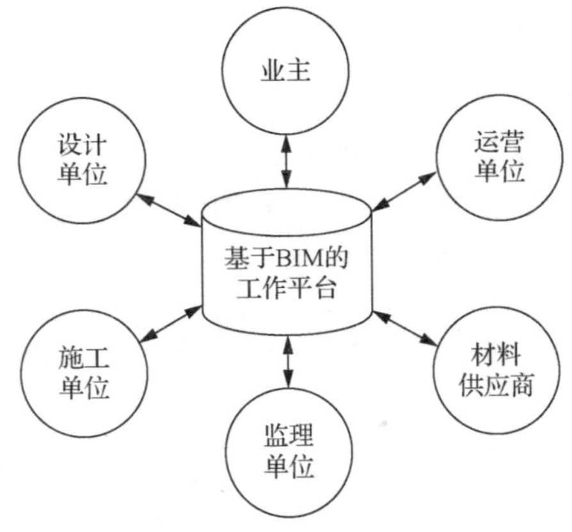

图 5-8　基于 BIM 工作平台的团队工作方式

4. 建立三维模型、施工进度计划及 4D 进度模拟模型

1）三维模型的特点

基于 BIM 技术的三维模型具有众多传统图纸不具备的优点。第一，可视化：三维模型比二维平面增加了一个维度，能够从空间的角度审视模型，更加直观；多角度多方位的观察模型，能发现在二维图纸上看不到的问题；而且通过信息的输入，使每一个构件都具有属性，能够准确地提供数据，便于管理人员了解。第二，协调性：除了信息传递的快速与准确外，上下一致的协调性也是 BIM 技术的另一优点，不论哪个部门，在哪个阶段，只要对模型进行了修改，模型中所有的相关数据与关联部位都会自动进行变更，极大提高了工作效率。第三，模拟性：BIM 技术的最大优点就是可以进行施工模拟，在模拟中发现问题，及时解决后，在实际施工阶段就会避免出现同样的错误，极大地提高了经济效益而且避免了返工或者停工耽误进度的情况发生。第四，参数化：信息模型可以随时随地进行调整，不会因为阶段不同或者视图不同而不能修改。

2）三维模型的建立

三维模型的建立需要专业的软件，在基于 BIM 技术的三维模型建立中，广泛采用的软件为 Revit，通过 Revit 可以建立与实际工程项目相当的模型，不论是形状还是功能属性，都可以通过该软件进行设置。建立三维模型后，通过与其他相关软件的对接，调整和完善三维模型的信息，使得模型更加详细具体。图 5-9 为 Revit 工作界面。

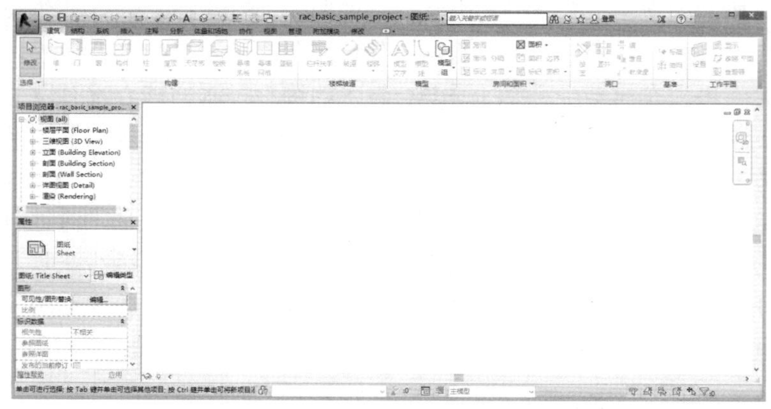

图 5-9　Revit 工作界面

基于 Revit 建立的三维模型，可以将建筑的主要属性进行设置，包括建筑造型、装饰材料、结构体系、内部管道的布置等。基于 BIM 技术建立三维模型的主要步骤包括三个方面：准备工作、三维建模和后期处理，如图 5-10 所示。

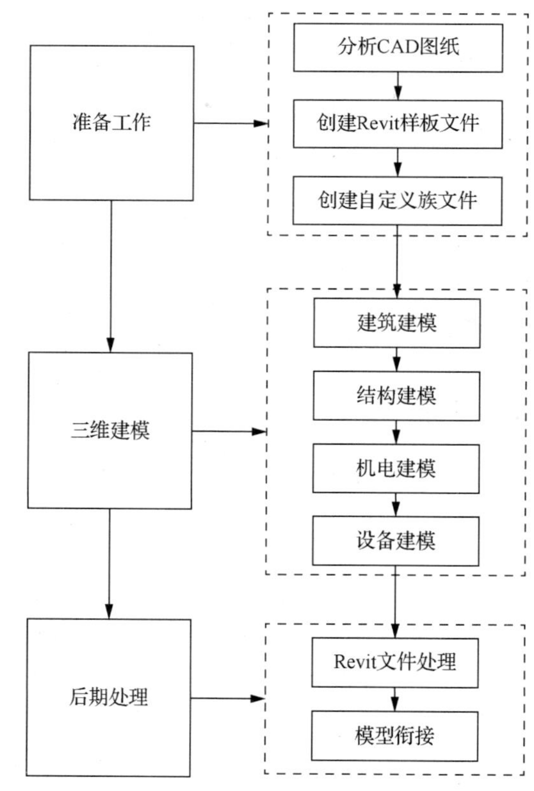

图 5-10　基于 BIM 技术建立三维模型的主要步骤

三维模型的建立与二维平面类似，也是通过梁、板、柱的布置完成模型的搭接。对于一般的钢筋混凝土结构来说，可以按照实际施工顺序进行建模，通过构建地基基础以及上部结构的梁、板、柱、墙等构件完成。建模过程中需要根据实际施工的情况建立并录入信息。结构建模同建筑建模类似，在结构的基础上布置相应的构件以及门、窗等。设备建模与机电建模也是同样的步骤，按照相关的次序进行合理布置即可。

3）创建施工进度计划

用 Revit 完成工程项目的三维立体建模后，还不能实现对项目的进度管理，应把相应的进度数据添加到其中，此时的 BIM 模型才能够实现全方位的进度模拟与管理。项目工程管理的相关软件有很多，如 Project 可完成工程项目进度管理文件的编制。Project 具备进度编制所需的基本功能，如生成甘特图、网络图等，而且能够根据输入的信息自动计算工期，减少人工计算的烦琐工作量，输出结果简单明确，方便操作者使用。对于工程复杂度不高、管理精细程度要求不高的项目，该软件能够表现出较好的性能，但是当遇到复杂的工程、管理类别较大且烦琐时，会存在不能满足使用者要求的缺点。

在初步创建进度数据时，应事先整理归类关于工程项目的相关信息，明确所有相关责任人与任务，然后对工程项目进行进度计划的创立，即工程项目管理任务的录入。工程项目管理任务录入有两种方法。①先建立工作分解结构（work breakdown structure，WBS），然后完成任务列表的创建。②同步创建。选择何种方法，需要根据工程项目的实际情况进行选择。在软件中录入任务可以通过如下方式：第一，直接添加任务，不考虑任何相关影响因素，录入完成后再进行排序整理；第二，考虑顺序问题，按照实际工程项目的顺序进行录入；第三，分步录入，把首先要实施的先录入；第四，综合分析，进行任务与子任务的添加。通过上述四种方式即可完成任务列表的创建。在完成任务列表、大纲和 WBS 编码的相关数据录入以后，就可以对进度计划进行编制。进度计划的制订相对简单，只需要确定工期和每一个任务间的相互关系就可以初步完成进度计划的创建，此时，管理者可以根据进度计划的总体框架基本掌握整个工程项目的走向。

进度计划初步创建完成以后，还只是大概的示意，需要向其中添加信息来提高进度计划的准确性。完成信息添加以后，工程项目的进度计划创建基本完成。管理人员可以将各种资源的消耗与使用情况布置到每一项任务中，从而建立整个工程项目的进度表。通过此表可以查看关于项目的相关信息，包括工期、各任务之间的关系和资源分配情况等。

4）创建 4D 进度模拟模型

在传统三维模型的基础上，加入时间维度，以创建 4D 进度模拟模型（以下简称 4D 模型）。该模型相较于三维模型增加了一个维度，可以更好地展现管理者所需要的信息。在 Revit 完成三维模型的建立之后，结合 Project 创建的进度计划，可以完成 4D 模型的建立。通过软件 Navisworks，可以实现上述 4D 模型建模过程，该软件能够实现工程项目各项信息的整合，且可以进行碰撞分析，以及施工进度模拟等步骤。除了将各种信息进行整合等步骤外，Navisworks 还可以进行二次编辑，更加全面地完成对 4D 模型的修改完善。

在 Navisworks 中，实现所有不同专业、不同软件生成的文件对接，其具体步骤为：

首先将所有专业生成的文件进行转换，转换为 DWF/DWFX 格式的文件；其次通过 Navisworks 中的 Timeliner 命令与 Project 中生成的进度计划进行对接，包括甘特图等；最后完成进度任务与三维模型的完全对接。在所有信息对接的过程中，均可以在 Navisworks 中进行相应的调整。Navisworks 中的施工进度模拟可以形象地模拟实际施工流程，按照不同的时间节点与阶段分步完成模拟，在查看施工进度的同时，也可以查看每一天的详细进度。若发现施工进度与实际施工进度不符时，可以调整并模拟施工，调整后，Navisworks 会自动进行相应的数据变化，将模拟状态变更为最新模拟。在模拟过程中，也可以添加动画视点，使施工进度模拟更加形象和生动。项目管理应用流程如图 5-11 所示。

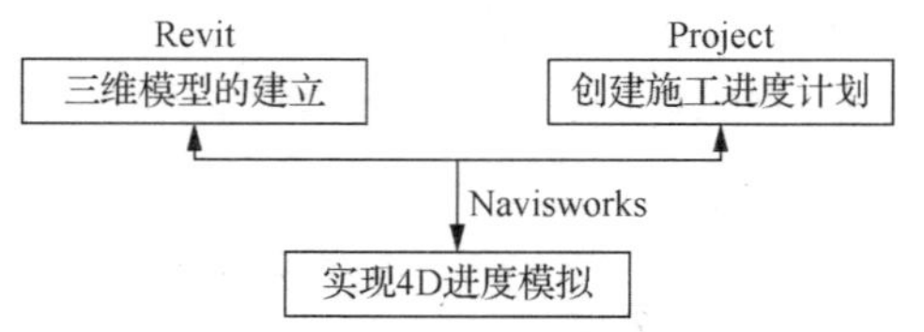

图 5-11　项目管理应用流程

5. 基于 BIM 技术的进度管理应用过程

1）基于 BIM 技术的 WBS 方法

基于 BIM 技术的 WBS 流程（图 5-12），相比于传统方式更加具体、形象，定义更加清晰，涵盖更加广泛。每一个分解出来的实体均可以直观地展示在管理者面前。BIM 技术可以在工程项目分解工程量中充分发挥其作用，利用 BIM 创建的三维立体模型统计工程量，并依据工程量清单进行 WBS 流程。在 WBS 流程出来的各项工作中，对于精细度要求不高的可以再进行合并，这样不会对进度计划的绘制产生任何影响。在对工程项目进行 WBS 后，可以对 WBS 表进行调整，对于需要了解的选项进行显示，如序号、名称等。而对于工作时间的添加，则需要管理者根据相关的数据并结合工程经验进行预期的估算。

BIM 技术在引入工程项目进度管理后，既改变了传统管理的困局，又完善了进度管理体系。BIM 技术提供的施工进度模拟与碰撞检查，极大地提高了进度管理的可靠度与精确度，提前进行施工进度模拟，可以及时发现进度管理中存在的问题与风险，进行改正与调整，从而降低损失，保证效率。

2）基于 BIM 技术的进度计划编制方法

管理者根据相关信息初步确定时间节点以后，即可按照相应的规定编制进度计划。进度计划编制的过程中可以进行精简，如将精细度要求不高的进度任务进行合并。基于 BIM 技术的进度计划的绘制步骤如下。

（1）将建筑工程项目进行 WBS 流程，然后根据各个任务信息确定任务间的逻辑关系。

（2）根据 BIM 的三维模型，计算出每一项任务的工程量。

（3）由管理者整理相关信息，利用企业定额和管理者自身工作经验，使用相关计算软件，估算各项任务的时间。

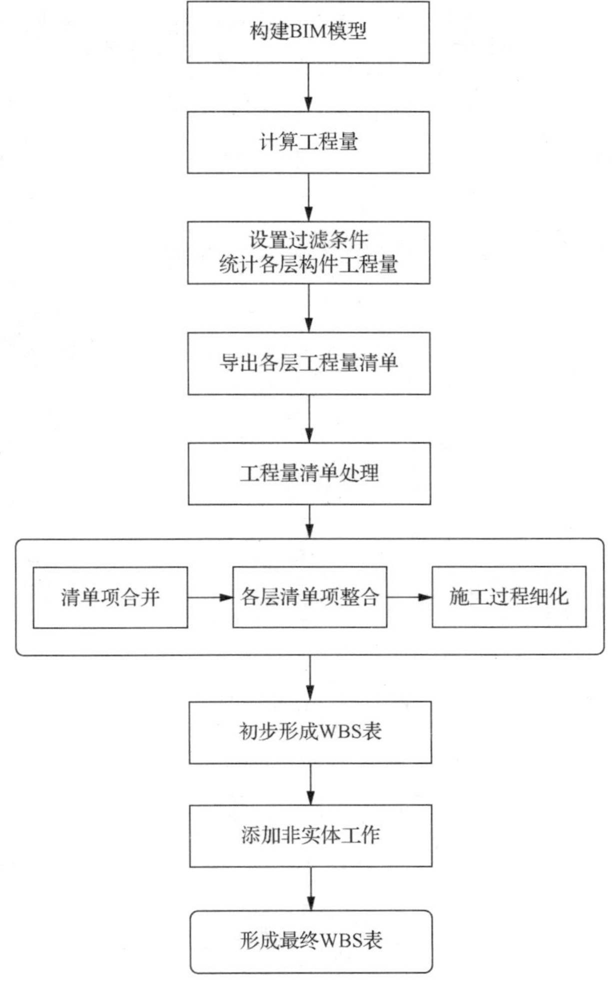

图 5-12　基于 BIM 技术的 WBS 流程

（4）根据确定的时间节点进行进度计划的编制，充分考虑各种影响因素，不断对进度计划进行优化。

（5）通过 BIM 技术对调整后的进度计划进行模拟，及时发现进度计划的缺陷和实际施工中存在的问题与风险。管理者对进度计划进行调整和完善，制定相应的预备应急方案，保证进度的顺利进行。

（6）通过 BIM 技术检验的进度计划作为最终的进度计划，并据此确定各种资源的选购与使用，合理布置分配情况。

3）基于 BIM 技术的进度控制研究

基于 BIM 技术的进度控制能够有效避免传统方法存在的缺陷，如传统的平面化结果展示存在不能及时发现错误、更新数据烦琐等问题。引入 BIM 技术以后，既能够对制订的进度计划进行事先模拟，可视化的分析结果也能够为管理者提供直观的视觉效果和数据透视分析。因而对于突发的情况变动，管理者可以快速地进行调整，并做出相应的预案分析，保证进度计划的顺利进行。进度计划制订的合适与否，也可以通过施工进度模拟进行检查；同时，不同的进度方案均可以进行模拟，通过对比不同的方案，使管理者能够做出最有效的选择。进度计划的预期结果也被管理者掌握，当发现有不符合预期结果的情况，可以及时进行调整。图 5-13 所示为 BIM 技术在进度控制应用中的实现方式。

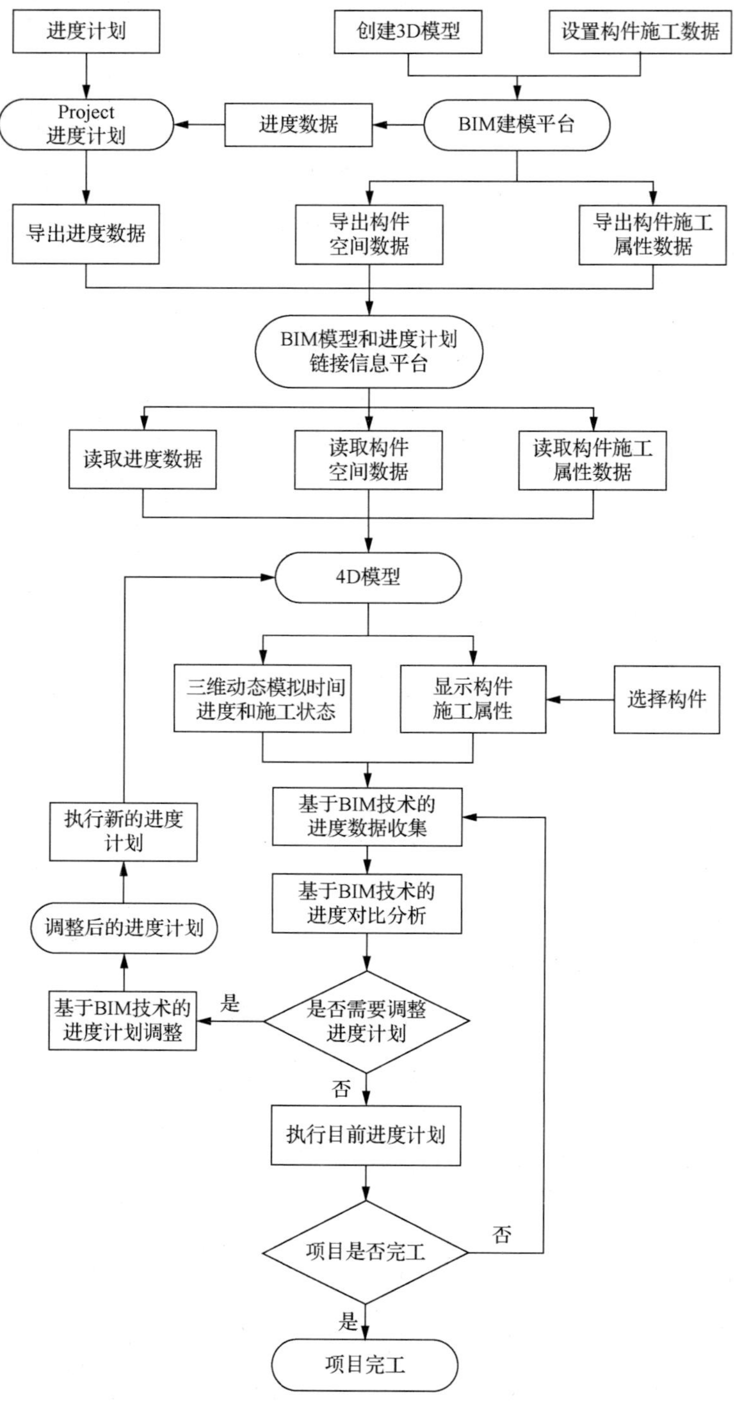

图 5-13　BIM 技术在进度控制应用中的实现方式

基于 BIM 技术的进度控制能够实现数据的及时更新与跟踪，建立在 BIM 技术基础上的信息平台，为管理方式提供了多样性的选择。三维立体模型与时间的组合，构成了基于 BIM 技术的 4D 模型。关于建筑物的所有信息都可以在整个模型中提取，构件参数化也为各个专业的设计者提供了便利。BIM 对于进度控制的内容可以从以下两个方面来分析。

（1）在场地附近与项目部搭建能够获取现场第一手信息的平台，此平台的首要目的是进行信息的采集，对于项目发生的变化进行第一时间的统计并传递出去，同时也接收其他平台反馈回来的信息，进行变更。

（2）通过该信息平台与 BIM 技术相结合，将所有信息在三维立体模型中进行表达，并结合 BIM 技术的施工进度模拟，及时发现进度管理中存在的问题并进行纠偏。

对于进度实施情况的跟踪研究，最重要的一环是信息平台的建立。信息平台中收录的构件信息是 BIM 技术的核心，BIM 技术之所以能够得到认可与应用，根本原因在于其对信息的高效运用。在工程项目的初始阶段，各个参建单位需要采集相关信息，并录入到 BIM 模型中，以进一步完善 BIM 模型。同时，在工程项目的全生命周期内，所有参建单位与相关部门，均可以对工程项目进行调整与信息更正。

信息的采集可以通过人工和自动监控两种方式进行。第一种方式需要通过相关技术人员利用便携式工具进行采集，如智能手机、平板电脑等具有摄像功能的工具进行拍摄，记录工程项目的变动。第二种方式为自动监控，这种方式比较简单，不需要人工参与，只需要提前将测量与监控的工具布置到相应的位置即可进行自动监控，所采用的控制仪器通常是三维激光扫描机等现代化的监控设备。

4）基于 BIM 技术的进度对比与调整

制订的进度计划与实际的施工进展情况之间是否存在误差，是管理者需要考量的一个重要指标。如果制订的进度计划落后或优先实际的施工进度，这些都是不符合管理者预期的，需要进行及时调整，通过对比会发现进度计划的偏差。BIM 技术为管理者提供了便利条件，管理者可以利用软件对进度计划进行对比分析，得到更加精确的数据。

BIM 技术联合三维模型、横道图以及进度曲线等影响因素对进度进行分析比较，可以实现对比图的绘制工作，直观地将对比结果呈现在管理者面前，使管理者可以及时发现进度的偏差，并利用 BIM 软件提供的工具选项做出相应的调整。进度分析主要包括里程碑控制点影响分析、关键路径分析以及实际进度与计划进度的对比分析。通过查看里程碑控制点以及关键路径，并结合工作实际完成时间，可以分析并预测项目进度是否能按照计划时间完成。关键路径分析可以利用 4D 模型进度控制系统中的横道图或者网络视图进行。

在发现制订的进度计划与实际的进度存在偏差时，应该及时进行调整与变动，以保证进度计划的如期完成。基于 BIM 技术的进度计划纠偏方法有以下几种。

（1）管理者根据实际发生的偏差，找到原因后直接更正 BIM 模型。

（2）管理者在进度模拟的过程中进行调整，重新改变逻辑关系与顺序，并多次进行模拟分析。

（3）管理者根据 BIM 进度模拟的模型确定资源的需求量，估算出成本，并根据成本进行调整。

（4）通过信息的及时更新，管理者对进度计划进行随时跟踪，发现偏差后及时调整。

由以上分析可以得出，不同的进度计划编制，都可以通过 BIM 技术进行模拟，从中选取更加合理的方案。BIM 技术在进度管理中的应用，克服了传统方式存在的弊端，为建设工程项目提供了一种新的方法。

5.1.5 BIM 技术在装配式建筑进度管理上的优势

装配式建筑的施工过程符合绿色发展的理念，可以充分利用空间，有利于城市化的发展。将 BIM 技术的应用价值充分融合进装配式建筑的施工过程中，可以对建筑的各种数据信息进行分析和计算，建立建筑信息模型的仿真模拟，为装配式建筑提供信息化的技术支撑，促进装配式建筑的发展。BIM 技术对于装配式建筑的作用主要体现在设计流程标准化、构件生产工厂化、吊装安装机械化、管理应用信息化等。一方面，可以实现全部或部分构件工厂化生产，利用 BIM 技术通过数控机床进行构件生产的同时，设计人员也能够利用 BIM 软件进行二次开发，不断丰富族库文件，提高工作效率，保证预制构件质量。另一方面，借助 BIM 技术可以指导装配化施工高效、高质量完成，根据建筑信息模型，再结合现场的施工进度计划和技术方案既可以进行模拟施工，又能形成规范化的施工文件指导现场施工，达到较好的装配效果。

与传统的建筑施工过程相比，装配式建筑施工过程包含的数据信息较为复杂，这些数据信息的数量大、种类繁多。将 BIM 技术应用到装配式建筑施工进度管理过程中具有重大意义。装配式建筑的信息传递方式与传统工程项目的不同，传统工程项目主要采用二维图纸的方式进行信息存储和传输，工作效率较低，如果出现任何数据错误，对工程质量管理的影响较大。图 5-14 为传统方法管理与基于 BIM 技术的进度管理过程对比。

BIM 技术在进度管理中的应用优势包含以下内容。

（1）可建立 4D 进度施工模拟模型，使进度管理更加科学合理。

利用 BIM 技术建立的建筑信息模型，结合施工进度计划实现 4D 施工模拟，针对整个施工过程中的关键节点模拟各种计划和方案的操作过程，建立科学规范的施工体系，优化施工流程。充分了解整个施工过程中的工程量、人员配置等具体情况，对整个工程项目的计划制订、执行和调整过程进行合理的优化，使工程项目施工进度计划更加科学合理。

（2）可预先实现管线碰撞检测，提升装配式建筑的施工品质。

在建筑工程的地库项目安装过程中，涉及各个专业的管线、设备安装，这些安装作业在时间和空间上都存在交叉问题。可以预先处理各专业的管线、构件位置的碰撞问题，及早发现设计中存在的潜在问题和设计不合理现象，提升装配式建筑的施工品质。

（3）可实现空间资源动态信息管理，有效避免总工期延误问题。

利用 BIM 技术进行三维空间的现场布局和合理的资源配置，既保证施工过程中大型机械设备有足够的工作空间，又充分利用场地的空间资源，使物料资源的供应和存储更加合理。在进度管理的过程中实现动态信息管理，有效避免施工中因场地利用不合理导致的工期延误问题。

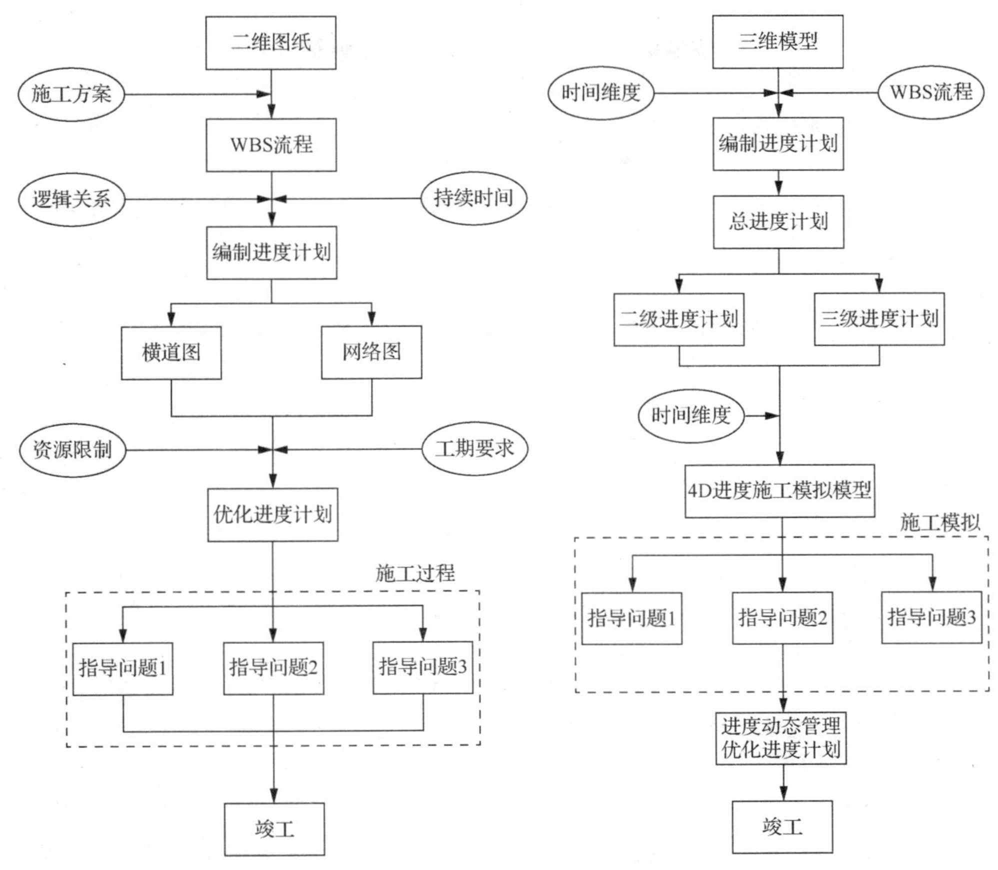

图 5-14 传统方法管理与基于 BIM 技术的进度管理过程对比

（4）可构建 BIM 信息交流平台，实现有效缩短工期。

通过建立 BIM 技术的信息交流平台，能够及时反馈各项工程信息，可以实现项目各参与方与不同专业、不同部门工作人员的实时沟通交流，并可以通过 4D 模型随时查询工程信息，实现有效缩短工期。

综上所述，充分利用 BIM 技术，能够有效提高装配式建筑的施工效率和装配质量。

5.2 装配式建筑项目成本管理

5.2.1 成本管理概述

1. 成本管理的定义

成本管理是指一个组织用来计划、监督和控制成本以支持管理决策和管理行为的基本流程。装配式建筑项目的成本管理既包括构件生产企业的成本管理，又包括建筑施工企业的成本管理。本节主要从建筑施工企业的角度来分析装配式建筑项目的成本管理。装配式建筑项目施工企业应建立项目全面成本管理制度、明确职责分工和业务关系，把管理目标分解到各项技术和管理过程中。企业管理层应负责项目成本管理的决策，确定项目的成本控制重点、难点以及成本目标，并对项目管理机构进行过程和结果的考核；项目管理机构应负责项目成本管理、遵守组织管理层的决策，实现项目管理的成本目标。

装配式建筑项目成本管理的环节与传统现浇项目的成本管理环节相同，通常包括成本预算、成本计划、成本控制、成本核算、成本分析和项目成本考核六个环节。区别在于施工过程的不同，其耗费的人工、材料组成不同，因此成本管理的侧重点也不同。

2. 装配式建筑全过程的成本组成

装配式建筑全过程的成本主要有设计成本、生产制造成本、运输成本、施工安装成本、运营维修成本、拆除回收成本。

（1）设计成本主要包括初步方案设计成本和图纸深化设计成本。初步方案设计成本主要包括建筑方案设计费用和 BIM 建模费用；深化设计成本是在充分计算建筑物预制构件的类型、规格尺寸、生产制造工艺等因素的基础上，最终确定构件的拆装设计方案所发生的费用。

（2）生产制造成本主要包括构件加工厂的投资建厂摊销费、水电费、人工费、材料费、机具使用费、模具制作及损耗费以及构件加工厂的利润及税金等。这部分成本是较传统现浇项目增加的费用。

（3）运输成本主要包括预制构件的装卸车成本和运输成本，这部分也是较传统现浇项目增加的费用；运输成本与运输路线、运输工具、运输距离、构件的摆放、构件装卸位置的布局等有密切的关系。

（4）施工安装成本主要包括人工费、专用吊装设备费、脚手架和模板费用等，相较于传统现浇项目，装配式建筑的施工安装要求高、技术工艺相对复杂、施工费较高。

（5）运营维修成本主要包括项目竣工交付后，在运营使用期间因质量缺陷导致的维修费用，即人工、材料、小型机械使用费用。

（6）拆除回收成本主要包括装配式建筑在拆除过程中需要的费用与构件回收利用效益的差额，即拆除构件的人工、机械、构件重复利用的收益。

5.2.2　成本控制的方法

1. 挣得值分析法

挣得值分析法又称赢得值法、挣值法、偏差分析法，在工程项目成本控制过程中使用频率较高，运用该方法能够综合控制工程项目成本以及进度，基本参数见表 5-1。

表 5-1　挣得值分析法的基本参数、含义及计算公式

基本参数	含义	计算公式
已完成工作预算费用（budgeted cost of work performed，BCWP）	到某一刻为止，已经完成预算的总费用	BCWP=已完成工作量×计划单价
计划工作预算费用（budgeted cost of work scheduled，BCWS）	计划某段时间内应完成工作的预算费用	BCWS=计划工作量×计划单价
已完成工作实际费用（actual cost of work performed，ACWP）	到某一刻为止，已完成工作实际花费的总费用	ACWP=已完成工作量×实际单价

（1）费用偏差（cost variance，CV）：

$$\mathrm{CV}=\mathrm{BCWP}-\mathrm{ACWP}$$

当 CV 为负值时，表示项目运行超出预算费用；当 CV 为正值时，表示项目运行节支，实际费用没有超出预算费用。

（2）进度偏差（schedule variance，SV）：

$$\mathrm{SV}=\mathrm{BCWP}-\mathrm{BCWS}$$

当 SV 为正值时，表示进度滞后；当 SV 等于零时，表示进度与计划相符；当 SV 为负值时，表示进度提前。

（3）费用绩效指数（cost performance index，CPI）：

$$\mathrm{CPI}=\mathrm{BCWP}/\mathrm{ACWP}$$

当 $\mathrm{CPI}<1$ 时，表示超支，即实际费用高于预算费用；当 $\mathrm{CPI}>1$ 时，表示节支，即实际费用低于预算费用。CPI 反映的是相对偏差，它不受项目层次的限制，也不受项目实施时间的限制，因而在同一项目和不同项目比较中均可采用。

（4）进度绩效指数（schedule performance index，SPI）：

$$\mathrm{SPI}=\mathrm{BCWP}/\mathrm{BCWS}$$

SPI 用来衡量项目实施时间控制能力。当 $\mathrm{SPI}<1$ 时，表示进度延误；当 $\mathrm{SPI}>1$ 时，表示进度提前；当 $\mathrm{SPI}=1$ 时，表示实际进度与计划进度一致。

2. ABC 分类法

ABC 分类法又称 ABC 分析法，是项目管理中常用的一种方法。ABC 分类法是根据事物在技术或经济方面的主要特征，进行分类排队，通过分清重点和一般，从而有区别地确定管理方式的一种分析方法。将库存物品按品种和占用资金的多少分为特别重要的库存（A 类）、一般重要的库存（B 类）和不重要的库存（C 类）三个等级，然后针对不同等级分别进行管理与控制。由于它把被分析的对象分成 A、B、C 三类，所以又称为 ABC 分析法。

3. 成本分析法

成本分析法是利用成本核算及其他有关资料，分析成本水平与构成的变动情况、研究影响成本升降的各种因素及其变动原因、寻找降低成本途径的分析方法。成本分析是成本管理的重要组成部分，其作用是正确评价企业成本计划的执行结果、揭示成本升降变动的原因，为编制成本计划和制定经营决策提供重要依据。

成本分析的方法有很多，企业应根据自身目的、成本本身的特点、信息量的多少来确定使用哪种方法来进行成本分析。在实际工作中，有四种常用成本分析方法，即比较分析法、因子分析法、连锁替代法和相关分析法。

以上成本控制的方法不是相互独立的，要想做好施工成本管控工作，就应该根据实际的工程项目情况，将多种管理手段科学合理地结合起来。

5.2.3　装配式建筑项目成本控制

装配式建筑项目的成本构成与传统现浇建筑的成本构成有明显差异，因其工艺与传统现浇工艺有本质的区别，且建造过程不同，其建筑性能和品质也不一样，二者的“成本”并没有可比性。装配式建筑项目现场施工阶段的成本与设计、生产阶段密切相关，应从全局出发进行整体策划，整体降低装配式建筑项目各阶段的综合成本。本节对装配式建筑项目施工阶段的成本控制进行分析。

1. 装配式建筑项目成本分析

1）运输成本分析

运输成本包括运输设施费、车费等。

（1）运输成本增加的项目。

① 构件所需运输车辆费用。

② 构件运输的专用吊具、托架等费用。

③ 构件吊装所需大吨位起重机的购置费或租赁费分摊费用。

（2）运输成本减少的项目。

① 模板使用量减少 55%，模板运输费用等比例减少。

② 建筑垃圾排放量最多可减少 80%，运输费用等比例减少。

③ 脚手架用量大大减少，运输费用等比例减少。

④ 钢筋、模板等吊装量减少，起重机使用频率降低，吊装费用减少。

装配式建筑与传统现浇建筑的运输成本相比，既有增加又有减少，综合运输成本变化不大。

2）装配成本分析

（1）装配成本的构成。

装配成本包括安装部件、附件费和材料费；安装人工费与劳动保护用具费；水平、垂直运输费，吊装设备、设施费；脚手架、安全网等安全设施费；设备、仪器、工具的摊销费用；现场临时设施和暂设费；人员调遣费；工程管理费、利润、税金等。

（2）装配成本增加和减少的项目。

① 人工现场吊装、灌浆作业费用增加。现场用工大量转移到工厂，如果工厂自动化程度高，总的人工费用减少，且幅度较大；如果工厂自动化程度低，人工费用相差不大。

② 支模、安装脚手架、搬运钢筋及现场浇筑的人工费用减少。

③ 现场工棚、仓库等临时设施费用减少。

④ 冬期施工成本大幅度减少。

⑤ 现场垃圾及其清运费用大幅度减少。

3）业主管理成本分析

对于未装修的清水房，装配式建筑的工期没有优势，与传统现浇建筑差不多，但对于精装修房，可以有效缩短工期。越是高层建筑，工期缩短越多。工期缩短会降低业主的成本，表现为以下方面。

① 提前销售，并回收投资，降低银行贷款利息等财务费用。

② 减少管理费用。

③ 由于施工条件的改善、品质的提高，可降低售后维修费用等。

2. 装配式建筑项目成本控制

装配式建筑项目成本控制始于前期策划阶段。例如，装配式建筑的结构类型、装配率、技术水平、生产工艺与能力、管理水平、运输条件、建设周期与规模、装配式建筑相关政策及配套都会对装配式建筑的成本有很大的影响。由于设计对最终的造价起决定作用，在工程项目策划和初步设计方案阶段，就应系统考虑建筑设计方案对深化设计、预制构件拆分设计、预制构件及部品生产、运输、安装施工环节的影响，合理确定方案；从项目规划角度，应对具有一定规模的小区或组团项目提高装配式建筑的装配率，具有一定的规模才能产出效益，大投入需要大产量才能降低投资分摊。通过标准化、合理化的产品设计，减少预制构件种类规格，提高构件使用重复率，可以减少模具种类、提高模具周转次数、降低生产成本，同时也能降低生产和安装施工的难度。采用结构装饰一体化设计，能减少工人现场湿作业，从而降低施工建造费用。在构件生产阶段，可以通过降低建厂费用、降低模具费用、优化生产工期等措施降低构件的成本。在施工阶段，构件装配施工作为装配式建筑施工阶段中的关键一环，预制构件安装技术水平的高低及安装质量的好坏直接影响到建筑成本的高低。因此，在进行生产成本控制的过程中，应加强对安装施工水平的提高。

1）施工阶段成本控制的难点

（1）提高运输效率、降低运输成本。

为确保工作高效进行，首先在工作过程中需与现场良好配合沟通，其次预制构件编号和摆放应科学简洁，尽量将构件平放或立放。改变构件装运形式有利于提高构件的运输效率，降低运输成本。

（2）提高安装效率、降低安装成本。

预制构件的安装是装配式建筑核心技术之一，其费用构成以重型吊车和人工费为主，安装速度直接决定安装成本。实现关键技术国产化的同时，应有针对性地进行改进和优化，并且通过分段流水施工方法实现多工序同时工作，将有利于提高安装效率、降低安装成本。

2）施工阶段成本控制的主要措施

施工阶段成本控制不仅仅依靠控制工程款的支付，更应从多方面采取措施管理，通常归纳为组织措施、技术措施、经济措施、管理措施。

（1）组织措施。

① 组织措施的保障。组织措施是其他措施的前提和保障。完善高效的组织可以最大程度地发挥各级管理人员的积极性和创造性，因此必须建立完善的、科学的、分工合理的、责权利明确的项目成本控制体系。实施有效的激励措施和惩戒措施，通过责权利相结合，使责任人积极有效地承担成本控制的责任和风险。

② 成本控制体系建立。项目部应明确施工成本控制的目标，建立一套科学有效的成本控制体系。根据成本控制体系对施工成本目标进行分解，并量化、细化到每个部门甚至第一责任人，从制度上明确每个责任部门、每个责任人的责任，明确其成本控制的对象、范围。同时，要强化施工成本管理观念，要求人人都要树立成本意识、效益意识，明确成本管理对单位效益所产生的重要影响。

（2）技术措施。

① 技术措施筹划。采取技术措施的作用是在施工阶段充分发挥技术人员的主观能动性，寻求较为经济可靠的技术方案，从而降低工程成本。例如，加强施工现场管理，严格控制施工质量；对设计变更进行技术经济分析，严格控制设计变更；根据成本节约潜力等，继续改进优化设计方案。

② 编制施工组织设计。编制科学合理的施工组织设计，能够降低施工成本，尤其是要确定最佳预制构件安装施工方案，最适合的吊装施工机械、设备使用方案；还应审核预制构件生产企业编制的专项生产施工组织计划，以及对专项生产方案进行技术经济分析等。

③ 合理选择起重机械。装配式建筑起重机选型是实现安全生产、工程进度目标的重要环节。选型前，首先了解掌握项目工程最大预制构件的重量，再根据塔式起重机半径吊装重量确定，避免选择起重能力不满足预制构件吊装重量要求的塔式起重机，以提高起重吊装机械使用率。同时，吊装预制构件的塔式起重机还要兼顾考虑现场钢筋、模板、混凝土、砌体等材料的竖向运输问题，或者选择其他种类起重机械配合使用，使吊装施工所发生的费用保持较低水平。

④ 预制构件场地布置合理规划。在布置现场堆放预制构件的场地时，现场施工道路要满足预制构件车辆运输通行要求，预制构件进场后的临时存放位置必须设置在塔机起吊半径的范围之内，避免发生二次倒运费用。

（3）经济措施。

① 材料费的控制。材料费一般占工程全部费用的60%以上，直接影响工程成本和经济效益，主要要做好材料用量和材料价格控制两方面的工作。在材料用量方面，坚持按定额实行限额领料制度，避免和减少二次搬运等问题产生费用，降低运输成本；减少资金占用，降低存货成本。

② 人工费的控制。人工费一般占工程全部费用的30%，甚至更多，因其所占比例较大，所以要严格控制人工费，加强施工队伍管理，加强定额用工管理。主要措施是改善劳动组织形式，合理使用劳动力，提高工作效率；执行劳动定额，实行合理的工资和奖励制度；压缩非生产用工和辅助用工，严格控制非生产人员比例；加强对技术工人的培训，使用专业劳务操作班组，提高工人的熟练度，降低人工费用消耗。

③ 机械费的控制。根据工程的需要，正确选配和合理利用机械设备，做好机械设备的保养修理工作，避免不正当使用造成机械设备的闲置，从而加快施工进度、降低机械使用费。同时也可以考虑通过设备租赁等方式来降低机械使用费。

④ 间接费及其他直接费控制。主要是精简管理机构，合理确定管理幅度与管理层

次，实行定额管理，制定费用分项、分部门的定额指标，有计划地控制各项费用开支，对各项费用进行相应的审批制度。

⑤ 重视竣工结算工作。工程进入收尾阶段后，应尽快组织人员办理竣工结算手续。建筑工程项目施工成本控制措施对工程的材料费、人工费、机械费、间接费及其他直接费等进行分析、比较、查漏补缺，一方面确保竣工结算的正确性与完整性，另一方面弄清未来项目成本管理的方向和寻求降低成本的途径，项目部应尽快与建设单位明确债权、债务关系，当建设单位不能在短期内清偿债务时，应通过协商签订还款计划协议，明确还款时间，以减少追讨债务时的额外开支，尽可能将竣工结算成本降到最低。

（4）管理措施。

① 采用管理新技术。积极采用可降低成本的新技术，如 BIM 技术、系统工程、全面质量管理、价值工程等。建筑信息模型的建立、虚拟施工和基于网络的项目管理将会给装配式建筑带来革命性的变化，其经济效益和社会效益将会逐渐显现。

② 加强合同管理和索赔管理。合同管理和索赔管理是降低工程成本、提高经济效益的有效途径，项目管理人员应保证在施工过程中严格按照项目合同执行，并收集保存施工中与合同有关的资料，必要时可根据合同及相关资料要求索赔，确保施工过程中尽量减少不必要的费用支出和损失。

③ 加强预制构件采购成本管理。在施工过程中要做好对预制构件采购成本的控制。大型装配式住宅组团项目预制构件需求量大，施工单位应根据设计方案事先确定需求量计划，与相关构件生产企业进行谈判，争取优惠的供货价格。加强材料的管理，把好采购关，对于材料价格方面，在保质保量的前提下，降低采购成本；把好材料发放关，加强材料使用过程控制；加强大型周转性材料的管理与控制。同时，合理安排组团项目的施工进度计划，如优化均衡构件进场时间，减少存货时间和二次搬运的情况，降低构件的储存及吊装成本等。另外，为降低不合格品带来的采购成本的增加，应做到每批构件按质量验收规程进行验收，坚决避免将不合格构件运到施工现场，从而降低返修成本，也避免了由于二次运输带来的成本增加。

5.2.4　BIM 技术在施工阶段的成本控制应用

全过程成本管控是对工程建设项目从决策阶段开始到设计阶段、招投标阶段、施工阶段、竣工结算阶段的成本管控、分析，使成本达到最好的效果。在运用 BIM 技术后，主要按施工前期（决策阶段、设计阶段、招投标阶段）、中期（构件运输阶段、安装施工阶段）、后期（竣工结算阶段、运营管理阶段）和总结阶段分别进行基于 BIM 技术的成本控制分析。

1. 施工前期阶段

1）决策阶段

正确的决策是确定和控制工程成本的前提。决策阶段的各项经济技术，对建设项目的最终成本有着很大的影响。如果做出错误的决策会造成极大的浪费和无法预估的损失，特别是在项目的定义和建设地点的确定、材料设备的选用、评价标准确立等直接关系到工程成本高低的方面。据相关统计，在项目建设的全过程中，决策阶段对总造价的影响高达 80%以上。决策阶段是成本控制的基础，直接关系到工程项目成本的科学性与合理性。

决策阶段的成本控制主要在于投资估算和项目评估。

（1）投资估算。投资估算是指在项目投资决策过程中，依据 BIM 模型提供的资料和项目的特征确定特定的方法，以对建设项目的投资额进行可靠的估计。准确全面地估算出建设项目的工程成本，是整个决策阶段成本控制的重要任务。BIM 模型的各种建设信息不仅是拟建建设项目投资估算的依据，也是在建项目概算时的重要保障。

（2）项目评估。项目评估是企业的决策层决定是否开发项目的依据，也是进行成本分析和控制的依据。评估工作要有一个相对全面的评价与分析，这需要大量的工作和时间去完成市场调查，掌握与项目有关的全部资料，而在 BIM 模型中可以直接对拟建工程的节能、日照、经济效益等进行全面的分析。企业的决策层可以根据 BIM 技术的分析结果做出更客观的决定。

BIM 技术在决策阶段的应用主要是提高论证结果的准确性和可靠性。BIM 模型可以让建设单位能够对建设项目方案进行各种分析，从而缩短整个项目施工周期和提高质量，最终达到降低施工成本的目的。

2）设计阶段

建筑工程设计需要先根据批复可行性研究报告中规定的投资额度开展工作，再根据初步的设计计划对建筑的施工图纸进行规划，最后根据施工图纸中的成本预算编制施工图设计中各个专业的设计文件。在这一阶段，使用 BIM 技术进行模型构建，可以将构件的数据信息由设计阶段传递至生产阶段。而在设计阶段中，BIM 技术在装配式建筑建设中的成本控制主要包括以下几个方面。

（1）当完成装配式建筑工程的初步设计后，通过 BIM 技术对初步设计方案的调整以及优化可以促进装配式建筑进一步达成设计目标，同时也可以使构件生产实现自动化。通过运用 BIM 技术对建筑构件的结构、尺寸、规格等方面进行多次测试并予以调整，能够降低错误发生的概率，降低建筑施工成本的同时提高工程效率。

（2）BIM 5D 模型相较于传统 3D 模型，通过集成时间（进度）与成本维度，实现了对建筑工程全过程的动态管控。在装配式建筑施工中，负责人可基于 BIM 5D 技术，针对任意施工阶段（如构件吊装或现浇节点），调取工程设计阶段的成本规划数据与实际消耗进行比对分析，追溯成本偏差的成因（如预制率不足或工序延误），并快速调整资源配置或施工逻辑。同时，BIM 技术通过实时整合施工模拟数据与进度信息，可自动计算各时间节点的预期成本与实际成本差异（如材料浪费率、人工工效偏差），触发动态预警机制（如超支阈值报警），并生成优化方案（如调整构件生产批次或优化吊装顺序），从而实现从“静态预算”到“进度—成本联动控制”的精细化管控闭环。

3）招投标阶段

BIM 技术的应用与推广，促进了招投标管理的精细化程度和管理水平。

招投标过程中，投标报价可根据 BIM 模型中的信息来编写，这样可以准确、快速地计算出工程量，还可以避免不必要的错误和遗漏，减少了由于经济变化引发的材料等价格的变化。在招标控制中，全面准确的工程量清单是核心，工程量的计算在招标阶段是最消耗精力和时间的重要工作。而 BIM 模型作为一个丰富的工程信息数据库，可以真实、准确地提供工程量计算所需要的全部数字化信息。工作人员可以借助这些信息，通过计算机对各种构件进行全面分析，以减少只根据二维图纸统计工程量带来的繁重工作，从而使潜在错误减少，显著提高准确性和效率。

投标方可根据 BIM 模型快速获取工程量信息，与招标文件中的工程量清单进行比较，减少了重复计算的工作量，并能制定更为合理的投标策略。借助 BIM 技术可以实现三维立体虚拟场景再现，可进行虚拟建筑方案探讨。基于 BIM 模型，投标方既可对编制的施工组织设计进行可行性论证，又可对施工中重要的环节进行可视化分析，以提高计划的可行性，尤其是对一些采用新技术、新设备、新工艺、新材料的工程进行分析和指导时。在投标过程中，通过 BIM 模型对施工方案进行可视化模拟，可以形象、直观地将方案展示给招标方。

2. 施工中期阶段

1）构件运输阶段

在装配式建筑的构件运输阶段，建筑构件运输所选择的载具、构件的整体数量以及运输的批次数量都会影响建筑工程的成本消耗。除这几点影响因素外，在构件运输的过程中还要考虑时间的消耗，如果没有选择最恰当的运输方式以及运输路线就会为建筑工程带来额外的成本。综上所述，装配式建筑的构件运输要选择最经济的方式，确保构件能够及时到达施工现场，降低构件运输的成本。通过运用 BIM 技术这种信息化手段可以推进构件运输的信息化及智能化，进而降低成本。BIM 技术在构件运输阶段对成本管控的功能主要体现在以下两个方面。

（1）在构件运输的过程中，通常会根据运输的起始点以及运输过程中的地理条件规划运输路线。利用 BIM 技术可以实现地理信息的可视化及模型化，构建出立体的地理模型，根据地理模型来规划构件运输的方式及路线，选择最适合、最经济的运输方案。

（2）BIM 模型虽然是建筑构件各项信息数据的载体，却无法将构件的状态信息进行实时记录。而运用 RFID 技术可以实现对构件从生产、运输到仓储管理的全过程跟踪监控，除此之外，还可以精准获取构件运输过程中车辆的实时信息。

综上所述，将 BIM 技术与 RFID 技术进行整合运用，可以有效提升构件运输路线的规划水平，在构件运输过程实现成本控制及管理。

2）安装施工阶段

在装配式建筑的安装施工阶段，施工人员需要运用相关技术及工艺将构件连接或组装，在这一阶段 BIM 技术对成本的管控主要体现在以下几个方面。

（1）当前我国在传统的建筑工程安装施工阶段缺少对建筑工程成本的主动管控，同时也缺少设计成本与施工成本的实时对比。BIM 技术是当前建筑工程行业最先进的技术，具有较强的数据存储能力。同时，运用 BIM 5D 技术不仅可以实现建筑工程的进度管理，还可以完善资源、合同、成本以及工程质量的管理工作。其中，成本管理功能可以实现对合同收入的管理以及实际成本的结算，还可以对建筑工程的实际成本支出进行实时监控，分析比对其与设计阶段预估成本之间的偏差，从而能够针对出现的问题进行及时调整。

（2）在装配式建筑的实际安装施工阶段，构件的安装对大型机械的位置、施工技术及工艺都有较高的要求。科学合理的布局不仅可以提高构件的安装效率，还能起到降低工程成本的作用。通过运用 BIM 技术对实际施工现场进行布局，并根据安全要求增设栏杆以及通道，能够提高建筑工程的施工效率和安全性，为企业获取更高的经济效益。

（3）根据建筑工程的设计方案以及相关标准，使用 BIM 技术的模拟功能和软件平台对施工现场进行模拟，主要模拟建筑工程现场的交通情况、大型机械设备的运输流程，能够发现实际施工中可能出现的机械碰撞，进而调整各类机械的运输途径，形成最优的运输方案，提高建筑工程的施工效率。

（4）通过运用 BIM 技术模拟构件的安装情况，提前判断构件安装过程中的技术难点以及重点环节，规划出最科学有效的安装方式，提高构件的安装效率，降低建筑成本的消耗。

3. 施工后期阶段

1）竣工结算阶段

BIM 技术在竣工结算阶段中的应用主要聚焦在对建设工程资料的分享、储存、校对方式的优化，其对竣工结算的准确性和质量有着极大的影响。采用传统建筑工程资料信息的交流方式，工作人员的重复性工作较多、效率较低，信息流失相对严重。而采用基于 BIM 技术的 3D 模型作为建筑信息交流平台，可将工期、成本、质量、变更签证、工程量等信息都存储于 BIM 中央数据库中，使工作人员将工程资料的管理融合于项目管理过程之中。在 BIM 中央数据库中的工程资料不仅能够做到实时更新，使各参与方可及时、可靠、准确地获得在建项目的工程资料信息，还可按特定的时间、工期或构件随意调取查看。在竣工结算阶段对结算资料的核对环节中，校核人员可以直接访问 BIM 中央数据库，查阅项目全部的工程资料。同时，基于 BIM 技术的工程结算资料的审查，可极大地缩短结算审查前期准备工作的时间，提高结算工程的准确性和效率。

基于 BIM 技术的三维工程量计算功能，在竣工结算阶段对工程量的审核起到了极大作用。工作人员可直接使用招投标过程阶段的三维工程模型，加上施工阶段中的工程变更部分进行统计。例如，钻孔灌注桩的直径尺寸由 500mm 变为 600mm，只需将其建筑属性重置为 600mm 即可，BIM 软件通过计算相关联的构件尺寸变更，其他所有的费用计算也会相应自动更改。还可利用已有的文件格式保存竣工图信息，并直接导出所需要的竣工图。在工程量核对过程中，各方可将自有的 BIM 三维模型放入 BIM 技术的算量软件中，软件就会自动按部位、构件、分项、单位标记出存在差别的部分，方便、快捷地找出各方工程量结算过程中存在的差异，从而大幅减少在竣工结算阶段工程量对比的工作。同样，可利用互联网技术，直接从各种服务器中获取国家政府部门发布的相关法律法规和计价规范，如钢筋单价的调整系数、人工费率的变化等，BIM 模型可根据项目所具有的工程特征，自动提取符合该工程的费用标准和计价规范，确保了竣工结算阶段费用审核的准确无误。

竣工结算阶段的成本控制是施工成本控制的重要环节，但其涉及的工程量核对工作相对烦琐。BIM 模型的优势在于其包含了所有的工程信息，随着施工进度的推进，其中的数据也在不断地更新完善。因而在项目竣工移交时，BIM 模型将包含项目从决策到形成过程中的所有数据信息，便于工作人员对信息进行检索，既加快了竣工结算的速度，又减少了结算成本。

2）运营管理阶段

在运营管理阶段应用 BIM 技术应具有以下先决条件：BIM 模型拥有足够支持运营管理的信息；工作人员能够方便地管理、修改、查询、调用运营信息。

运营管理阶段是现代建筑工程项目管理最为重要的阶段，而高效的设施管理与利用对于确保运营管理的连续性和效率具有决定性意义。

传统的系统维护一般是运维人员通过竣工图纸，再配合 Excel 表格对建筑中各个系统、设备等相关数据进行匹配，缺乏时效性和直观性。而根据 BIM 模型，运维人员可以快速掌握和熟悉各种设备的施工情况、管道系统的相关数据和其他信息，既节约了时间，又能够对建筑内的系统及时维护。例如，当一方发现有渗漏问题时，已经不再是进行全面的检查，而是转向在 BIM 系统中寻找可能出现损坏阀门的规格、零部件和其他信息，迅速发现问题并及时进行维护。

通过 BIM 系统，可以帮助第三方运维人员基于 BIM 模型对紧急事件进行应急预演，并制定应急处理预案。同时，还可以让管理人员知道如何正确、有效地处理发生的紧急情况，特别是一些在现实中不方便模拟的培训，如火灾、停电、人员疏散模拟等。通过演练制定处理方案，打印成书，装订成册，分发给项目相关人员、社区居民和租户，以增强大家的安全意识，扩大安全管理范围。

4. 总结阶段

（1）利用 BIM 模型中保存的信息及模拟过程可获取施工中重要的技能和知识，为以后的项目建设积累宝贵的经验。

（2）通过 BIM 技术应用，加快了信息传递和分发效率，使风险管理和经济管理的信息源收集更加高效。通过对信息的集中处理，实现“数字化”的管理过程，从而提高管理效率。

（3）对比类似工程的数据信息，增加对同类建筑项目的了解。可以利用 BIM 技术的云端参数，集中对比类似项目的成本管控方式，总结施工中存在的不足，及时掌握新的管理手段和方法。

5.2.5　BIM 技术在装配式建筑成本管理中的优势

1. 图纸优化设计

BIM 技术在图纸优化中的实际应用即根据现有 2D 图纸构建 BIM 模型。建筑、给水、暖通、电力等专业根据现有图纸（尤其是管道的综合布置）在不同阶段生成 BIM 模型，其工作集方法允许相互独立的模型互换位置和属性。基于 2D 图纸创建 BIM 3D 模型，以实现图纸的处理和优化。在创建过程中，既能够及时发现图纸中的问题，并向设计机构反馈，还可通过 BIM 3D 可视化功能实现更多操作。

2. 施工现场强化管理

创建施工现场 BIM 地理模型，能够优化施工道路，确保施工机械和运输车辆顺利进入施工现场；合理堆放物料，以免发生火灾；合理安排各功能区，使现场运输更为经济、合理、高效。根据每个阶段的建筑特点，合理划分建筑面积，有效管理各种职业和工作面的协调运作。另外，通过 BIM 建模，不仅能够实现使用碰撞检查功能解决所有碰撞问题，还可以检查由于工作面不足引发的安装错误问题。

3. 成本精细管控

使用 BIM 核心建模软件的统计功能（进度表），可准确计算工程量。基于 BIM 技术的施工物料动态管理模式能够实现物料信息全面管理，综合 BIM 轻量级模型集成，通过二维代码和网络实现对关键物料的跟踪，始终关注物料进度和物料交付时间并建立工地资料。BIM 5D 模型可以随时识别资源需求并提供数据支持，以制订未来的材料使用计划和配额选择，同时跟踪项目开发，将计划数量与实际数量进行比较，并直观、清晰地读取差异，采取及时纠正措施，以实现有效的成本控制。

5.3 装配式建筑项目质量管理

5.3.1 装配式建筑项目质量管理概述

装配式建筑作为一种特殊的建筑产品，除具有一般产品共有的质量特性，如性能、耐久性、安全性、可靠性、经济性等满足社会需要的使用价值及其属性外，还具有特定的内涵。

（1）适用性（即功能）是指工程满足使用目的的各种性能，包括理化性能、结构性能、使用性能、外观性能等。

（2）耐久性（即寿命）是指工程在规定的条件下，满足规定功能要求的使用年限，也就是工程竣工后的合理使用寿命周期。

（3）安全性是指工程建成后在使用过程中保证结构安全、保证人身和环境免受危害的程度。

（4）可靠性是指工程在规定的时间和规定的条件下完成规定功能的能力。

（5）经济性是指工程从规划、勘察、设计、生产、施工到整个产品使用寿命周期内的成本和消耗的费用。

（6）与环境的协调性是指工程与其周围生态环境、与所在地区经济环境以及与周围已建工程相协调，以适应可持续发展的要求。

（7）绿色节能性是指装配式建筑的质量更能符合绿色、低碳、节能、环保的要求。通过绿色施工，实现节能减排的目标。

项目所处的阶段不同，确定的质量目标也存在诸多差异，这些序列分析目标是建造质量系统的主要组成内容，也是整体质量目标的构成部分。因此，要在整个建造过程中贯彻落实 PC 建造质量控制。由于建造不是一蹴而就的，而是一个循序渐进的过程，在建造过程质量控制时，任一环节出现问题都会对后续环节的建造质量带来直接影响。基于此，需要围绕建造过程各个阶段的详细内容开展具有针对性的质量控制活动，确保生产、运输以及装配施工等阶段可以有效衔接，以达到建造施工质量和标准要求相契合。装配式建筑不同阶段的质量目标及责任主体见表 5-2。

表 5-2　装配式建筑不同阶段的质量目标及责任主体

阶段名称	质量目标	责任主体
勘察设计	对实地进行勘探，设计符合实际的建筑计划	建设单位、设计单位
生产制造	生产的预制构件要符合质量要求，各个构件之间要能完美契合	预制构件制作单位
物流运输	保证预制构件的运输和堆放过程都不会造成质量方面的损坏	预制构件制作单位、物流单位
装配施工	预制构件的安装和连接必须保证契合度，同时要确保工程质量	建设单位、施工单位
竣工验收	对施工的建筑进行质量检测，达到国家标准要求	建设单位、设计单位

1. 勘察设计阶段

勘察设计阶段的质量管理工作主要是全面考察工程建设项目，对项目建设是否可以和实际要求保持一致进行判断，包括需要采取何种空间布局方式来进行项目建设、使用哪种框架结构等。在这个阶段切实做好相应工作是确保项目结构的安全稳定性以及实现预期设计目标的关键。因此，勘察设计阶段工作的科学合理程度是影响工程项目建设质量的决定性因素。

2. 生产制造阶段

PC 构件生产包括以下工艺流程：①模具设计；②模具制造；③模具清理；④模具组装；⑤脱模剂涂刷；⑥钢筋结构制作；⑦水电、结构预埋件；⑧隐蔽工序的验收；⑨混凝土浇筑；⑩养护；⑪脱模、起吊；⑫表面处理；⑬质量检验；⑭构件成品入库或运输。

在装配式混凝土结构工程中，预制构件质量会对结构整体质量带来决定性的影响，甚至会影响结构安全性。因此，需要对预制混凝土构件质量控制予以高度重视，围绕着 PC 构件工艺流程以及质量控制原理来确保构件生产质量。可以从以下三个环节进行质量控制：①生产准备环节；②生产环节中；③成品检验环节。这样便建立起整个生命周期相对完善的 PC 构件质量控制体系。

3. 物流运输阶段

在运输 PC 构件时，需要对公路管理部门提出的具体要求以及运输路线相关情况予以充分考虑，明确驾驶员运输要求，高度重视运输安全问题。与此同时，在综合考虑多个因素的基础上编制科学合理的运输方案，选择能够满足构件重量和尺寸要求的运输车辆，尽可能选择专用运输车辆，在托架的助力下确保构件在运输过程中牢固、稳定。特别注意的是在运输预制混凝土梁、柱构件时，水平放置不能超过两层。

构件运输至施工现场之后，要根据构件位置、型号等将其放置在不同区域。在吊装设备可操作的范围内堆放预制构件，并根据施工安装顺序对其进行分类放置，避免在施工现场内预制构件出现二次运输的情况。构件堆放时要保证地面的平整，并设置良好的排水设施。与此同时，要在首层构件底部放置木块，并保证构件的平稳性。

4. 装配施工阶段

装配施工阶段主要指的是根据工程合同、设计文件和图纸要求，进行节点之间的稳定性和可靠性连接，随后和现场后浇混凝土共同形成混凝土结构的过程。想要确保整体结构的安全和质量，就不能忽视预制构件的安装质量。因此，需要全面有效地管理和控制装配式混凝土结构施工作业过程，第一时间发现并消除可能出现的质量问题，在此基础上确保项目工程质量。围绕着三阶段质量控制原理，从多个环节来进行施工质量控制（如工序检验、原材料质量检验等）。

5. 竣工验收阶段

竣工验收阶段的质量管理工作主要指在工程完工之后要对工程质量、建设契合度、质量指标达成情况等进行评估，并根据最终的评估结果决定工程款的结算情况。在保证工程质量方面，工程竣工验收发挥着至关重要的作用。

5.3.2　装配式建筑项目质量通病及预防措施

1. 装配式建筑典型的质量问题

与传统建造方式相比，装配式建筑典型的质量问题主要有三大类。

1）预制构件的安装精度问题

预制构件的安装精度直接决定了建筑结构的几何尺寸精确性。安装外围构件是对精度要求最高的，如果外围构件安装出现了偏差，会导致两大严重后果：一是同层外墙不平整；二是相邻楼层垂直度无法保证。这会导致外墙的观感产生难以修复的问题，如果累计误差太大，还会严重影响结构安全。内部的预制构件安装相对来说较容易控制，但也须严格控制在允许误差之内。为了控制安装精度误差，各建筑公司要制定严格的工法，并按工法操作，确保一次性精确就位。

2）预制构件的竖向连接可靠性问题

竖向构件套筒连接方式遇到的最大问题就是安全可靠性。套筒灌浆这种连接方式是很成熟的技术，我国的相关规范上也有相应的施工和验收标准。施工单位必须严格按照套筒灌浆的工艺，精准操作。同时，应保证套筒和灌浆材料是检验合格的产品，且现场灌浆的饱满度达到规范要求。如果这些材料都是合格的，又是严格按照工艺操作的，那么质量相对也是有保障的。

3）接缝防水处理问题

由于预制构件在现场拼装，各构件的连接会产生大量的接缝，那么就可能引发接缝漏水的问题。解决接缝渗漏水的问题，尤其是外墙接缝漏水问题，仅靠施工环节是不够的，应首先从结构设计解决。首先，可靠的防水必须寄托在结构设计上，不管是水平接缝，还是垂直接缝，一定要做好结构的防水设计。其次，进入总装阶段，水平接缝应要做好坐浆处理，在重力作用下，完全有可能做到不渗漏；而垂直接缝，因为没有重力的挤压，且有温度应力产生的伸缩，必须慎重对待，至少要做好两道防水，即一层膨胀砂浆和一层防水耐候胶。在接缝之中加设橡胶止水条，则会更安全。如果这些工序认真按标准操作，基本上可以保证竖向接缝也不会产生渗漏。

2. 装配式建筑质量通病类型

目前在 PC 构件生产中普遍存在三类质量通病，应当引起重视。

（1）结构质量通病。这类质量通病可能影响到结构安全，属于重要质量缺陷。

（2）尺寸偏差通病。这类质量通病不一定会造成结构缺陷，但可能影响建筑功能和施工效率。

（3）外观质量通病。这类质量通病对结构、建筑通常都没有很大影响，属于次要质量缺陷，但在外观要求较高的项目（如清水混凝土项目）中，这类问题就会成为主要问题。同时，由外观质量通病所隐含的构件内在质量问题也不容忽视。

3. 装配式建筑质量通病、原因及预防措施

装配式建筑质量控制涉及设计、生产和安装多个环节，这些环节之间关联性比较强，在质量控制的过程中不可割裂对待。与传统的现浇建筑不同，装配式建筑项目的质量控制有四个主要控制阶段：一是整个项目设计以及构件深化设计的质量控制；二是构件在工厂预制生产过程的质量控制；三是构件运输、装卸、堆放等过程的质量控制；四是构件安装过程的质量控制。构件在工厂预制生产过程中的常见质量通病主要体现在构件混凝土质量、构件钢筋质量、构件预留预埋件质量、构件构造措施、模板质量等几个方面。下面重点介绍装配式建筑项目构件运输和存放、构件安装过程中的质量通病、原因及预防措施。

1）构件运输和存放

在构件运输和存放过程中的质量通病、原因及预防措施如下。

（1）构件吊环断裂。

① 原因分析：使用冷加工过的或含碳量较高的或锈蚀严重的Ⅰ级钢筋做吊环；吊环的埋深不够，且采取的措施不当，吊装时因受力不均匀被拉断；吊环设计直径偏小或外露过长，经反复弯曲受力引起应力集中，使局部硬化脆断；冬季施工气温低，受力后脆断。

② 预防措施：用作吊环的钢筋，必须使用经力学试验合格的Ⅰ级钢筋且严禁使用经过冷加工后的钢筋；吊环应按设计规范选取相应直径的Ⅰ级钢筋，且埋设位置应正确，保证其受力均匀，避免承受过大的荷载；冬季吊装应加保险绳套。

（2）构件撞伤、压伤、兜伤。

① 原因分析：细长构件起吊操作不当，发生碰撞冲击将构件损伤；构件在采用捆绑式或兜式吊装、卸车时，保护不力，致使构件的棱角损伤或撞伤；构件装车堆垛时，间隙未楔紧、绑牢，致使在运输过程中发生滑动、串动或碰撞；支承垫木使用软木或使

用的砖强度不够；构件堆放层数过多、过高，而且支承位置上下不齐，造成下层构件压伤、损坏。

② 预防措施：构件装车、卸车和堆放过程中，针对不同的构件，要采取相应的保护措施；操作要认真、仔细，稳起稳落，避免碰撞，构件之间要相互靠紧，堆垛两侧要撑牢、楔紧或绑紧，尽量避免使用软木或不合格的砖做支垫；保证运输中不产生滑动、串动或碰撞；汽车司机在运输过程中应控制车速，尽量避免行驶过程中的紧急刹车行为。

（3）构件出现裂缝、断裂。

① 原因分析：构件堆放不平稳，或偏心过大而产生裂缝；场地不平、土质松软使构件受力不均匀而产生裂缝；悬臂梁按简支梁支垫而产生裂缝；构件装卸车、码放起吊时，吊点位置不当，使构件受力不均受扭；起吊屋架等侧向刚度差的构件，未采取临时加固措施或采取措施不当；安放时，速度太快或突然刹车，动量变成冲击荷载，使构件产生纵向、横向或斜向裂缝；柱子运输堆放搁置，上柱呈悬臂状态，使上柱与牛腿交界处出现较大负弯矩，形成变截面，易产生应力集中，导致裂缝出现；构件运输、堆放时，叠合板支承垫木位置不当，支点位置不在一条直线上，悬挑过长，构件受到剧烈的颠簸或急转弯产生的扭力，使构件产生裂缝；叠合板构件主筋位置上下不清，堆放时倒放或反放；构件搬运和码放时，混凝土强度不够。

② 预防措施：混凝土预制构件堆放场地应平整、夯实，堆放应平稳，且按接近安装支承状态设置垫块。垂直重叠堆放构件时，垫块应上下成一条直线，同时梁、板、柱的支点方向、位置应标明，避免倒放、错放；运输时，构件之间应设垫木并互相楔紧、绑牢，防止晃动、碰撞、急转弯和急刹车；薄腹梁、柱、支架等大型构件吊装时，应仔细计算确定吊点，而对于侧面刚度差的构件要用拉杆或脚手架横向加固，并设牵引绳，防止在起吊过程中晃动、颠簸、碰撞，同时吊放要平稳，防止速度太快和急刹车；柱子堆放时，在上柱适当部位放置柔性支点，或在制作时，通过详细计算，在上柱变截面处增加钢筋，以抵抗负弯矩作用；一般构件搬运、码放时，其强度不得低于设计强度的 75%。

2）构件安装

在构件安装过程中的质量通病、原因及预防措施如下。

（1）标高控制不严。

① 原因分析：楼面混凝土浇筑时，标高未控制；预制墙下垫块设置时标高不准。

② 预防措施：混凝土浇筑前应由放线员在每 50cm 处做好标记，在混凝土浇筑时应严格按照标记进行，确保混凝土完成面标高准确；预制墙下垫块顶面标高比楼面设计标高高 2cm，设置垫块时需保证这一标高差。

（2）竖向钢筋移位。

① 原因分析：楼面混凝土浇筑前竖向钢筋未限位和固定；楼面混凝土浇筑、振捣使得竖向钢筋偏移。

② 预防措施：根据构件编号用钢筋定位框进行限位，并适当采用撑筋撑住钢筋框，以保证钢筋位置准确；混凝土浇筑完毕后，根据插筋平面布置图及现场构件边线或控制线，对预留墙柱构件的插筋中心位置进行复核。若插筋中心位置偏差超过 10mm 应根据图纸进行适当的校正。校正时，应采用 1∶6 冷弯，不得烘烤。对偏差稍大的个别情况，应对钢筋根部混凝土进行适当剔凿到有效高度后进行冷弯。

（3）灌浆不密实。

① 原因分析：灌浆料配置不合理；波纹管干燥；灌浆管道不畅通，嵌缝不密实造成漏浆；操作人员粗心大意未灌满。

② 预防措施：严格按照说明书的配合比及放料顺序进行配制，搅拌方法及搅拌时间也应根据说明书进行控制，确保搅拌均匀，搅拌器转动过程中不得将搅拌器提出，防止带入气泡；构件吊装前应仔细检查注浆管、拼缝是否通畅，灌浆前 30min 可适当撒少量水对灌浆管进行湿润，但不得有积水；使用压力注浆机时，一个构件中的灌浆孔应一次连续灌满，并在灌浆料终凝前将灌浆孔表面压实抹平；灌浆料搅拌完成后保证 40min 内将料用完；加强对操作人员的培训与管理，增强操作人员的施工质量控制意识。

（4）未按序吊装。

① 原因分析：未按照预制构件平面布置图吊装；吊装前预制构件不全。

② 预防措施：吊装前现场技术人员对工人进行技术交底并提供构件平面布置图；对构件及编号进行核对，同时确保编号本身无误；吊装前确保现场所需预制构件齐全；吊装过程中，现场质检员应随时检查。

（5）墙根水平缝灌浆漏浆。

① 原因分析：墙根水平缝未清理；嵌缝水泥砂浆配比不合理；水泥砂浆嵌缝时将墙根水平缝堵塞。

② 预防措施：嵌缝前，应清理干净构件根部垃圾或松散混凝土等；采用 1∶3 水泥砂浆将上下墙板间水平拼缝、墙板与楼板地面间缝隙及竖向墙板构件拼缝填塞密实，砂浆塞入深度不宜超过 20 mm。

（6）外墙企口吊模质量差且尺寸不精确。

① 原因分析：模板位置不精确；使用木模板吊模，模板变形；混凝土浇筑、振捣时模板移位。

② 预防措施：现场放线员按图操作，确保定位线准确；使用铁制模板，杜绝变形；混凝土浇筑时，现场看护；加强对操作人员的培训与管理，增强操作人员的施工质量控制意识。

（7）外墙混凝土企口破损、成品保护差。

① 原因分析：模板未涂刷脱模剂或涂刷不匀；企口处混凝土强度未达标就拆模；拆模时用力过猛过急；拆模后混凝土企口未养护。

② 预防措施：吊模前，模板涂刷脱模剂要均匀；混凝土强度达标后，再进行拆模；拆模时注意保护棱角，避免用力过猛过急；在拆模完毕后的 12h 内对混凝土企口进行浇水保湿养护。

（8）割梁钢筋。

① 原因分析：工人按照一个方向顺次吊装，未考虑顺序问题；未按照预制构件平面布置图吊装；吊装时，工人为省事割掉梁的受力钢筋；现场质量检查不严。

② 预防措施：吊装前，现场技术人员根据图纸确定吊装顺序并对工人进行交底；现场管理人员严格要求，禁止割掉梁的受力钢筋。

（9）构件垂直度偏差大。

① 原因分析：吊装时未进行校正；斜支撑没有固定好；相邻构件吊装时碰撞到已校正好的构件。

② 预防措施：构件就位后，通过线锤或水平尺对竖向构件垂直度进行校正，转动可调式斜支撑中间钢管进行微调，直至竖向构件确保垂直；用 2m 长靠尺、塞尺对竖向构件间平整度进行校正，确保墙体轴线、墙面平整度满足质量要求；竖向构件就位后应安装斜支撑，每个竖向构件用不少于 2 根斜支撑进行固定，斜支撑安装在竖向构件的同一侧面，斜支撑与楼面的水平夹角不应小于 60°；相邻构件吊装时，尽量避免碰撞到已校正好的构件，如造成碰撞，需重新校正。

（10）地锚螺栓遗漏、偏位。

① 原因分析：现场放线人员有遗漏；现场电焊工焊接地锚螺栓时有遗漏；预制构件密集处斜支撑冲突。

② 预防措施：现场施工过程中放线员、电焊工注意避免遗漏；预制构件设计时，提前考虑预制构件密集处斜支撑冲突问题；严禁后补膨胀螺栓替代，防止打穿预埋线管，严格按照转化设计布置图进行预埋。

（11）构件方向错误导致的预埋线盒位置错误。

① 原因分析：未按照预制构件图纸吊装；相对称的预制构件编号错误。

② 预防措施：吊装前，现场技术人员根据图纸确定吊装顺序并对工人进行交底；确保加工厂预制构件编号正确。

（12）现浇节点混凝土施工质量问题。

① 原因分析：模板表面粗糙并黏有干混凝土；浇灌混凝土前浇水湿润不够；模板缝没有堵严；混凝土浇入后振捣质量差或漏振；混凝土在施工过程中拆模过早，早期受振动使得混凝土出现裂缝。

② 预防措施：浇灌混凝土前认真检查模板的牢固性及缝隙是否堵好；模板应清洗干净并用清水湿润，不留积水；混凝土浇筑高度超过 2m 时，需用串筒、溜管或振动溜管进行下料。混凝土入模后，必须掌握好振捣时间，一般每点振捣时间约 20～30s（合适的振捣时间可由下列现象来判断：混凝土不再显著下沉；不再出现气泡；混凝土表面出浆且呈水平状态；混凝土将模板边角部分填满充实）；浇筑完的混凝土应及时养护，避免混凝土早期受到冲击；确保混凝土的配合比、坍落度等符合规定，严格控制外加剂的使用。

（13）节点钢筋绑扎施工质量问题。

① 原因分析：节点部位钢筋未修整；节点部位有杂物。

② 预防措施：对竖向构件节点拼接处外露钢筋表面除锈，并将钢筋表面迸溅的水泥浆等清除干净；对连接钢筋疏整扶直；构件节点处与现浇混凝土接触的表面应进行凿毛处理；节点处构件底部杂物等应清理干净。

（14）节点混凝土或灌浆料配合比控制问题。

① 原因分析：不同节点部位要求的强度不一样；现场配置时出现错误。

② 预防措施：根据图纸要求，控制相应节点部位的混凝土或灌浆料配合比；现场质检员随时检查，加强对操作人员的培训与管理，增强操作人员的施工质量控制意识。

（15）叠合层混凝土一次性压光质量问题。

① 原因分析：混凝土浇筑时标高控制不当；混凝土浇筑时振捣效果不好；现场工人压光技术不合格。

② 预防措施：混凝土浇筑厚度依照高度控制线施工；在振捣时，使混凝土表面趋于平整，直至不再显著下沉、不再出现气泡、表面泛出灰浆为止；选择合格、熟练的工人施工。

（16）灌浆和吊装工序不正确对灌浆造成扰动问题。

① 原因分析：灌浆未在一个流水段吊装、校正完成后进行；灌浆前，拼缝内有垃圾；灌浆前要洒水对拼缝内混凝土面进行湿润。

② 预防措施：吊装前，现场技术人员根据图纸确定吊装顺序并对工人进行交底；构件吊装后，须将构件拼缝内垃圾或松散混凝土等清理干净再灌浆；根据吊装进度拌制相应灌浆料，不得一次拌制过多灌浆料，防止时间过长水分流失造成稠度过大。

（17）成品保护差。

① 原因分析：灌浆完成后，沿孔壁淌出的灌浆料污染墙面；预制构件棱角受损。

② 预防措施：灌浆完成后应及时将沿孔壁淌出的灌浆料清理干净，并在灌浆料终凝前将灌浆孔表面压实抹平；楼层内搬运料具时应注意，不得磕碰构件，避免构件棱角破坏；对楼梯构件等应在楼梯踏步角部采用废旧多层板等做护角，防止棱角损坏；现场不得在构件上乱写乱画。

5.3.3　BIM 技术在项目质量管理中的应用

在装配式建筑的质量管理中，有效借助 BIM 技术平台能够实现信息共享，满足质量提升的需求。基于 BIM 技术平台的装配式建筑全生命周期质量管理措施如图 5-15 所示。

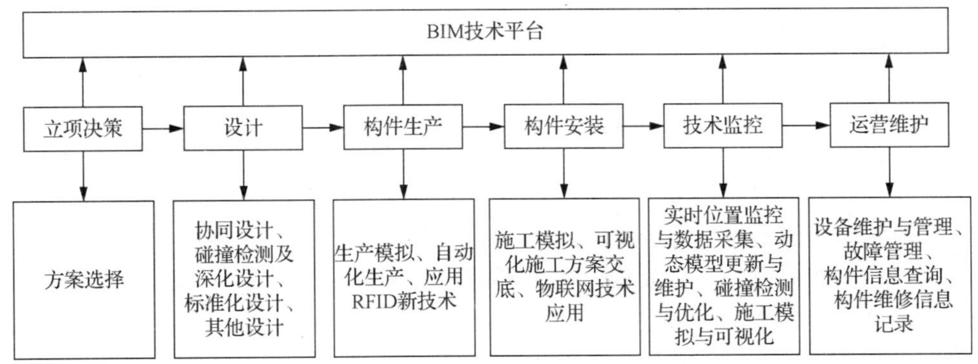

图 5-15　基于 BIM 技术平台的装配式建筑全生命周期质量管理措施

1. 立项决策阶段质量管理

通过分析工程实体呈现的质量是评估决策、设计以及施工等环节质量管理有效性的重要体现。虽然在立项决策阶段没有工程实体，但所选用项目方案的优劣性容易对后期的工程质量产生较大影响。因此，在项目的可行性研究中可以应用 BIM 技术对项目实施建模（图 5-16～图 5-18），并借助工程量计算功能计算出不同工程量所需要的工程造价；同时采用三维漫游功能对比相关项目的外形、结构以及空间布局。通过这种方式选择更具可行性的技术，从而拟定经济合理的有效方案。

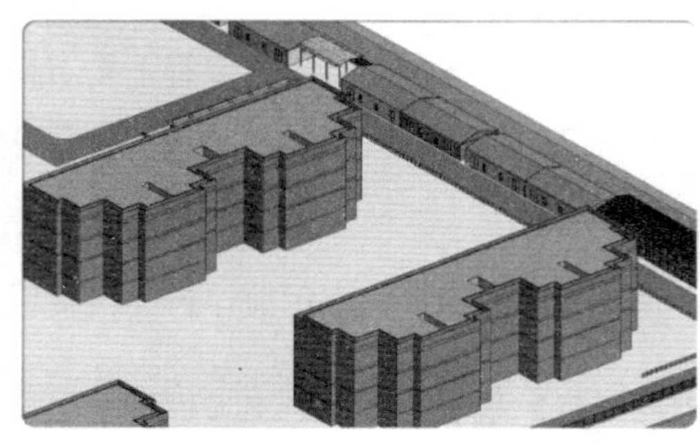

图 5-16　拟建建筑的绘制

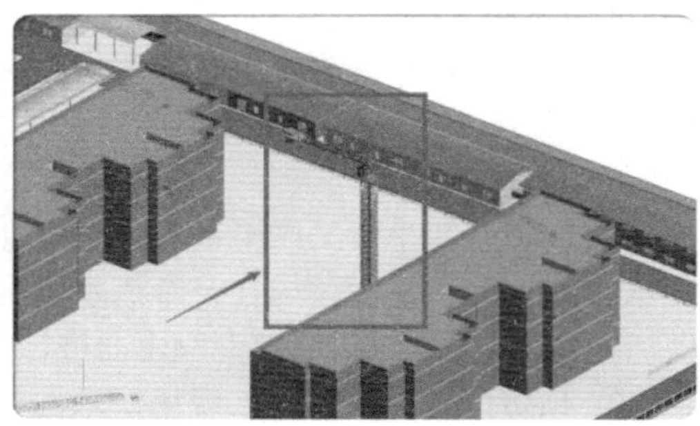

图 5-17　塔吊的布置

图 5-18　土建轻量化模型

2. 设计阶段质量管理

1）协同设计

在 BIM 模型设计中有效采用协同设计的措施，能够规避传统图纸设计中的信息孤立问题，满足信息共享的需要，避免因设计信息错误带来的质量问题。在模型设计的过程中，需要对模型的数据进行及时更新，保障数据的完整性。将这些数据有效存储起来，实现文件交互等操作方式，这实际也是整理完整信息的重要环节。例如，一个项目有效协同 Revit 软件中的建筑和 MEP 模型进行管道设计时，可实现信息共享，即某专业更改某处数据信息时，可同步实现对数据全面更新，通过这种方式实现模型的整体协同设计。

2）碰撞检测及深化设计

传统二维图纸设计存在图纸设计不直观、缺乏设计协同性等问题，即使是经验比较丰富的设计人员，在设计的过程中也很难找到设计碰撞点，容易留下安全隐患。在 BIM 模型中，可借助软件来进行碰撞检测，满足查找范围全面和碰撞位置精准等需求，并对碰撞点进行深入研究，进而降低工程施工过程中的隐患，促使工程施工质量的全面提升，如图 5-19～图 5-21 所示。

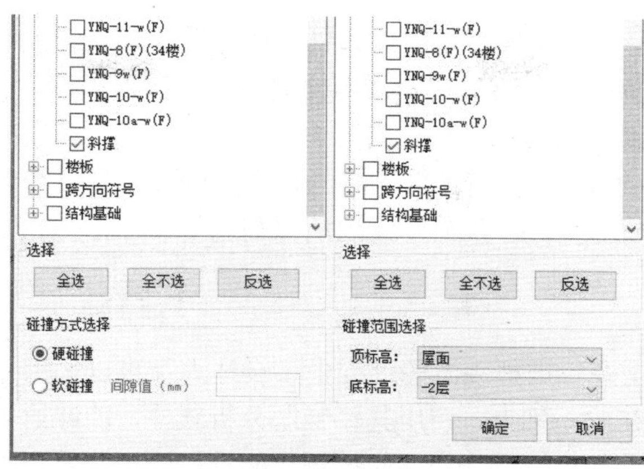

图 5-19　运行碰撞检测选项

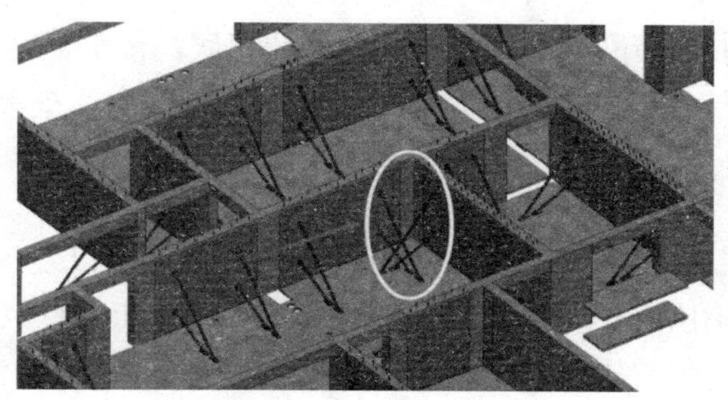

图 5-20　某处碰撞点示意

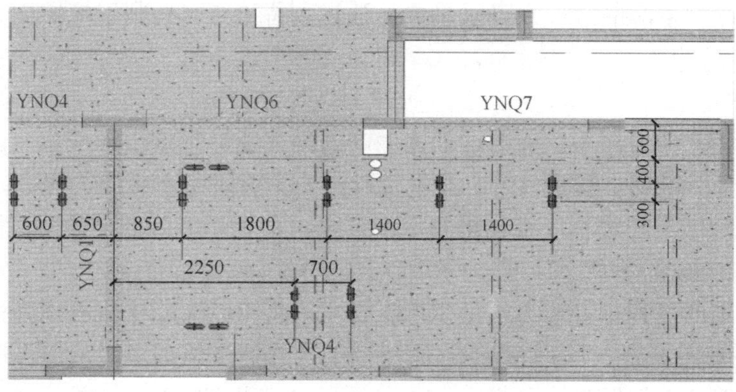

图 5-21　对优化后的局部模型进行标注

3）标准化设计

由于装配式建筑具有可工厂化生产、标准化设计以及装配式施工等特点，通过采用标准化设计方式能够提高设计精确度和效率，满足装配式建筑构件的自动化和工厂化设计需求，保障构件的安装质量。在装配式构件的设计中，可以采用 Revit 软件中的“族”功能对构件进行标准化设计。

在 Revit 软件中，自带比较常见的设备以及构件等标准族文件，且在优化和拆分构件的过程中可以借助族编辑器有效构建标准化的装配式构件族库。

在设计环节中，通过借助标准构件族库中“选”和“拼”需要的构件，可以有效构建能够满足项目设计的 BIM 模型。族库中的标准化构件模型已经包含了设计信息，能够有效地避免因设计信息不完善而导致的质量隐患，为构件的生产以及装配提供信息基础。

4）其他设计

在借助 BIM 模型进行虚拟漫游的过程中，设计人员可以采用“亲身体验”的方式来对比不同的方案。在此基础上，利用其他辅助分析软件，能够给不同的建筑设计提供数据支撑。例如，在公共建筑设计中，通过对热能进行分析，结合主要的数据分析结果有效选择合理的围护材料；分析住宅光照时，则需要判断建筑设计能否满足采光需求等。因此，在建筑设计的过程中，采用这些设计辅助分析软件可以满足对于建筑结构设计的适用性以及舒适度的要求，进而有利于提升设计质量。通过分析 BIM 模型能够准确传递信息，在设计过程中可借助 BIM 模型辅助设计交底，能够满足参建单位更好地理解设计意图，进而在生产、安装和施工等环节中落实设计理念，提高工程质量。

3. 构件生产质量管理

在构件生产过程中的质量问题主要是由设计信息不健全以及管理不精细所引发的，而采用标准化设计和 BIM 平台能够分别满足信息完整性和信息共享的需求，使相关人员在生产阶段可以完整读取构件信息，实现有效的质量管理。

1）构件生产模拟

预制构件的生产模拟可以有效借助 BIM 模型，通过该模型来明确质量控制的核心工序。构件设计和生产的过程中可以设置见证点和待检点，有利于把控生产流程，保障构件质量。

2）自动化生产

预制构件生产的过程中，采用自动化生产的方式能够降低生产成本。自动化生产需要以标准化设计为前提，借助 BIM 技术可以进一步促进生产效率的提高，从而降低成本。成熟的自动化生产线不仅可以提高生产效率，甚至还能降低产品质量隐患。

3）应用 RFID 新技术

预制构件生产过程中，可以借助 RFID 技术，将 RFID 芯片植入预制构件中，同时采用 RFID 对管理系统进行有效跟踪，满足预制构件的定位需求，从而可以提高构件查找、管理和运输位置追踪的准确性。此外，还可以借助 RFID 对相关信息进行存储和交换，保障构件的信息读取需求，进而记录预制构件的生产、设计以及运维等信息，这是质量管理以及责任追溯的重要保障。同时，构件成品出厂前可采用三维数字扫描技术对其扫描，获取构件的预留孔洞、尺寸以及预埋等信息，将这些信息导入 BIM 模型中，并对比成品与设计信息的差别，进而查找具有误差的构件，通过这种方式可以提高产品质量。

4. 构件安装阶段质量管理

1）施工模拟

在进行混凝土构件连接和吊装的过程中，容易产生构件开裂、碰撞脱落以及接缝较大等现象。因此，借助 BIM 技术的可视化特征来模拟装配式混凝土建筑的整个施工流程，包括装配式混凝土预制构件的吊装、施工现场钢筋的绑扎、模板的施工、混凝土的浇筑等。通过施工模拟，对装配式混凝土建筑的施工进行预演，优化施工方案，降低施工中可能遇到的问题，从而提高施工效率。

以下将介绍预制墙板、预制楼板、预制楼梯吊装模拟的应用过程。

（1）确定各预制构件的施工流程。

① 确定预制墙板吊装施工流程，如图 5-22 所示，其主要步骤如下。

图 5-22 预制墙板吊装施工流程

a. 测量放线。在预制墙板的预定安装位置，通过测量，准确绘制控制线，为预制墙板吊装提供正确定位。

b. 钢筋校正。用专用工具对底层预制构件的插筋进行检查，对偏位的钢筋进行校正，保证底层插筋可准确插入本层预制墙板的灌浆套筒内。

c. 吊装落位。进行设备安全检查后，在起重设备上安装预制墙板专用吊具，对预制墙板进行吊装，待预制构件移动至预定位置上空时，缓慢降低构件高度，由现场工人辅助引导降落，然后将套筒与插筋准确结合，确保预制构件精确进入预定位置。

d. 安装临时斜支撑。斜支撑用于对预制墙板进行临时固定，并对其水平位置、标高进行复核调整，保证施工精度。

e. 灌浆连接。准备好堵头、灌浆料、灌浆器具等，从预制墙板的灌浆口中注入调配好的灌浆料，待灌浆料从排浆口流出后，立刻停止灌浆，并使用堵头对灌浆口进行封堵。

f. 现浇节点施工。对与预制墙板相连接的现浇剪力墙进行施工，按照图纸绑扎钢筋，同时进行模板支设并浇筑混凝土。

g. 拆除模板及临时支撑。待剪力墙形成承载力后，拆除模板及临时支撑。

② 确定预制楼板吊装施工流程，如图 5-23 所示，其主要步骤如下。

图 5-23 预制楼板安装施工流程

a. 测量放线。同预制墙板吊装过程类似，首先需要在剪力墙等位置绘制控制线，用于预制楼板吊装时的定位。

b. 安装临时支撑。在吊装前，安装独立钢支撑及铝合金龙骨用于预制楼板的支撑。

c. 吊装落位。在起重设备上安装专用吊具后，起吊预制构件至预定位置上空，由工人手扶预制楼板并对准控制线，引导其降落至准确位置。

d. 现浇部分施工。在预制楼板之间支设模板，并按照图纸完成板现浇部分的钢筋绑扎及预留预埋的铺设，然后进行混凝土浇筑，形成完整的叠合楼板。

e. 拆除模板及临时支撑。待预制楼板形成承载力后，拆除模板及临时钢支撑。

③ 预制楼梯吊装施工流程如图 5-24 所示，其主要步骤如下。

图 5-24　预制楼梯吊装施工流程

a. 测量放线。确定预制楼梯的安装位置，绘制控制线，用于预制楼梯的定位。

b. 吊装落位。预制楼梯的吊装也需要使用专用吊具，在吊装过程中需要调整预制楼梯的构件状态，使其台阶踏面及休息平台面处于水平状态；在构件吊至楼梯梁上方时，要控制构件下降速度，且要防止构件出现晃动，避免损坏楼梯梁上的销钉或者下降过快造成楼梯梁损坏。

c. 固定构件。使用销钉进行固定，首先预制楼梯入位后要对其进行微调校正，确保位置准确后，对销钉预留孔进行注浆固定。

（2）补充建模。

补充建模是施工工艺模拟中的一个关键步骤。在前期建模中，建模的重点为施工场地、建筑模型、机电模型等，而一些与施工过程相关的构件并未建立，因此需要进行补充建模。主要补充建模的构件如下。

① 专用吊具。

在预制构件吊装施工模拟前，对预制墙板、预制楼板、预制楼梯的专用吊具进行建模。

因模型的准确性决定着施工模拟的准确性，故在绘制专用吊具族过程中，要确保模型的尺寸信息、绳索长度等参数与实际的专用吊具保持一致。预制构件专用吊具模型如图 5-25 所示。

（a）预制剪力墙专用吊具族

（b）预制楼板专用吊具族

（c）预制楼梯专用吊具族

图 5-25　预制构件专用吊具模型

② 钢筋。

钢筋是建模中最复杂的部分之一。建设项目在施工模拟前，应根据施工图上的钢筋信息，对标准楼层的现浇结构中钢筋进行补充建模，包括剪力墙现浇节点钢筋、楼板现浇部分钢筋、梁中钢筋等。图 5-26 为标准层的钢筋建模成果（局部）。

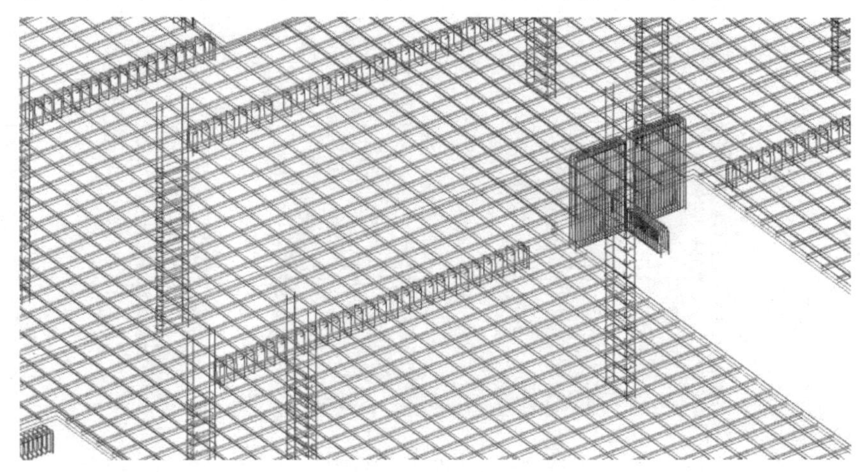

图 5-26　标准层的钢筋建模成果（局部）

③ 模板。

对于剪力墙现浇节点、预制楼板之间的间隙、现浇楼板的下部等需要支设模板的位置建立模板模型。图 5-27 为标准层模板的绘制。

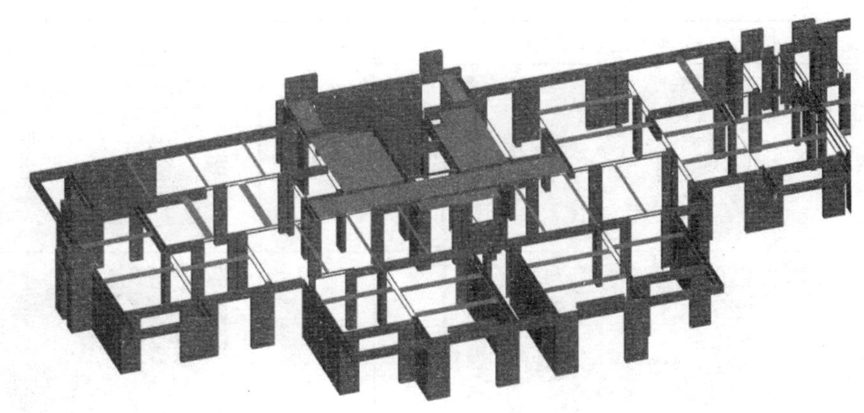

图 5-27　标准层模板的绘制

④ 控制线。

创建用于定位的控制线。首先，在 BIM 软件中创建可供重复利用的直线族（只需输入长度参数和确定其标高，即可完成指定控制线的绘制）。通过上述直线族，在预制墙板、预制板、预制楼梯等构件的位置依次绘制控制线。图 5-28 为预制楼梯控制线。

（3）施工工艺模拟。

在确定施工工艺的内容并完成补充建模后，将补充建立的模型和前期场地模型、土建模型等共同导入 Fuzor（3D 虚拟现实设计软件）进行施工工艺模拟。在 Fuzor 中可以发现构件吊装时可能存在的碰撞问题，当软件识别到问题后，对原有路线进行修改优化，继续进行模拟，以此确定最合理的施工方案。确定最优方案之后，将其保存在 Fuzor 模型中，施工模拟的成果如下。

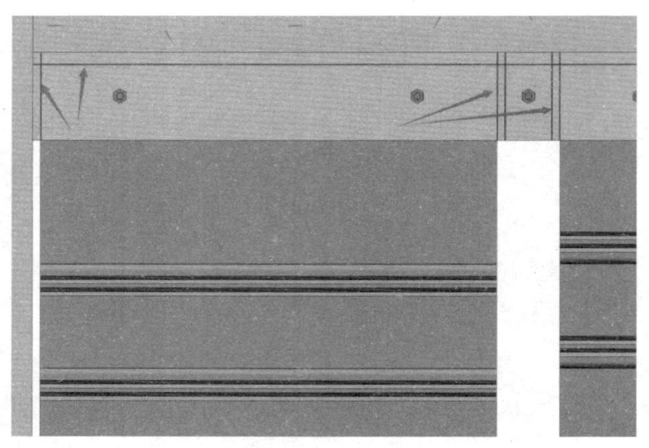

图 5-28 预制楼梯控制线

① 预制墙板吊装施工工艺模拟，其主要模拟过程如表 5-3 所示。需要指出的是，表 5-3 中可视化施工模拟展示的虽然为静态画面，但本项目中基于 Fuzor 进行的是完整的、动态的施工工艺模拟。

表 5-3 预制墙板吊装施工工艺模拟过程

序号	工序名称	Fuzor 可视化施工工艺模拟	序号	工序名称	Fuzor 可视化施工工艺模拟
1	测量放线	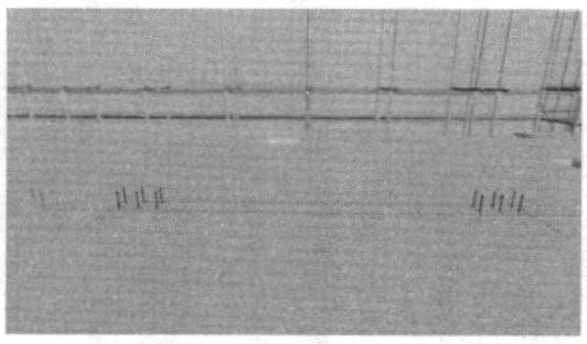	5	灌浆连接	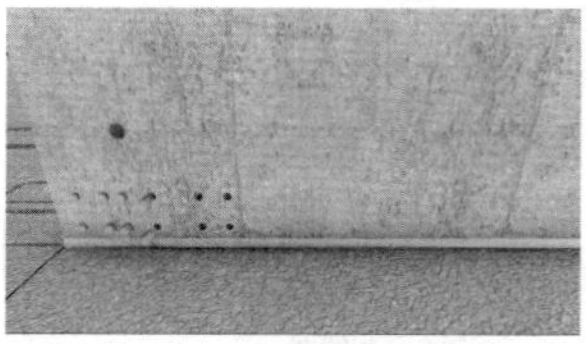
2	钢筋校正		6	现浇节点施工	
3	吊装落位	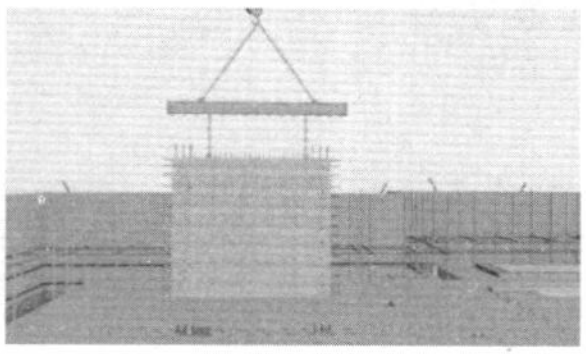	7	拆除模板及临时支撑	
4	安装临时斜支撑				

② 预制板吊装施工工艺模拟过程如表 5-4 所示。

表 5-4　预制板吊装施工工艺模拟过程

序号	工序名称	Fuzor 可视化施工工艺模拟	序号	工序名称	Fuzor 可视化施工工艺模拟
1	测量放线	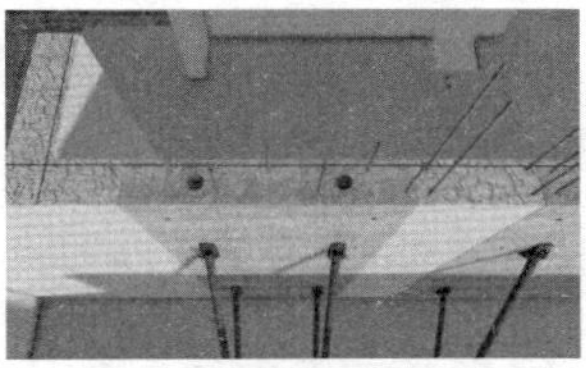	4	现浇部分施工	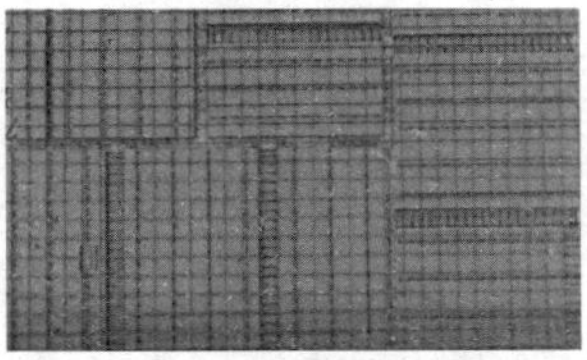
2	安装临时支撑		5	拆除模板及临时支撑	
3	吊装落位				

③ 预制楼梯吊装施工工艺模拟过程如表 5-5 所示。

表 5-5　预制楼梯吊装施工工艺模拟过程

序号	工序名称	Fuzor 可视化施工工艺模拟	序号	工序名称	Fuzor 可视化施工工艺模拟
1	测量放线		3	固定构件	
2	吊装落位				

在 BIM 平台中对预制构件安装过程进行模拟，还可基于 Fuzor 制作施工工艺模拟视频，供施工人员学习。

2）可视化施工方案交底

在现场施工方案交底的过程中，可充分借助 BIM 技术的可视化特征，有效分析吊装以及连接过程中需要注意的事项，通过这种方式来强化质量管理，能够满足作业人员对各环节的作业精准度需求，有利于现场构件精确安装。图 5-29 为借助 BIM 技术的可视化应用内容。

图 5-29　借助 BIM 技术的可视化应用内容

将 Revit 建立的各专业模型导入 Fuzor，在多方会审前将图纸中出现的问题在三维模型中进行注释。会审时，以 Fuzor 为多方会审的沟通媒介，使多个参与方同时以第一人视角进行可视化漫游，如图 5-30 所示，并以语音进行沟通，对问题进行逐个评审，提出修改意见，最后以文字形式记录在软件中，极大提高沟通效率和直观性。

图 5-30　多方可视化会审

审图结束后，导出完整的沟通信息报告，由设计单位根据报告处理图纸中存在的问题，项目部得到更新后的图纸，再次修改 BIM 模型，并检查问题是否得到解决。经过基于 BIM 技术的可视化施工方案图纸会审后，可以解决大部分图纸存在的问题，为施工质量提供了保障。

3）物联网技术应用

在现场管理环节中，各方人员可以借助 BIM 平台获取构件信息，还可以借助自身的管理权限和物联网平台，有效将指令发布到 BIM 平台，有利于提高质量管理水平。例如，现场监理发现施工存在质量问题时，可以借助设备扫描的方式来获取 RFID 芯片信息，有效使用物联网上传的构件图像资料；同时可以将质量问题以及处理要求上传至 BIM 平台，待施工单位读取相关信息后及时采取措施进行整改，并将整改结果和处理结果上传至平台。通过采用这种 BIM 平台和物联网相结合的技术能够及时解决质量问题，有效简化处理流程，满足预制构件质量要求。

5. 技术监控阶段质量管理

在技术监控阶段，BIM 技术结合 RFID 技术的位置监控可以有效提升质量控制的精准性和效率。

1）实时位置监控与数据采集

利用 RFID 技术对施工构件的位置进行实时监控，将位置信息反馈到 BIM 模型中，确保施工过程中的位置偏差能够被及时发现并纠正。

2）动态模型更新与维护

BIM 模型能够根据 RFID 技术反馈的位置数据进行动态更新，确保模型与实际施工情况一致，避免因位置监控不到位导致的质量问题。

3）碰撞检测与优化

通过 BIM 模型的碰撞检测功能，结合 RFID 技术反馈的位置监控数据，提前发现施工过程中可能存在的位置冲突或偏差，优化施工方案，减少返工。

4）施工模拟与可视化

BIM 技术结合 RFID 技术的位置监控数据，可以进行施工模拟，展示施工过程中的关键节点和复杂工艺，帮助施工人员更直观地理解施工要求，减少因位置偏差导致的施工错误。

6. 运营维护阶段质量管理

在运营维护阶段，BIM 技术发挥着重要作用，特别是在协助进行质量管理和构件信息查询与记录等方面。

1）设备维护与管理

BIM 模型包含设备的产品信息、建造信息及维修信息等，可准确、快速地定位机电管线、设备通路的维修点，实现精准维修及养护，降低设备折旧率，保证设备及建筑的使用寿命。通过 BIM 系统查询设备信息，包括型号、制造商、安装日期、维护记录等，并提醒相关人员进行定期维护。

2）故障管理

当建筑设备出现故障时，BIM 系统可提供快速定位和解决故障的手段。通过在 BIM 模型中标记故障设备的位置和类型，维护人员可以快速找到并修复问题，减少故障对建筑运行的影响。

3）构件信息查询

在 BIM 系统中，用户可以通过设备信息的列表方式查询信息，也可以通过 3D 可视化功能浏览设备的 BIM 模型。通过分级递进式查找方法，先从 BIM 模型的大工程文件级别，到构件类型级别，最后到构件属性信息级别，逐层查找所需构件，从而快速在海量信息中查找到特定构件信息。

4）构件维修信息记录

在设备维修后，维修人员将维修信息及时反馈到 BIM 模型中，相关人员确认后，将信息录入、保存到 BIM 模型数据库中，日后用户和维修人员可以在 BIM 模型中查看各构件的维修记录。

5.3.4 BIM 技术在装配式建筑质量管理中应用的优势

1. 满足建筑信息传达效率提升的需要

传统建筑信息传递的方式主要依赖于图纸设计要求以及其他书面规定等，导致相关工作人员易对信息的理解出现延迟或者偏差，使设计、生产以及安装等环节之间的信息出现传递不畅等现象，也易引发建设各环节出现脱节等问题，对装配式建筑质量产生较大影响。

2. 促进多方搭建管理平台

分析装配式构件出现质量问题的原因，发现质量控制不规范是其重要原因。如果仅重视施工阶段而忽略预制构件的生产过程，且质量控制仅仅依靠生产商自检，而未采取科学的质量监督，则容易引发构件不合格的问题。因此，在装配式建筑质量管理过程中，应将系统管理思想有效融入项目全生命周期中，使其贯穿于项目设计、生产、施工以及运维等各阶段，通过这种方式来确立质量管理主体。此外，通过构建 BIM 信息共享平台，能够满足多方协同管理的需要，促使多方共同管理，进而有效地将装配式建筑生产的相关环节纳入管理体系中，满足项目全生命周期的管理需求。同时，可将物联网和 BIM 技术融合，有效追溯现场施工作业产品，进而明确质量责任。

3. 有助于实施精细化管理

在传统构件安装过程中，粗放型管理是导致安装不合格的主要原因，而装配式建筑采用的生产模式为“先预制、后安装”，这实际上就要求在生产过程中要实现构件尺寸标准化。由于构件在生产过程中的任何环节出现的误差都会引发质量不合格问题，所以需要在质量管理中融入精细化管理，通过实施这种管理方式可有效解决安装出现的问题。此外，在 BIM 平台的应用中，能够使各参与方提供比较精准的信息，这实际也是精细化管理的基础，为装配式建筑质量进一步提供保障。

5.4 装配式建筑项目安全管理

装配式建筑项目在施工阶段的安全管理方面有着种种问题。例如，构件运输、堆放不规范导致的管理难度加大，构件吊装风险较大，现场构件安装的临时支撑风险较大，预制外墙板防水难度大，构件拼装定位困难，施工安全风险较大，资源浪费严重等。因此，装配式建筑项目安全管理有着十分重要的意义。装配式建筑在施工阶段的安全管理具有系统性、综合性，其管理的内容既涉及预制构件与部品在生产企业内部及运输过程中的安全管理，也涉及在施工现场中安全管理的各个环节。

5.4.1 装配式建筑项目安全管理体系概述

安全管理指的是为使项目实施人员和相关人员规避伤害及影响健康的风险而进行的计划、组织、指挥、协调和控制等活动。安全是实现建设工程质量、进度与造价三大控制目标的重要保障。建筑工业化水平的提高和装配式建筑的大力推进，对施工阶段的安全管理提出新的要求。

安全管理体系旨在通过制定和监督实施有关安全法令、规程、规范、标准和规章制度等，规范人们在生产活动中的行为准则，使劳动保护工作有法可依、有章可循。同时，建立施工现场的安全管理体系要将组织、实施安全管理的组织机构、职责、做法、程序、过程和资源等要素构成有机的整体，使得在装配式建筑施工阶段的各个环节、各个要素的安全管理都做到有章可循，进而使安全管理处于一个可控的体系中。项目管理部既应建立安全管理体系，也要配备专职和兼职的安全人员。装配式建筑施工除了要遵循相应的建筑工程建设法规、标准外，工程各参建方还应针对装配式建筑的工程特点进一步建立健全施工现场安全管理体系和安全制度，以及项目安全生产责任制，并组织制定项目现场安全生产规章制度和操作规程。

装配式建筑安全管理体系包括以下五个部分。

1. 安全组织管理体系

安全组织管理体系是负责施工安全工作的组织管理系统，一般包括最高权力机构、专职管理机构、专职和兼职安全管理人员。

2. 安全制度管理体系

安全制度管理体系由岗位管理、措施管理、投入和物资管理及日常管理组成。

3. 安全技术管理体系

安全技术管理体系由专项工程、专项技术、专项管理、专项治理等构成，并且由安全可靠性技术、安全防控技术、安全保（排）险技术和安全保护技术四个安全技术环节来保障。

4. 安全投入管理体系

安全投入管理体系是确保施工安全应有与其要求相适应的人力、物力和财力投入，并发挥其投入效果的管理体系。其中，人力投入可在施工安全组织管理体系中解决，而物力和财力的投入则需要解决相应的资金问题。其资金来源为工程费用中的机械装备费、措施费（如脚手架费、环境保护费、安全文明施工费、临时设施费等）、管理费和劳动保险支出等。

5. 施工安全信息管理体系

施工安全信息管理体系由信息工作条件、信息收集、信息处理和信息服务等四部分组成。

5.4.2　装配式建筑项目安全管理的具体措施

安全管理是装配式建筑项目管理中的重要组成部分，一旦因疏于管理而引发疏漏，将给整个工程埋下安全隐患。

1. 装配式建筑项目安全管理的依据和要求

装配式建筑项目安全管理必须遵守国家、部门和地方的相关法律、法规和规章及相关规范、规程中有关安全生产的具体要求，对施工进行科学的安全管理，并推行绿色建造，预防安全事故的发生，保障施工人员的安全和健康，提高施工管理水平，实现安全管理工作的标准化。

2. 装配式建筑项目安全危险源

简要来说，装配式建筑是先在工厂预制混凝土构件（包括梁、板、柱、墙等），然后运输至现场进行吊装拼接，最终完成一栋建筑物的建造。装配式建筑（混凝土结构）在施工阶段主要安全危险源见表 5-6。

表 5-6　装配式建筑（混凝土结构）在施工阶段主要安全危险源

活动	安全危险源	可能导致的事故	备注
构件堆放	现场大型构件种类多，构件堆放不稳	坍塌、物体打击	施工现场管理控制
运输	水平运输、垂直运输构件多	机械伤害、交通安全	施工现场管理控制
吊装	构件结构多样，由于吊装稳定性和控制精度差，易发生碰撞	物体打击	施工现场管理控制
	预埋吊点不适用	物体打击	前期规划与设计； 协调设置预埋件
临边防护	构件无预埋件，在不破坏结构的情况下无法安装防护设施	高处坠落	前期规划与设计； 协调设置预埋件
	为方便预制构件吊装、安装，作业面临边防护常有缺失	高处坠落	施工现场管理控制
高处作业	高处无防护，材料、机具易坠落	物体打击	施工现场管理控制
	现场脚手架较少，高处作业时无安全带挂点	高处坠落	施工现场管理控制； 前期规划与设计； 协调设置预埋件

3. 装配式建筑预制构件出厂与运输、堆放布置过程中的安全管理措施

预制构件安全管理应重点确保构件出厂与运输、堆放的稳定；满足如构件不倾倒、不滑动，构件靠放架、堆放支点安全牢固的要求。

1）预制构件出厂与运输过程的安全管理措施

预制水平构件宜采用平放运输；预制竖向构件宜采用专用支架竖直靠放运输；专用支架上预制构件应对称放置。预制外墙板养护完毕即安置于运输靠放架上，每一个运输架上对称放置两块预制外墙板。运输薄壁构件，应设专用固定架，采用竖立或微倾放置方式。运输细长构件时应根据需要设置水平支架。为确保构件表面或装饰面不被损伤，放置时插筋向内、装饰面向外，且与地面之间的倾斜角度宜大于 80°，以防倾覆。为防止运输过程中，车辆颠簸对构件造成损伤，构件与刚性支架之间应加设橡胶垫等柔性材料，且应采取防止构件移动、倾倒、变形等的固定措施。此外构件出厂与运输时还应满足下列要求。

① 构件运输时的支承点应与吊点在同一竖直线上，确保牢固。

② 运载超高构件时应配电工跟车，随身携带工具保护途中架空线路，确保运输安全。

③ 运输 T 梁、工字梁、桁架梁等易倾覆的大型构件时，必须用斜撑牢固地支撑在梁腹上，确保构件运输过程中安全稳固。

④ 构件装车后应对其牢固程度进行检查，确保稳定牢固后，方可进行运输。运输距离较长时，途中应检查构件稳固状况，发现松动情况必须停车采取加固措施，确保构件牢固稳定后方可继续运输。

⑤ 搬运托架、车厢板和预制混凝土构件时，应在构件间放入柔性材料，同时构件应用钢丝绳或夹具与托架绑扎，构件边角与锁链接触部位的混凝土应采用柔性垫衬材料保护。

⑥ 预制构件的运输线路应根据道路、桥梁的实际条件确定。场内运输宜设置循环线路；运输时应按计划中规定的道路行驶，并在运输过程中安全驾驶，防止超速或急刹车现象。

⑦ 运输车辆应满足构件尺寸和载重要求，装卸构件时应考虑车体平衡，避免造成车体倾覆。

⑧ 重物吊运时要保持平衡，应尽可能避免振动和摇摆，作业人员应选择合适的上风位置及随物护送的路线，注意提醒逗留人员和车辆避让。

⑨ 重物运输时应摆放均衡，防止偏载；堆码摆入时要捆绑牢固，必要时点焊固定，做好防倒塌、滑动的安全措施。

⑩ 施工部门须派专人监视重物运输的全过程，随时注意检查装载物的偏移情况，如发现装载物有异动，应立即通知驾驶员停车进行整理加固。

2）预制构件堆放布置的安全管理措施

（1）施工现场构件堆放布置要求。

预制构件较多时，其堆场在施工现场占有较大的面积，必须合理有序地对预制构件进行分类布置管理。施工现场构件堆放场地不平整、刚度不够、存放不规范都有可能使预制构件歪倒，造成人员伤亡事故，因此构件存放场地宜为混凝土硬化地面或经人工处理的自然地坪，应满足平整度和地基承载力的要求，且堆场应设置围护。不同类型构件之间应留有不少于 0.7m 的人行通道，预制构件装卸、吊装工作范围内不应有障碍物，并满足预制构件的吊装、运输、作业、周转等工作内容。

（2）不同类型的预制构件堆放布置要求。

装配式建筑项目施工现场中存在大量的构件，因此必须对构件进行规划管理，后装的构件放下方、靠后，先装的构件放上方、靠前。各个构件的摆放区域要和施工计划相匹配，并且预制装配式构件的材料在摆放时，不能直接和地面接触，应放在木头及一些较软的材质上。

① 预制墙板构件。预制墙板构件根据其受力特点和构件特点，宜采用专用支架对称插放或靠放存放，支架应有足够的刚度，并支垫稳固。预制墙板宜对称靠放、饰面朝外，且与地面倾斜角不宜小于 80°，构件与刚性搁置点之间应设置柔性垫片，防止构件歪倒砸伤作业人员。

② 预制板类构件。预制板类构件可采用叠放方式平稳存放，其叠放高度应按构件强度、地面耐压力、垫木强度及垛堆的稳定性来确定。构件层与层之间应垫平、垫实，各层支垫应上下对齐，且最下面一层支垫应通长设置。楼板、阳台板预制构件储存宜平放，采用专用存放架支撑，叠放储存不宜超过 6 层。

③ 梁、柱构件。梁、柱等构件宜水平堆放，预埋吊装孔的表面朝上，且采用不少于两条垫木支撑，构件底层支垫高度不低于 100mm。该类构件的堆放应采取有效的防护措施，防止构件侧翻造成安全事故。

4. 装配式建筑预制构件吊装过程中的安全管理措施

吊装作业是装配式建筑施工总工作量最大、危险因素存在最长的工序。构件在进行吊装时，必须根据施工现场的实际情况制定相应的安全管理措施。施工过程中应严格执行管控措施，以安全作为第一考虑因素，发生异常无法立即处理时，应立即停止吊装工作，待故障排除后，方可继续执行工作。

1）按吊装过程顺序分类的安全管理要求

（1）吊装人员资质审核。

国家安全生产监督管理总局令第 30 号《特种作业人员安全技术培训考核管理规定》第五条规定："特种作业人员必须经专门的安全技术培训并考核合格，取得《中华人民共和国特种作业操作证》（以下简称特种作业操作证）后，方可上岗作业。"因而汽吊司机、履带吊司机、塔吊司机、指挥及司索均属于特种作业人员，必须经专门的培训并考核合格，持特种作业操作证方可上岗作业。同时，操作塔吊的工作人员必须有相应的证明，要对设备的有效期进行检验，工作人员在对塔吊设备进行操作时要严格按照规范，严禁出现无证上岗、不遵守规范操作等情况。

（2）吊装前的安全准备。

根据现行的《建筑施工起重吊装工程安全技术规范》（JGJ 276—2012），施工单位应对从事预制构件吊装作业的相关人员进行安全培训与交底，明确预制构件吊装、就位各环节的作业风险，并制定防止危险情况发生的措施。安装作业开始前，应对安装作业区做出明显的标识，划定危险区域，拉警戒线将吊装作业区封闭，并派专人看管，加强安全警戒，严禁与安装作业无关的人员进入吊装危险区。同时，应定期对预制构件吊装作业所用的安装工具进行检查，若发现有可能存在的使用风险，应立即停止使用。仔细检查吊点是否正常，若有异物充填吊点应立即清理干净。一些尺寸较大或形状较特殊的构件，在起吊时要用平衡吊具进行辅助。

（3）吊装过程中的安全注意事项。

吊运预制构件时，构件下方严禁站人，应待预制构件降落至地面 1m 以内，方准作业人员靠近，就位固定后方可脱钩。构件应采用垂直吊运，严禁采用斜拉、斜吊，杜绝与其他物体的碰撞或钢丝绳被拉断的事故。在吊装回转、俯仰吊臂、起落吊钩等动作前，应鸣声示意；一次仅宜进行一个动作，待前一动作结束后，再进行下一动作。吊起的构件不得长时间悬在空中，应采取措施将重物降落到安全位置。吊运过程应平稳，不应有大幅摆动和突然制动。回转未停稳前，不得做反向操作。采用抬吊时，应进行合理的负荷分配，构件质量不得超过两机额定起重量总和的 75%，单机载荷不得超过额定起重量的 80%。双机抬吊是特殊的起重吊装作业，要慎重对待，关键是做到载荷的合理分配和双机动作的同步。因此，双机抬吊需要统一指挥。吊车吊装时应观测吊装安全距离、吊车支腿处地基变化情况及吊具的受力情况。在风速达到 12m/s 及以上或遇到雨、雪、雾等恶劣天气时，应停止露天吊装作业。在下列情况下，不得进行吊装作业：

① 工地现场昏暗，无法看清场地、被吊构件和指挥信号时；

② 超载或被吊构件质量不清，吊索具不符合规定时；

③ 吊装施工人员饮酒后；

④ 捆绑、吊挂不牢或不平衡，可能引起滑动时；

⑤ 被吊构件上有人或浮置物时；

⑥ 结构或零部件有影响安全工作的缺陷或损伤时；

⑦ 遇有拉力不清的埋置物件时；

⑧ 被吊构件棱角处与捆绑绳间未加衬垫时。

（4）吊装后的安全措施。

对吊装中未形成空间稳定体系的部分，应采取有效的临时固定措施。预制构件永久固定的连接，应经过严格检查，在确认构件稳定后，方可拆除临时固定措施。起重设备及其配合作业的相关机具设备在工作时，必须指定专人指挥。对混凝土构件进行移动、吊升、停止、安装时的全过程应用远程通信设备进行指挥，信号不明不得启动。重新作业前，应先试吊，并确认各种安全装置灵敏度和可靠性后，再进行作业。装配式建筑项目在绑扎柱、墙钢筋时，应采用专用高凳作业，当高于围挡时，作业人员应佩戴穿芯自锁保险带。

2）不同类型的预制构件的吊装安全管理措施

（1）柱的吊装。

柱的起吊方法应符合施工组织设计规定。柱就位后，必须将柱底落实，初步校正垂直后，较宽面的两侧用钢斜撑进行临时固定，而对重型柱或细长柱以及多风或风大地区，在柱子上部应采取稳妥的临时固定措施，确认牢固可靠后，方可指挥脱钩。校正垂直后，及时对柱的连接部位注浆。混凝土强度达到设计强度 75%时，方可拆除斜撑。

（2）梁的吊装。

梁的吊装应在柱永久固定安装后进行。吊车梁的吊装，应采用支撑撑牢或用 8 号铁丝将梁捆于稳定的构件上后，方可摘钩。梁的固定应在梁吊装完成后，或在屋面构件校正并最后固定后进行。校正完毕后，应立即焊接或采用机械连接固定。

（3）预制板的吊装。

吊装预制板时，宜从中间开始向两端进行，并应按先横墙后纵墙、先内墙后外墙、最后隔断墙的顺序逐件封闭吊装。预制板宜随吊随校正。就位后偏差过大时，应将预制板重新吊起就位。就位后应及时在预制板下方用独立钢支撑或钢管脚手架顶紧，及时绑扎上皮钢筋及各种配管，浇筑混凝土形成叠合板体系。

外墙板在焊接固定后方可脱钩，内墙和隔墙板在临时固定可靠后脱钩。校正完毕后，应立即焊接预埋筋，待同一层墙板吊装和校正完成，应随即浇筑墙板之间立缝做最后固定。圈梁混凝土强度必须达到 75%以上，方可吊装楼层板。

外墙板的运输和吊装不得用钢丝绳兜吊，并严禁用铁丝捆扎。挂板吊装就位后，应与主体结构（如柱、梁或墙等）临时或永久固定后方可脱钩。

（4）楼梯吊装。

楼梯安装前应支楼梯支撑，且保证牢固可靠；楼梯吊运时，应保证吊运路线内不得站人；楼梯就位时，操作人员应在楼梯两侧，楼梯对接永久固定以后，方可拆除楼梯支撑。

3）吊具的安全管理措施

预制构件吊点应提前设计好，根据预留吊点选择相应的吊具。在起吊构件时，为了使构件稳定，不出现摇摆、倾斜、转动、翻倒等现象，应该选择合适的吊具。无论采用几点吊装，都要始终使吊钩和吊具的连接点的垂线通过被吊构件的重心，它直接关系到吊装结果和操作安全。

吊具的选择必须保证被吊构件不变形、不损坏，且起吊后不转动、不倾斜、不翻倒。选择吊具时应根据被吊构件的结构、形状、体积、质量、预留吊点及吊装的要求，结合现场作业条件确定。吊具选择必须保证吊索受力均匀。各承载吊索间的夹角一般不应大于 60°，其合力作用点必须保证与被吊构件的重心在同一条铅垂线上，保证在吊运过程中吊钩与被吊构件的重心在同一条铅垂线上。在说明书中提供吊装图的构件，应按吊装图进行吊装。在装配异型构件时，可采用辅助吊点配合简易吊具调节物体所需位置的吊装法。当构件无设计吊钩（点）时，应通过计算确定绑扎点的位置，绑扎的方法既应保证可靠，也应确保摘钩简便安全。

5. 外防护架的安全管理措施

在目前预制装配率比较低的现状下，高层装配式建筑外立面的施工设施以悬挑式脚手架或爬升式脚手架为主。无论承包商采用哪种外防护架（以下简称为外架）形式，均应将外架的拉结及悬挑式脚手架搁置槽钢的设置作为控制要点。重点审查专项施工方案中是否有针对性地编制了这方面的措施及其可行性。如需要对预制构件进行调整，则要通过设计单位签发技术核定单或设计变更单并补充相应的节点图，监理要按设计要求对构件的生产进行相应的控制。现场管理人员应在施工时检查外架的拉结点是否符合设计及方案的要求。

随着装配式建筑的普及，将会不断出现一些新的外架。比如，某项目在进行装配式建筑结构楼层的施工过程中，采用两层外挂式防护架进行周转。每栋楼作业层的下一层预制外墙处均应安装一套外挂式防护架，对作业层临边施工人员进行防护，同时，在作业层进行预制外墙吊装时应同步安装另一套外挂式防护架，作为上一层施工的防护架。依次进行周转，直至工程主体结构施工完成，方可将外挂式防护架拆除。根据装配式建筑预制剪力墙的特点，对施工过程中可能产生的临边作业进行防护设计：非作业层的防护设计以楼梯、阳台的永久性与临时性结合的栏杆防护为主；而在作业层则设计了一套便于安装与拆卸、又同时不破坏预制构件的简易临边防护体系，这不但保障了施工安全，而且节约了成本。

6. 垂直运输机械的安全管理措施

施工现场必须配置足够的大型垂直运输机械（如塔吊），且塔吊的旋转半径及臂端的最大吊重必须满足吊装要求。考虑到大型垂直运输机械要和主体结构进行拉结来保证设备的稳定和安全，塔吊和人、货梯的附墙要做重点监控。施工策划时重点检查并审核承包商编制的施工组织设计和施工专项方案，要有可靠的、有针对性的措施，检查承包商的安全技术交底和大型机械的检测备案情况，将每一道的附墙拉结节点作为检查重点。当增加和拆除拉结节点时，安全监理人员应做好旁站工作。在检查特种作业人员上岗证的同时还要检查是否按已审批的方案实施等。

（1）起吊预制构件时必须有专业吊装作业人员指挥、专业起重司机操作。指挥应配合使用声音信号和手势信号、旗语等，采用可视化视频系统监控吊装就位的全过程。加强对起重作业“十不吊”原则的监督与落实，发现违章行为应及时进行处理。做好起重机械运行记录、设备检修记录，一旦机械、设备达到报废标准，必须更换。

（2）所使用的钢丝绳也必须每日检查，发现达到报废标准立即更换。钢丝绳安全系数不得小于 6。绳子头固结必须满足规范要求，并应加强日常检查。

（3）起重设备必须取得安全检验合格证。司机严格按设备安全操作规程操作，在吊重物旋转臂杆前应先起臂，禁止边起臂边旋转。

（4）自行加工吊具，如框式梁应经受力计算，确保符合安全使用标准要求；相关验证资料应备案。同时，应加强起重安全知识的宣传与教育，以及现场监督检查的力度。若起重司机发现捆绑不合格，应拒绝起吊。

7. 高处作业的安全管理措施

（1）根据现行行业标准《建筑施工高处作业安全技术规范》（JGJ 80—2016）的规定，预制构件吊装前，吊装作业人员应穿防滑鞋、戴安全帽。高空作业的各项安全检查不合格时，严禁高空作业。使用的工具和零配件等，应采取防滑落措施，严禁上下抛掷。构件起吊后，构件和起重臂下方，严禁站人。构件应匀速起吊，直至平稳就位后方可脱钩，然后使用辅助性工具安装。

（2）安装过程中的攀登作业需要使用梯子时，梯脚底部应坚实，不得垫高使用。折梯使用时上部夹角宜为 35°～45°，并设有可靠的拉撑装置，梯子的制作质量和材质应符合规范要求。安装过程中的悬空作业处应设置防护栏杆或其他可靠的安全措施，悬空作业所使用的索具、吊具、料具等设备应为经过技术鉴定或验证、验收的合格产品。

（3）梁、板吊装前，应在梁、板上提前将安全立杆和安全围护绳安装到位，为吊装时工人佩戴安全带提供连接点。吊装预制构件时，下方严禁站人和行走。在预制构件的连接、焊接、灌缝、灌浆时，离地 2m 以上框架、过梁、雨棚和小平台，应设操作平台，不得直接站在模板或支撑件上操作。安装梁和板时，应设置临时支撑架，当调整临时支撑架时，需要两人同时进行，以防止构件倾覆。

（4）安装楼梯时，作业人员应在构件一侧，佩挂安全带，并应遵守“高挂低用”原则。

（5）外围防护一般采用外挂架，架体高度要高于作业面，作业层脚手板要铺设严密。架体外侧应使用密目式安全网进行封闭，安全网的材质应符合规范要求，现场使用的安全网必须是符合国家标准的合格产品。

（6）在建工程的预留洞口，楼梯口、电梯井口应有防护措施；防护设施应铺设严密，符合规范要求，防护设施应达到定型化、工具化，电梯井内应每隔两层（不大于 10m）设置一道安全网。

（7）通道口防护应严密、牢固，防护顶棚两侧应设置防护措施，防护顶棚宽度应大于通道口宽度，长度应符合规范要求。当建筑物高度超过 30m 时，通道口防护顶棚应采用双层防护，且防护顶棚的材质应符合规范要求。

（8）存放辅助性工具或者零配件需要搭设物料平台时，应有相应的设计计算，并按设计要求进行搭设。支撑系统必须与建筑结构进行可靠连接，使用的材质应符合规范及设计要求，并应在平台上设置荷载限定的标牌。

（9）安装预制梁、楼板及叠合受弯构件时，若需要搭设临时支撑，所需钢管等需要悬挑式钢平台来存放，悬挑式钢平台应有相应的设计计算，并按设计要求进行搭设，搁置点与上部拉结节点必须位于建筑结构上，斜拉杆或钢丝绳应按要求在两边各设置两道（前后各一道）。悬挑式钢平台两侧必须安装固定的防护栏杆，并应在平台上设置荷载限定的标牌，悬挑式钢平台台面、悬挑式钢平台与建筑结构间铺板应严密、牢固。

（10）安装管道时必须以已完成结构或操作平台作为立足点，严禁在安装中的管道上站立和行走。移动式操作平台的面积不应超过 10m^2、高度不应超过 5m；移动式操作平台轮子与平台连接应牢固、可靠，立柱底端距离地面高度不得大于 80mm；移动式操作平台应按规范要求进行组装，铺板应严密；移动式操作平台四周应按规范要求设置防护栏杆，并设置登高扶梯；操作平台的材质应符合规范要求。

（11）安装门、窗、玻璃及涂刷油漆时，严禁操作人员站在蹬子、阳台栏板上操作。门、窗仅临时固定，封填材料未达到强度，以及电焊作业时，严禁手拉门、窗进行攀登。若在高处外墙安装门、窗且无外脚手架时，应张挂安全网。若无安全网时，操作人员应系好安全带，其保险钩应挂在操作人员上方的可靠物件上。当进行各项窗口作业时，操作人员的重心应位于室内，不得在窗台上站立，必要时应系好安全带进行操作。

5.4.3 BIM 技术在施工阶段的质量安全指导

1. 基于 BIM 模型的施工模拟

利用 BIM 模型进行装配式建筑工程施工模拟，通过可视化结果得出装配式工程施工阶段各种工序、方案中存在的疏漏，在正式实施前对施工方案进行调整，以此来优化工程物资，避免施工现场的浪费，同时规避工程意外。利用动态可视化的模拟方式，让施工管理人员和现场施工人员对施工信息、工程信息等进行全方位了解和掌握，进而使施工更准确有序地进行。同时依据工程所处的地理位置、环境、气候和交通条件等模拟工程实践中外在环境的影响，设立工程风险把控预案，对施工流程和方案进行灵活调整。图 5-31 所示为装配式建筑数字化施工模拟全流程。

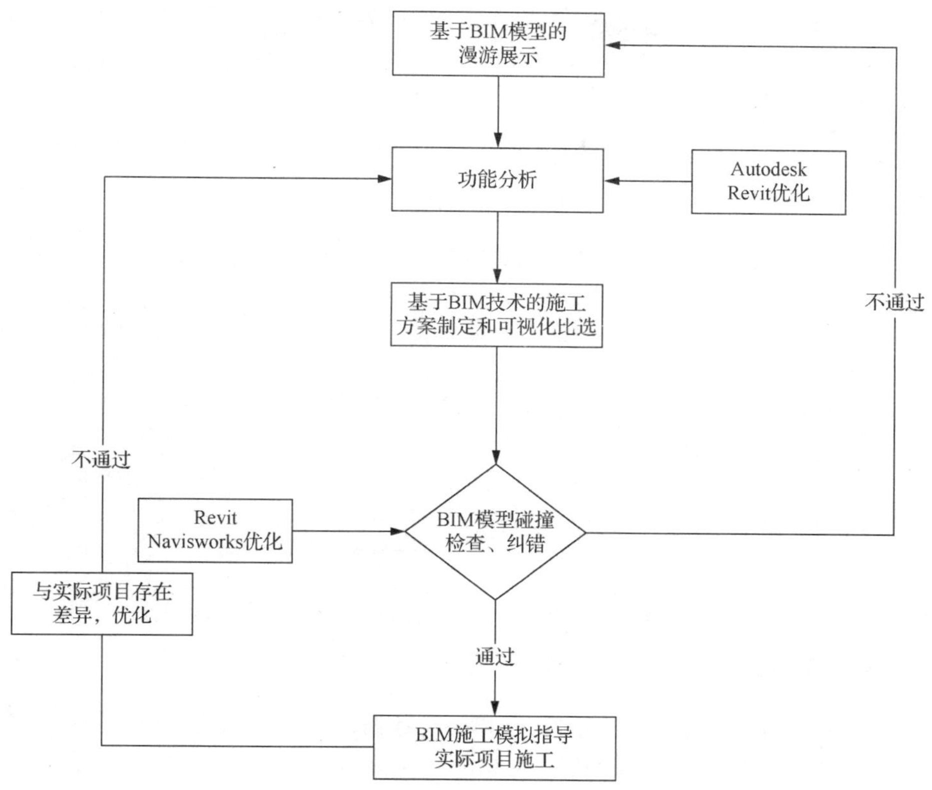

图 5-31　装配式建筑数字化施工模拟全流程

1）基于 BIM 模型的漫游展示

在装配式建筑工程施工阶段，通过上传的 BIM 模型，在 BIM 视图中切换到场地时可以进行漫游。基于漫游功能将图纸的表达效果在三维模型中进行展示，可直观地发现构筑物与构筑物之间的关系，解决施工中可能存在的问题，指导方案的推进实施。

2）基于 BIM 技术的施工方案制定和可视化比选

针对装配式建筑工程施工中的某项施工方案，对施工数字模型进行专项构建，依据数字模型和环境信息，自动分析方案中各构件的空间属性和存在的风险，生成施工流程方案，材料、设备、人员配置和风险控制等信息。

对于同版本的 BIM 模型，通过方案可视化比选功能进行分屏可视化的对比，分析方案的推行实施可行性，找出存在的问题，分析其产生原因并提出解决方案，为后期施工图设计奠定基础。

2. BIM+RFID 技术指导装配构件运输、堆放和拼装

RFID 由读卡器、电子标签和应用软件系统三个部分构成。在普遍的意义上，读卡器是一种发射无线电波的终端设备；电子标签就像芯片，在接收到无线电波后，它会发射存储的数据，使读卡器可以接收这些数据；应用软件系统安装在读卡器中，能通过软件查改数据。

基于 BIM 模型，对每个预制构件进行编码形成编码数据，在生产预制构件过程中植入 RFID 芯片，利用 BIM 模型的编码信息将工厂生产的预制构件一一对应起来，形成数据流。在后期预制构件运输、验收、堆放和构件的拼装过程中都能实现信息共享，有利于有条理地组织施工，从而保证项目的质量和安全。图 5-32 所示为 BIM + RFID 技术应用流程图。

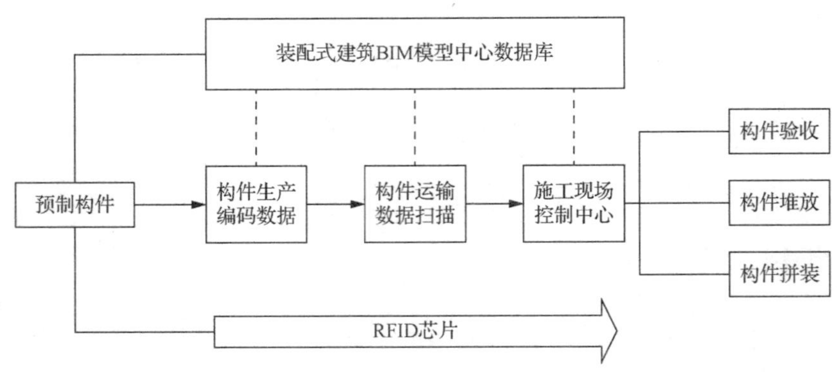

图 5-32　BIM + RFID 技术应用流程图

3. BIM+3D 扫描技术指导预制构件质量检测

3D 扫描技术能捕获真实物体的几何和外观数据，同时对捕获的信息进行处理和分析。在建立了真实物体的信息模型后，能应用到各种场景中，如对工程预制构件的扫描。BIM 模型需要对扫描件的参数进行整合，并进行参数分析，只要符合规范要求，便视为合格产品。与传统的二维图纸相比，三维数据采集方式更易获取复杂项目的数据，方便了各种生产活动。

使用 BIM 和 3D 扫描技术结合的 3D 扫描仪，可检测出构件的质量问题，便于相关人员管理和停止相应的施工。通过这种方式可同步将质量问题反馈给工厂，使工厂快速解决问题并完成补救措施，加快生产构件，使工程的进度和质量均得到保证。

4. BIM+二维码技术助力施工质量安全交底

针对项目现场的工序重点、难点部位或较大危险源处，可以标记二维码。二维码后台可以关联多个与工程相关的内容，如施工图纸、施工工艺、施工流程、施工质量要求和施工工序注意事项等，供管理人员和施工人员查看学习。这种扫码学习并了解项目的方式相对于传统的教学与图纸表达方式来说更有效，在一定程度上提高了施工管理的效率，有助于对工程质量和安全的把控。

5.4.4　BIM 技术在施工阶段的人员、设备安全监控管理

1. 施工人员、设备信息库

依托于 BIM 技术建立装配式建筑工程的人员和设备管理系统，该系统支持人工传输和摄像机抓拍方式将图片录入信息库。在人员信息管理方面，通过对人脸的信息采集建立数据库，可对图片中的人脸进行检测，并根据人脸特征进行建模，标注姓名、性别、

年龄、工作岗位等相关人员信息后存入数据库，供日后检索使用。在施工现场大门等处实现无须特定角度的人脸识别、抓拍和跟踪，能够快速高效地对过往人员进行识别、验证、警告和存储。在机械设备管理方面，通过采集机械设备整体和编号等信息建立数据库，录入其类别、使用年限、租用时间等关键数据，便于管理人员对设备台数和使用安排等进行管理。

2. 施工人员、设备日志记录

人员管理系统与施工现场的闸机相连，该系统可保存所有闸机通行历史记录和通过闸机时的人员图片快照，自动形成施工人员日志记录，以便事后查询和统计。同时，该系统支持按地点、时间、人员等查询人脸识别记录，并能够将识别记录导出，方便留存和查证。

设备管理系统需要依靠施工管理人员和设备使用人员对设备使用时间和机械设备状况进行实时上传，形成设备日志记录。同时，该系统支持按时间、地点、机械类别等查询使用记录，便于相关人员依据设备的状况进行后续进出场安排和设备保养。

3. 人员动向监控系统

利用北斗卫星导航系统（Beidou Navigation Satellite System，BDS）进行人员定位，可实现人员的上下班签到、实时定位、轨迹查询、越界报警等功能，形成人员动向监控系统。通过在安全帽上绑定北斗定位终端，可将人员的位置信息显示在工地地图中。同时，在地图中设置电子围栏，既可以实时监测施工人员进行越界报警，还可对其长时间静止发出预警。

4. 基于 BIM 技术的机械设备监控管理系统

机械设备监控管理系统能够将机械设备本身的监控功能与 BIM 信息平台相连。在设备使用过程中，BIM 信息平台能实时显示设备对环境的监测参数和设备状态信息。例如，全方位高压喷射（metro jet system，MJS）工法桩在钻进过程中能实时监测钻进的垂直度、地内压力等，当出现垂直度偏离或压力过大或过小状况时，机械设备会发出警报，同时对报警状态进行记录，此时设备管理人员对器械参数进行调整，保证施工的准确和顺利。

机械设备内置故障保护系统对机械设备具有过载、碰撞等保护功能。防止设备在使用过程中因操作不当造成施工进度、成本上的损失。当发现故障时，机械控制台和 BIM 信息平台同步报警，提醒施工管理人员及时排除故障，并进行调整。

5.4.5　BIM 技术在项目施工质量安全资料中的数字化管理方案

1. 基于 BIM 技术的施工资料移交

设计单位、施工单位传统的资料交付方式是以纸质资料和光盘存储相衔接的当面交付形式，文件交付后归档保存困难，其中的设计信息在装配式建筑工程施工阶段利用效果不佳。而基于 BIM 信息模型的设计交付方式有利于管理系统的集成，实现了装配式工程施工阶段对设计数据的同步利用。BIM 信息模型系统实现了二维图纸与三维模型结合的交付方式，将传统的二维图纸、施工文档和表格等附加于 BIM 设计单元，使资料归档以设计单进行，建立起设计图纸、施工文档与 BIM 信息模型的关联，有效管理和利用设计单位所交付的图纸和资料。

在装配式建筑工程施工过程中，不断将过程资料和质量验收资料等传输附加到 BIM 模型中，实现 BIM 信息模型对数据的集成统一。在竣工验收阶段，竣工文件和竣工图纸等通过 BIM 信息模型系统自动生成并存储，后续的资料移交也可基于 BIM 信息模型实现整体移交。工程业主单位可以依据工程的实际使用方式、管理需求等，将 BIM 信息模型系统作为基础，建立 BIM 运维模型系统。这对装配式建筑工程而言，实现了设计与运行维护之间数据转移的高效率和高使用率。

2. 基于 BIM 技术的文档、数据、方案的数字归一化

在装配式建筑施工阶段，每个工序的质量安全管理都会产生大量的数据、方案和相关文档。施工管理单位需要建立规范的文件处理流程，形成完整的方案在线审批系统。以项目流程为驱动力，将这些数据实时附加于 BIM 信息模型系统，再通过该系统将生产施工方案提交监理方和业主方进行审批，提高施工管理效率。

BIM 信息模型系统可对装配式建筑工程施工产生的数据、合同进行归一化处理，形成完备的工程数据库。后期能直接通过 BIM 信息模型对这些数据进行调用和查看，简化业务流程的同时，提高数据的完备性和后期利用的便捷性，提高施工管理的精细化和全面性。

思　考　题

1. 在农村能不能建造装配式建筑？
2. 简述 BIM 技术在工程施工阶段的应用意义。
3. 施工阶段应用 BIM 技术的核心是什么？
4. 为什么装配式建筑相对于非装配式建筑更加依赖 BIM 技术？
5. 为什么要逐步推广装配式建筑？

第 6 章　装配式建筑运维阶段的 BIM 技术应用

建筑运行维护管理（building operating process maintenance）是指在竣工验收完成并投入使用后，通过对建筑内人员数据及技术等关键资源的整合，使建筑能够充分发挥其功能，降低运营成本，增加投资收益，并通过对建筑的运营管理，使建筑在其使用寿命内尽可能延长其使用周期，从而进行综合的建筑运行管理。在现代化建设项目中，运行维护（以下简称运维）阶段是一个非常关键的环节，其成功与否将直接影响整个工程的成功与失败。设施经营与使用是建筑学、管理学、工程学、行为学等学科的交叉融合，是一门将空间、人和过程管理相结合的学科。设备的管理工作贯穿于项目的全过程，因此，在项目的规划设计阶段，要充分考虑项目的建设费用、运行费用、维修费用和功能需求。运用 BIM 技术可以有效地进行运维管理。

6.1　运维管理的概述

1. 运维管理的定义

运维管理，也就是建筑运行与维护管理，国际上又称设施管理（facility management，FM），是从对住宅维护与改建的物业管理演化而来的一个新兴产业，目前已发展成为建筑运行与维护阶段对人、财、物、技术等多个层面的一体化管理。在过去的十多年里，随着国家经济的快速发展，建筑物体量越来越大、功能越来越多、整体越来越复杂，运维管理也逐渐演变成了一种将场所、流程、人员、空间、资产、设施等多个方面进行融合的系统工程。总体而言，运维管理是一门与单纯意义上的物业管理相区别的学科，其涉及的领域更加广泛、更加细致。

按照国际设施管理协会（International Facility Management Association，IFMA）和美国国会图书馆的定义，设施管理是以保持业务空间高品质的生活和提高投资效益为目的，以最新的技术对人类有效的生活环境进行规划、整备和维护管理的工作。

英国设施管理协会（British Institute of Facilities Management，BIFM）认为设施管理是通过整合组织流程来支持和发展其协议服务、支持组织和提高其基本活动的有效性。

我国对于运维管理的定义各不相同，我国尚无统一的运维管理定义，仅有针对 IT 产业的运维管理定义。本书提出了运维管理的含义，是在建筑物投入使用之后，对建筑物内部的人员、设施和技术等资源进行集成的一种综合性的管理，目的是提高建筑物的利用率，延长建筑物的寿命，从而提高企业的投资效益。无论是以上哪一种定义，都主要体现了三方面内容：①与设备资产等有关；②是一种多维度、多专业的综合性服务；③要实现机构或者企业的目标。

2. 运维管理的内容

运维管理在广泛定义上不仅涉及与建筑直接相关的管理，还涉及企业管理层面。本书讨论的运维管理属于狭义范围，只研究建筑物运维阶段与建筑直接相关的内容。图 6-1 所示为建筑运维管理功能分类，从功能的角度来看，运维管理包含了六大类，即空间管理、资产管理、设备与管道运维管理、综合安全管理、能耗管理、档案信息管理。

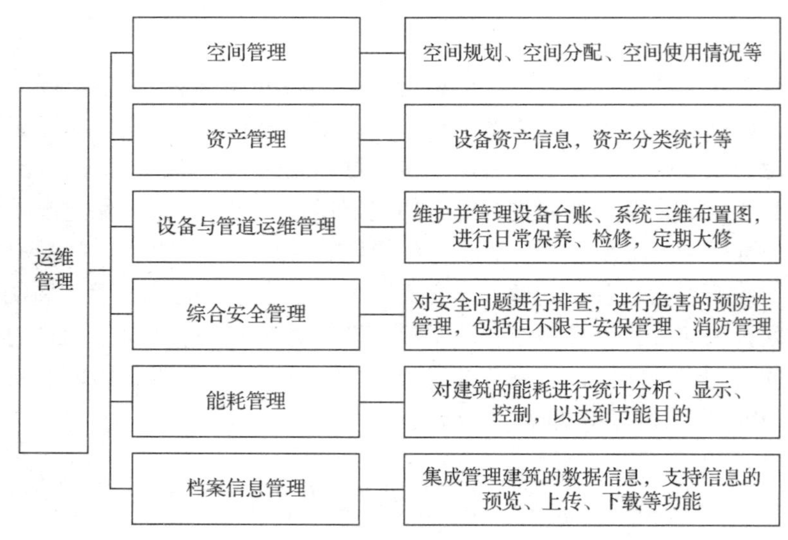

图 6-1　运维管理功能分类

3. 运维管理的意义

运维期是建设过程中不可缺少的一环，也是工期最长、投资最大的时期。既要为业主提供优质便捷的服务，又要担负起创造利润的使命。系统化和专业化的运维管理，既可以满足客户的需要，又可以提升运维管理的工作效率，节省人力物力，为其创造更大的投资效益。

运维管理有以下意义：

（1）提高系统可靠性与稳定性：这也是运维管理的首要目标。通过对工程设备、设施、人员、程序等全面管理维护，可有效预防和排除故障。例如，对建筑结构部件定期检查及对建筑电气设备进行维护等，可以有效保障工程系统稳定运行，减少突发故障导致的安全事故与功能失效。

（2）降低运营成本：定期对设备设施进行检查、保养和维修，能及时发现并修复潜在问题，避免因设备故障造成生产停滞、维修成本增加和资源浪费等问题。例如，建筑暖通系统的定期维护可避免因设备故障带来的高额更换费用和能源损耗。

（3）提高工作效率：全面的运维管理能使工程系统保持良好运行状态，提升运行效率与生产效率。例如，智能交通工程的运维管理，保障交通信号系统正常运行，可提高道路通行效率，减少拥堵。

（4）保障人员安全：通过对工程设备设施的维护管理，消除安全隐患，为工作人员创造安全的工作与使用环境。例如，对建筑消防设施的运维管理可以确保火灾发生时其能正常发挥作用，保障人员生命安全。

6.2　传统建筑运维管理中的问题

1. 信息孤岛

建设工程具有多方主体参与的特征，特别是在工程建设过程中，业主、总承包商、分包商、供应商和设计方等都要参与进来。多专业也是建设工程施工的一大特点，且各专业的工作是互相制约和影响的。

在交付使用之前，水平和垂直的信息都涉及广泛，在水平方向上，涉及各专业，垂直方向上，则涉及每一个工程的施工过程。许多企业为了自己的利益，都有一种以本单位为导向的思维，所以，在数据信息上，往往会出现信息分享不完整的情况。这些信息既相互关联，又各自独立（存储分散），存在查询、利用难度大，时效性差等问题。

在建成后投入使用到运维的过程中，由于前期数据多而孤立，数据和数据之间没有关联，很难传递，缺乏协作性，造成数据信息的不精确。

在传统的建设运维管理中，运维管理者需要从各参与方（包括设计方和建设方）提供的数据中获取所需的信息。由于每张专业的图纸都是独立的，每栋建筑的资料都是由不同的专业设计图来获取的，使整合信息成为一个非常复杂和费时的工作，而且很容易出错。另外，建筑物中的设备系统也存在类似问题，尽管每个系统都可以独立地运转，支撑着整栋大楼的正常运转，但不同的系统之间，数据信息是彼此独立的，信息交互也是高度分散的，不能对各系统进行联动管理，也不能将数据信息进行整合共享，很容易造成运维管理的低效性和重复性。

在大楼建成并交付给经营者使用后，传统的运维管理人员要对各个独立子系统的各类信息进行采集、录入。尽管所有的数据都存储在数据库中，但却不能将其有效地分享到每一个操作人员的手中，进而无法提升信息的利用率。而在 BIM 模型的基础上，可以及时、完备地保存工程从设计到运营各阶段的数据信息、变更信息、各参与方的有关数据资料，这种方式保存的数据信息更全面、更真实，并且方便以后的检索。

利用 BIM 技术，可以极大地增强信息的完备性与准确性，消除“信息孤岛”现象。与此同时，还能够实现各设备系统间数据信息的相互连接，防止发生不同系统的数据信息相互独立的现象，实现数据信息的集成共享，提升信息的利用率和施工运营管理的工作效率，减少运维的费用。

运维管理是建筑生命周期中最长的一段时间，日常的运营维护工作都会生成新的运维数据，在此期间会生成海量的运维数据，而在传统的运维管理流程中，这些数据主要是通过人工统计来进行的，并且大部分是纸质文档。这样做不但占用了大量的文件存储空间，而且也很难保存、查阅。在施工数据的人工统计与录入过程中，易出现数据差错、漏报等现象，且耗时长、重复性强、工作量大。即使有些运维管理工作已经采用软件来进行工作，但还是需要专门的人员来录入数据，不可避免会产生信息缺失和数据错误的可能；而且，不同的系统、专业间的数据不能进行整合，造成信息的利用率低下，增加了维护工作的难度。例如，工程设施和设备的维护投资将伴随着管道服役时间的增长而增长，有时维护费用会超出建设费用。尤其是对于管道设备的维修来说，因为管道的类型很多，在施工的时候都采取集中布置，且为不影响美观而建立在比较隐蔽的地方。所以，在管道出现问题的时候，很难找到准确的位置，往往不能及时地解决问题。设备的运行和维护只能通过常规维护来进行，如果出现故障，也只能进行维修，这就导致了设备的运行和维护费用的增加。

在建筑空间管理和环境风险管理中，由于缺乏可视化手段，对人工的依赖程度较高，不能达到智能化管理的目的。

2. 运维管理所需要的数据安全性和真实性不能得到保证

在传统的建筑运维管理工作中，建筑面临着众多的用户及复杂的设备运行数据，这些数据都是以电子表格、文件等形式呈现出来，这些数据没有经过严格的权限设定，所以无法保证其安全性。另外，通过人工进行运维数据的采集和录入，很可能会因为人为的原因而造成数据的错误，所以，传统的运维管理数据的真实性很难得到保障，也很难对数据的差错进行追究。

3. 运维相关数据资料信息不够完整

建设工程具有工期长、参与方多等特征，其生命周期涵盖了规划、方案、设计、施工和运行等各个阶段，而每个阶段又可以进一步细分为许多次阶段。因为在建成前，水平和垂直的信息涉及范围广泛，在水平方向上，涉及各学科、各参与人；在垂直方向上涉及每个阶段输出的信息。例如，在决策划阶段和计划阶段，都会将阶段性的结果以文本方式进行输出，而在调查和设计阶段，则是将阶段性的成果以图纸方式进行输出，其他少数的信息，如设计说明、预算清单等，也是以文字和表格的形式呈现出来。施工监控的结果更是多以文字或表格的形式呈现，仅有极少数的数据可供使用。而传统的施工数据传递模式难以确保从规划到施工建设结束的整个过程中，数据得到准确及时的传递，都会出现信息不完整、信息断层等问题。在传统的建设运维管理中，运维管理者需要从各参与方（包括设计方和建设方）提供的信息中获得数据信息，且经常会有大量的数据变化，而这些变化数据之间是相互独立的，因此很有可能出现遗漏的情况。在施工进行过程中，经常会出现图纸信息与实际工程不一致的现象。维护数据的不完备性将导致维护管理工作的内容不断增多，使得维护工作变得更加复杂。例如，缺少结构图和管线综合图，使建筑需要修缮和改建的时候，由于数据信息不准确、图纸不完整，建设费用上升，甚至难以进行。综上所述，传统的运维管理模式，数据信息在维护过程中很难保持一致，且不易实现非破坏性的传输，易导致信息漏失不完整。

4. 运维管理方式落后

在传统的施工运维管理工作中，工作人员要对设备的数据进行归档，对设备的使用手册、系统图纸等进行详细的检索，同时还要对设备的维修信息、巡检信息等进行人工记录，是一项非常费时费力的工作。在一栋大楼里，由于设备数量众多、分布也比较复杂，因此，靠人工去一一查看、建档，很可能会发生一些数据信息的查询错误、遗漏等问题，并且工作效率也不高。

5. 二维图纸存在较大局限性

在传统的运维管理流程中，大多数的数据信息都是用简单的文本说明和多幅复杂的平面图来表示的。在平面图中，由于受表达的限制，很可能会产生图纸上的误差，而且，这样的二维表现形式并不能将各部件间的空间位置关系完整表达，所以，如果操作人员要了解一个建筑空间中的具体部件，就必须将土建图纸、结构图纸、机电专业图纸、大样图甚至是剖面图、立面图等资料全部找出，才能在最短的时间里得到准确的信息。相对于 3D 模型，二维图纸也更难理解，需要熟练掌握相关专业知识，对操作人员的技能提出了更高的要求。而通过 BIM 可视化模型，可以直观看到各个组成部分的空间位置关系，自由地转换视角，对整个工程模型进行 720°全方位的立体浏览。在浏览模型的过程中，还能对特定的目标和区域进行详细的观察，就连插座、开关等小部件也能进行查看，并能迅速地查找到相关的部件信息。比如，要了解走廊天花板上所有设备管道的高度、方向、型号、规格等，在传统的运维中，要将全部的机电系统图纸都找出来，查看是通道中的哪一条线路，然后再去查看设备采购合同，寻找与设备有关的数据。若以 BIM 模型为基础，则可在该模型中直接定位到完整的管道模型，并可显示设备的尺寸、材料、型号，甚至是制造商、购置日期。

6.3 BIM技术在装配式建筑运维管理中的优势

装配式建筑竣工验收后交付使用，在建筑数十年的使用寿命中，对其进行合理的运维管理，是实现建筑资源高效利用，保障建筑正常运行的一个重要步骤。

在装配式建筑中，大部分的成本都来自运维管理方面，因此，在建筑使用期间的维护费用也是一个值得注意的问题，利用 BIM 技术可以对这一阶段的造价进行管理，而专业的数字化成本信息管理可以给业主和经营者带来巨大的经济利益。

装配式建筑具有易拆卸、易改造的优点，其内部物体的信息可以通过无线射频识别、读取和写入，不需要与被测物体发生机械或者光的接触，就可以获得存储其中的部件质量信息，以及生产工人、运输者、安装工人等相关信息。当建筑部品、部件要更换、扩建或拆除时，BIM 技术能够将建筑原有的信息提供给用户，便于其操作，从而有效保障房屋的质量。

在装配式建筑与设备维护领域，运维管理者可通过 BIM 技术与相关设备进行直接对接，通过 BIM 文档进行施工与运维的无缝转换，为运维过程中的特定数据提供支撑。利用 BIM 技术获得预制件及设备的相关数据，对其在制造工艺中的能耗、性能及环境成本进行评估，并进行有效的控制。通过对预制构件植入的 RFID 标签，运维人员能够有效地监控和分析其生命周期，从而准确地识别出高能耗地区，并制定相应对策，以达到绿色运作的目的。

总体而言，BIM 技术在运维阶段中的应用有如下优势。

1. 可视化的运维管理平台

BIM技术在运维管理中的应用，主要体现在能够提供一个可视化的运维管理平台，让运维人员能够直观、全面地掌握建筑各个部件的有关状况，提高相关信息的精度，减少运维管理的困难。

（1）把复杂难懂的二维图转换成三维图。

在传统的运维管理中，以纸质的CAD图为基础，按照专业的不同，将其划分为建筑、结构、给排水、供暖通风、电气等。其中的详细图纸，以平面图、立面图和剖面图为主，若有特殊要求还会配有大样图、系统图，甚至图集。设计图种类繁多、内容繁杂，对运维人员的要求较高，容易导致理解上的偏差。如果对作业平台进行三维立体表现，可以把多个专业、繁杂的平面图形转化成直观易懂的立体图形，极大地降低了判读的难度。

（2）降低对运维人员专业能力的要求，缓解该方面人才短缺的问题。

目前，运维人员的人数严重缺乏，其根本原因在于运维人员必须具备完备的专业知识，熟悉该建设项目的竣工图，包括线路、管线的走向，开关、阀门、控制器等的位置、使用方法、管理范围等，这需要运维人员经过长时间的训练，才能达到熟练的效果。然而，当前我国企业运维人员整体素质良莠不齐，且专业技术人员从事运维工作的积极性较低，致使运维人才短缺问题日益突出。将BIM技术引入到建筑物的运营管理中，可以简化复杂的专业问题，只需要通过简单的训练，就可以让参与方对建筑各部件的有关信息了如指掌，从而极大地降低了对运维人员的专业能力要求。

（3）降低建筑物运维人员的工作强度。

当前，施工现场运维人员面临着繁重的工作任务，他们需要掌握建筑工程的各类信息，如图纸、施工记录、设备维护、运行状态等。与此同时，在运行的过程中，运维人员还需要对设备的位置和状态、空间使用情况等进行实时的了解，再加上一些维修工作，使得运维人员的工作强度更大，人员的流动也更频繁。基于BIM技术的运维系统可以方便快捷地帮助运维人员进行工作，把烦琐的工作交给计算机来做，减轻了运维人员的工作负担，提高了运维管理的效率。

2. 信息集成管理与共享

BIM技术的运维管理体系可以将从设计、施工到运维等整个生命过程中的所有相关信息进行整合，使各个应用部门的信息不仅是独立的系统，而且能够进行信息共享和业务协作，实现信息的实时调用、有序管理和充分共享。

（1）实现了信息的集成功能。

BIM技术能将设计、生产、施工及运维阶段产生的各类过程信息进行整合分类，并提供数字化管理。将建筑信息模型用于运维管理可以实现建筑物全生命周期内的信息集成，并便捷地实现添加、修改、完善和更新功能，有利于进行可持续的运维管理。

（2）实现了信息的互联互通功能。

以数字化形式存储的信息借助BIM技术可以实现互联互通，一处变动，处处变动。

各相关管理部门可将最新的信息加载到同一个载体上，实现各参与方的无障碍交流，不仅避免了信息孤岛、信息错误和信息传递不及时问题，也能使信息进行无损传递，提高了工作效率。

（3）实现了信息的快速查询功能。

目前，运维的主要信息来源为纸质资料，在运维过程中经常发生查找资料流程烦琐、资料易丢失等问题，浪费大量的人力物力，也降低了运维管理的工作效率。而 BIM 技术能集成建筑物全生命周期内的相关信息，实现信息快速查询功能，既节省了大量的查找纸质图纸、资料、记录的时间，又减少了人力、时间的消耗。

6.4　BIM技术对项目运维管理模式的构建

BIM 技术的出现和发展为整个项目建设过程中各个阶段的信息创建、共享和管理提供了支撑，能更好地解决建筑全生命周期的各种功能需求。在建筑设计、施工阶段，通过 BIM 技术对建筑的数据化、信息化模型进行整合，在运行和维护阶段则进行数据和信息的共享与传递，使工程管理人员对各种建筑信息做出正确判断和高效应对，为各方建设主体提供协同工作的基础，实现管理的高效化、透明化。将 BIM 技术应用于运维管理阶段，能够解决由于人为因素引发的信息缺失、信息模糊等问题，实现运维阶段数据的集成共享，提高工作效率。BIM 运维管理模式是利用 BIM 技术对建筑四个阶段的数据进行录入，通过对数据的整合、处理，使 BIM 数据库中包含建筑全生命周期的所有信息，并可通过数据可视化平台随时查询。同时，可在三维模式下动态地观测设备运行状态，使运维人员实时了解设备使用情况，提前预测设备可能发生的故障并进行维修保养。整个运维管理模式的构建过程主要分为信息录入、数据存储、平台管理等流程。

1. 信息录入

建筑的 BIM 运维数据来源于建筑固有的静态数据和建筑使用过程中所产生的动态数据。静态数据主要是在设计、生产、施工阶段产生的，包括建筑各部分信息数据等。静态数据可通过建模的方式同步建筑的实际信息，当前建筑信息模型数据的创建方法主要有两种：①利用三维激光扫描、近景摄影测量等手段获取建筑外形点云数据，再通过网格封装形成能够精确反映建筑物外形信息的高精度网格模型；②利用 Revit、SketchUp 等 BIM 建模软件对建筑进行正向设计，通过图纸信息，在设计好的内容及尺寸信息下，利用计算机技术进行三维模型的建立，实体建筑的数据即刻同步在模型之中。动态数据主要是在工程竣工数据集成后的基础上，结合运维过程中各部分产生的实时运行数据所形成的，包括设备运行数据、楼宇自控系统数据、安保管理数据等。

2. 数据存储

在完成 BIM 运维数据的录入后，需要对海量离散的数据进行预处理，确保数据的准确性、一致性，形成标准的数据库中心。预处理阶段包括对 BIM 静态数据的轻量化处理以及对动态数据的采集、筛选、存储等。在数据处理完成后，整理好的数据将载入 BIM 数据库。在该数据库中，存储着项目全生命周期的全部信息和数据，同时数据会随着项目的变化实时更新。基于 BIM 数据库，项目各参与方能及时获得管理所需的数据，还能快速对数据进行统计、分析和管理。

3. 平台管理

数据集中存储在 BIM 数据库中之后，传统的运维管理模式还需要对数据进行进一步融合。一方面实现动态运行数据与原始 BIM 数据的挂接；另一方面根据业务需要将各类数据融合、沉淀，形成数据可视化平台，为运维系统的数据分析提供基础服务。

6.5 BIM技术在不同运维场景中的应用

1. 物业管理

建立竣工模型，实现 BIM 竣工模型与物业管理系统的无缝对接。以装配式建筑全生命周期内的数据为依据，对在运维阶段出现的问题追根溯源，并根据存储在施工现场的数据，对各种设备性能、能耗以及运营成本进行实时监测，通过分析得出相关优化方案，有效提高运维管理的经济效益。

传统的运维管理一般是运维人员通过竣工图纸，再配合 Excel 表格对建筑中各个系统、设备等相关数据进行了解，缺乏时效性和直观性。而根据 BIM 模型，运维人员可以快速掌握和熟悉各种设备的施工、管道系统的数据以及其他相关信息，便于对建筑内的系统及时维护。例如，当一方发现有渗漏问题，传统运维是通过拍照的形式来检查渗漏处，而现在则是在 BIM 模型中快速找到可能出现损坏阀门的规格、零部件等相关信息，然后迅速在 BIM 系统中发现并及时进行维护。

通过 BIM 系统，可以让运维方基于 BIM 模型的演示功能，对紧急事件进行预演，制定应急处理预案，并对突发情况进行模拟。同时，使得管理人员能够认识到，在实际工作中，如何正确、有效地处理发生的紧急情况，特别是在现实中不方便模拟的情况，如火灾模拟、停电模拟、人员疏散模拟等。通过演练制定处理方案、处理措施，并打印、装订成册，分发给项目相关人员，甚至社区居民、租户等，从而增强其安全意识，扩大安全管理范围。

在现代建筑业发展起来以后，太多的相关信息都存在于二维图纸中，如各种电子版本文件、机电设备的操作手册等。这种存储信息的方法，具有抽象性、不完整性以及无关联性的缺点。在使用这种方法时，需要由专业人员自己去找到信息、理解信息，然后据此判断并对建筑物进行恰当的处理，所花费的时间较长，且容易出错。例如，装修时候钻断电缆、水管破裂找不到最近的阀门；电梯没有按时更换部件造成坠落；发生火灾疏散不及时造成人员伤亡等。

2. 空间管理

空间管理是指针对建筑空间的全面管理，其不仅可提高空间及相关资产的实际利用率，还能对在空间中工作、生活的人有着激发生产力、满足精神需求等积极影响。结合

BIM 技术对空间特点、用途进行规划分析，可协助合理地整合现有的空间，实现场所的最大化利用。通过对现有建筑空间进行改造利用，不仅可以节约能源消耗和人力成本，同时也能够有效提高施工效率和降低施工成本。

BIM 技术应用于空间管理中具有以下几点优势。

（1）实现空间合理规划、分配，提高空间利用率。

公共建筑是人类从事各种社会活动的场所，它的特殊性决定了它对空间的要求是多元化的。传统的空间管理通常是按照主体的需求来进行功能划分，而忽略了对其深层的精细化需求，这样的粗放管理方式导致了使用空间与功能的矛盾。以 BIM 技术为基础的空间管理，先按不同的功能需求，对空间进行细分，再按其紧密的关系进行组合，对建筑空间进行更合理的规划与分配，从而避免在功能上的重复和浪费。同时，以 BIM 模型为基础的智能化管理体系，能够对空间利用过程进行可视化跟踪，采集与组织空间关联信息，实现对空间的实时动态管理。在此基础上，利用预先确定的空间单元，结合成本分摊比例和配套设施等相关资料，达到最大化地提高空间的利用效率，分担运行费用，提高运营效益。

（2）对租赁等信息进行管理，对收入的变化趋势进行预测，以增加投资回报。

运用 BIM 技术进行空间可视化管理，可以对各功能区和各层的当前使用状况、收入、费用以及租赁等进行统一的管理。借由相关资讯分析，判定房地产财政的周期变动与发展趋势，以提升其投资回报，并避免可能的风险。

（3）满足企业内部和外部的各种报表需要，帮助管理者在不同的需求下做出合理的决策。

在 BIM 模型中，将存储详细、准确的建筑使用状况（空间面积、使用状态、可使用空间等），这些信息可以实时地进行更新，自动地产生当前的建筑使用状况（如成本分摊比例表、成本明细分析、人均标准占用面积、组织占用报告等），从而满足企业内部和外部的各种报表需要，帮助管理者在不同的需求下做出合理的决策。

3. 设备管理

装配式建筑设备管理是让施工设备持续处于最佳工作状态，最大限度地减缓其利用价值下降的过程，保证施工设备的正常使用，并使其综合价值最大化。在建筑物运维过程中，设备管理是一项非常重要的工作，直接影响到建筑物的正常使用。近年来，随着智能化大楼的不断出现，设备管理工作量和费用等问题已成为运维管理中的重要组成部分。BIM 技术在设备管理中的运用，可以将复杂的设备基础信息、设计安装图纸、使用手册等有关信息集中在同一平台上，以便于管理人员和维护人员迅速地查阅。它克服了传统设备管理中设备信息容易丢失、设备检修时难以找到问题等缺点，同时，还可以对设备的运行状况进行监测，进而提前发现设备在工作中可能出现的故障隐患，这样可以缩短设备损坏、维修的时间，降低维修成本，减少经济损失。

（1）设备信息的查询和位置标识。

管理人员将与设备有关的图形和非图形信息，如设备型号、重量、购置时间、设计安装图、操作手册、维修记录等，以手工输入、扫描等方式保存在建筑信息模型中。以

BIM 技术为基础的设备管理系统，将设备的所有相关信息和目标设备联系起来，从而构成了一个完整的信息闭环。在对设备进行选择的过程中，运维人员能够迅速地找到有关这台设备的全部信息，并且还能够通过对这台设备的信息进行搜索，迅速地对设备以及它上游的控制装置进行定位，并对获得的信息进行有效的使用。

BIM 技术与 RFID 技术结合，能够快速、准确地对设备进行定位。管理者可以用手持 RFID 读卡器，通过对目标设备的扫描，获得其电子标签，从而迅速地找到目标设备的具体位置。当管理者抵达现场时，只需对目标装置附带的相应二维码进行扫描，就可以通过手机终端看到与其相关的全部资料，从而免去了运维人员将大量的纸质文档和图纸带入工地的麻烦，真正做到了运维信息的数字化。

（2）设备维护与报修。

基于 BIM 技术的设备运维管理系统具有完善的设备维护与报修功能，在系统中运维人员可合理制订维护计划，系统会根据计划为相应的设备设置定期维护提醒。同时在维修工作完成后，系统会协助运维人员填写并录入维护日志，这种事前维护方式能够有效避免设备出现故障之后再维修所带来的时间浪费，降低设备运行中出现故障的概率，减少故障造成的经济损失。对于运行故障的维修，运维人员可在系统中填写保修单，经相关负责人批准后，维修人员随即根据报修的项目进行维修。如果需要对设备组件进行更换，也可在系统备品库中寻找该组件，维修完成后在系统中录入维修日志作为设备历史信息备查。

4. 资产管理

维护、管理建筑物和机电设备是业主获取利益、实现财富增值的重要手段。通过对企业资产进行有效的管理，可以减少企业资产的闲置和浪费，节约不必要的费用，减少或防止资产的损失，使企业的收入实现最大化。

以 BIM 技术为基础的资产管理是将大量与资产有关的信息进行归类，并与建筑物信息模型相关联，以三维可视化的方式，将每一项资产的使用状况、运行状况直观地显示出来，以便于运营管理者对其进行日常管理和维护。同时，通过对企业资产的监测，迅速、精确地确定企业的资产管理方式，降低企业因经营失误而带来的财产损失。

以 BIM 技术为基础的资产管理系统可以对大量的、分门别类的、不断更新的资产信息进行统计、分析、归纳，实现固定资产的新增、删除、修改、转让、借出、归还等操作，并在 BIM 数据库中实时更新；负责固定资产的损耗折旧，包括每月资产折旧的计算、月度折旧报告的打印、折旧资料的备份等；提醒采购人员在做好采购计划的同时，要将资产盘点的资料和 BIM 数据库中的资料进行对比，得出资产的真实状况，并且在必要的时候，还可以生成盘盈、盘亏明细表，以及盘点汇总表等报告。操作人员可以利用该系统来管理和分析所有产生的报表，对资产的总体情况进行识别，并对其变动趋势进行预测，以此来协助企业所有者或管理者做出恰当的决策，对资产的利用进行适当的安排，减少资产的闲置和浪费，提升资产的投资收益率。

5. 能耗管理

建筑能耗管理是针对水、电等资源消耗的管理。要保证建筑物在整个运维阶段正常运转，产生的能耗总成本是一个很大的数字，尤其是超高层建筑、大型装配式建筑，在能耗方面的总成本将更为庞大。如果缺少有效的能耗管理，有可能出现资源浪费，这对业主来说是一笔非必要的巨大开支，对社会而言也有可能造成不可忽视的巨大损失。近年来，智能建筑、绿色建筑不断增多，建筑行业乃至社会对建筑能耗控制的关注程度也越来越高。BIM 技术应用于建筑能耗管理，可以帮助业主提高能源利用效率，节约运营成本，提高收益。

（1）自动化、高效率的数据收集与分析。

BIM 在能耗管理的应用，最重要的是对数据进行收集与分析。传统的能耗管理耗时耗力，效率低下。例如，传统用水管理，管理者要每个月定时地检查并抄写楼中的每个水表，然后将其与上个月的抄取值相结合，才能算出当月所用水量。在 BIM 技术及信息技术的支撑下，每个测量设备都能实时、自动地收集各个类别、分项的能耗信息数据，并将其汇总、存储到建筑物信息模型对应的数据库中，管理者既可以通过可视化的图形界面直观地查看建筑物内部各个部位的能耗情况，也能在该系统中对各个能耗情况进行逐日、逐月、逐年的汇总分析，从而获得由该系统自动产生的各能源消耗情况有关的报表、图表等结果。同时，系统还可对能耗情况进行同比、环比分析，并对异常能耗情况进行报警和定位示意，可协助管理人员对异常能耗情况进行排查，确保及时维修，有效制止能源浪费。

（2）智能化、人性化的管理方式。

BIM 技术对能耗管理的影响也是对建筑智能化和人性化管理的一种体现。以最优性能曲线、最佳使用寿命曲线和设备设施监测数据为基础，融合 BIM 数据库中的其他信息，能够实现对建筑能耗的最优管理。同时，BIM 技术还可以与物联网、传感等技术融合，利用室外传感器采集室内温度、湿度等数据，实现室内环境温度的智能化调控，实现舒适与节能的统一。

6. 改、扩建和拆除管理

在建筑运维阶段，通过 BIM 软件阶段性的设计方法可实现建筑的改、扩建和拆除管理，其中的参数化设计模式能够将建筑物的名称、面积、体积、用途、楼层的做法等多种属性汇总到 BIM 模型中，并与物联网技术相结合，在建筑安全监控、设备管理等领域对建筑物进行全面的管理。

7. 灾害应急反应管理

建筑作为供人类居住、社会交往及生产活动的主要场所，其人员密集程度高，一旦发生地震、火灾等灾害，将对人民生命财产造成重大损失，因此，对其进行应急管理显得尤为重要。管理者能够借助 BIM 技术在灾害发生前进行模拟演练，有助于在灾害真实发生时快速响应并进行应急处理，从而减少生命和财产的损失。

（1）紧急救灾和复原。

当发生火灾或其他灾难时，BIM 技术能够以 3D 方式直观地展示事故的发生地点和范围，并向搜救人员提供有关灾难的全面信息，协助搜救人员快速把握局势、准确地判断灾情，并对被困人员进行及时救援。同时，BIM 技术也能对处于灾难中的受困者进行及时救助。通过可视化 BIM 模型，为受困者设计出撤离路径，使其尽快逃离危险区，保障自身的安全。通过建立在 BIM 数据库中的完备信息，可以辅助管理者制订灾后重建方案，并统计灾害损失等，为灾后财产核查、补偿等工作奠定基础。

（2）灾难事件的仿真与应对。

在灾难发生之前，BIM 系统可以对建筑物内的消防设备等进行定位和维修提醒，保证消火栓、灭火器等设备能够长时间地使用，并将 BIM 数据库中的建筑物信息与设备等其他管理子系统有机地结合起来，模拟突发事件下的人员撤离等场景，找出管理上的缺陷加以修正，并制定切实可行的应急处理方案。当灾难发生时，BIM 系统会自动发出警报，给施工单位和管理单位的工作人员更多的反应时间。管理者可以利用 BIM 系统进行快速的响应，通过系统自动化或手动的方式来切断着火区域的设备电源，打开喷淋消防系统，关闭防火调节阀等。除此之外，还可以引导管理者在第一时间到达着火区域，手动关闭阀门，从而将灾害的影响范围控制至最小。

思　考　题

1. 简述 BIM 技术在运维阶段的应用意义。
2. 简述 BIM 技术在装配式建筑运维阶段的应用点和应用流程。
3. 简要说明传统建筑运维管理中有哪些问题。
4. 简要概括 BIM 技术在运维管理阶段中的优势。
5. BIM 技术在运维管理阶段中有哪几种模式并说明其优点。

第 7 章　BIM 技术应用实例分析

7.1　工 程 概 况

本章以某装配整体式高层住宅楼为实例进行 BIM 技术应用实例分析。该住宅楼建筑面积为 34 695.58m^2，建筑高度为 98.9m，由地下 2 层及地上 34 层组成，其中地下 2 层为储物间，地上部分除首层局部为托老所外，其余部分为住宅。本楼的结构形式为装配式剪力墙结构，抗震设防烈度为 7 度，使用年限为 50 年。

通过对该项目全生命周期应用 BIM 技术，对 BIM 技术在住宅产业化中应用的有效性进行验证和研究，BIM 技术应用的流程如图 7-1 所示。

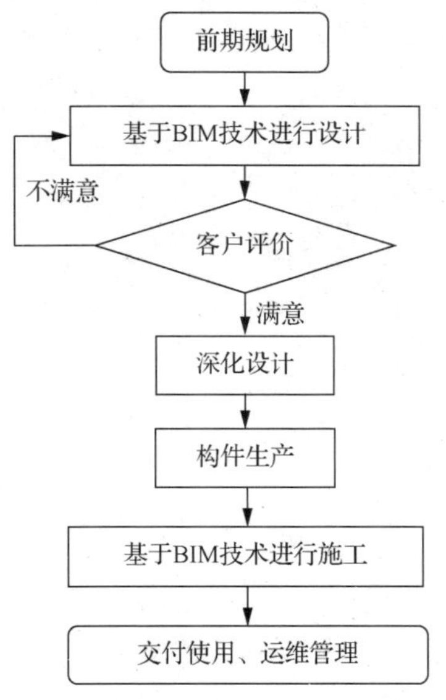

图 7-1　BIM 技术应用的流程

7.2　装配式建筑BIM技术应用分析

7.2.1　设计阶段

装配式建筑设计阶段需要建筑、结构、机电、给排水、暖通等多个专业参与，各专业之间既是独立的子系统，又共同构成一个复杂的整体系统。基于 BIM 技术的装配式建筑在设计阶段的应用是实现不同专业之间信息集成，通过 BIM 协同管理平台，将全部信息保存在一个数据库内，各设计人员根据自己的需求从数据库中提取信息，可以对建筑模型的信息进行编辑、转化和共享，从而提高设计的效率和精度。

1. 场地规划设计

在建筑项目建设前期，根据项目概况和规划要求建立用地红线，结合当地地域文化、周边环境、用地指标等要素进行深入分析，借助 BIM 技术及相关资料，可帮助建筑师更科学、合理地分析建筑与场地之间的联系，从而对现场的总图规划、建筑规划、道路规划、绿地规划等进行方案设计。

通过规划方案设计，对建筑功能、形态与周边环境的相互关系进行分析，确定不同形态的建筑方案，比较分析其优缺点，预估项目投资成本，评估建筑设计的可行性。场地规划效果图如图 7-2 所示。

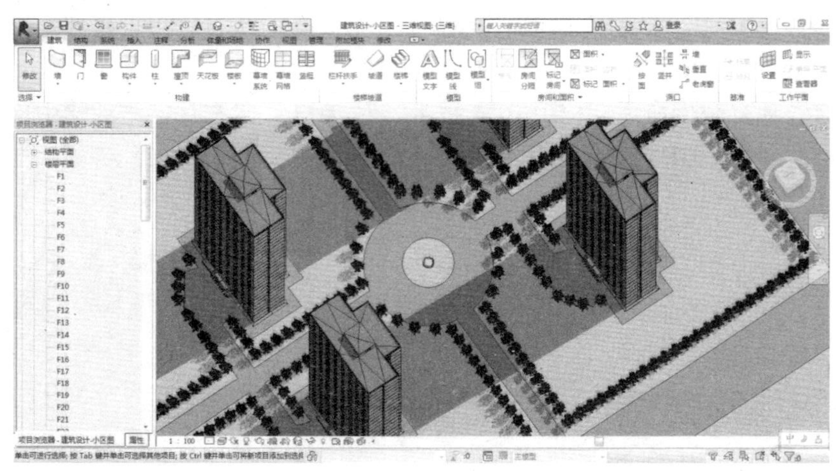

图 7-2　场地规划效果图

2. 多专业协同方案设计

1）建筑设计

该装配整体式高层住宅楼为全预制装配式建筑，由柱、梁、墙等构件组合而成，传统二维图纸无法清晰表示构件信息。应用 BIM 技术，在 Revit 中可建立预制构件族，形成构件族库，方便模型建立及预制构件管理。应用预制构件族建立建筑模型的过程如图 7-3 所示。

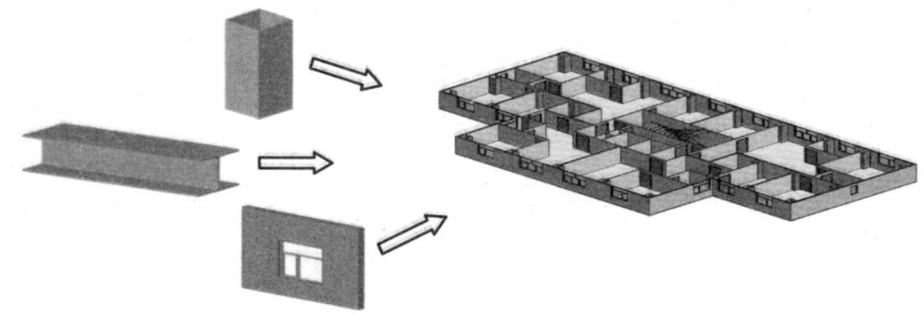

图 7-3　应用预制构件族建立建筑模型的过程

装配式住宅由众多建筑部品构件组成，Revit 可自动生成明细表，明细表中信息与各视图下的构件关联，双击明细表中信息可进入不同视图查看构件。在修改建筑设计时明细表会自动更新，同时修改明细表中构件也会在设计图中自动更新，大大提高统计精确度，有效避免了设计图与统计明细表不一致的错误发生。应用 Revit 进行建筑设计，可以对建筑部品构件进行统计，如墙体、门窗、楼梯、楼板、屋面等构件。在 Revit 中可对明细表进行内容及格式编辑，增加材质、类型、图像等信息，也可录入制造商信息，实现构件信息化管理，避免人工统计出现的错误，提高设计效率，该应用完全符合住宅产业化、信息化的特点。另外，Revit 生成的明细表可导出为 Excel 文件，为后续工作的进行提供方便。

用 Revit 进行统计时，可直接查看软件统计后的结果，也可以根据实际需要新建明细表，编辑明细表属性，选择需要统计的项目，如图 7-4 所示。

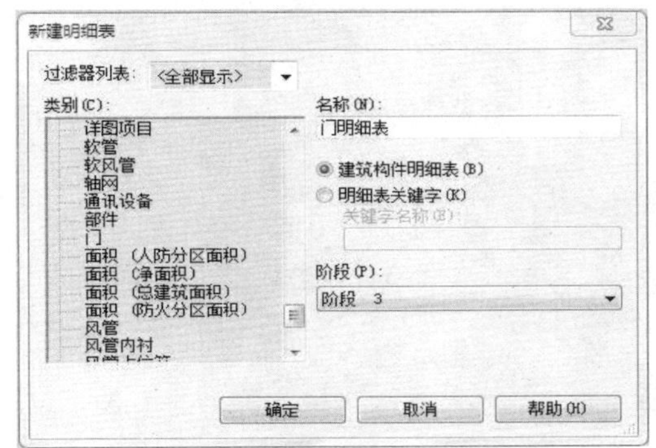

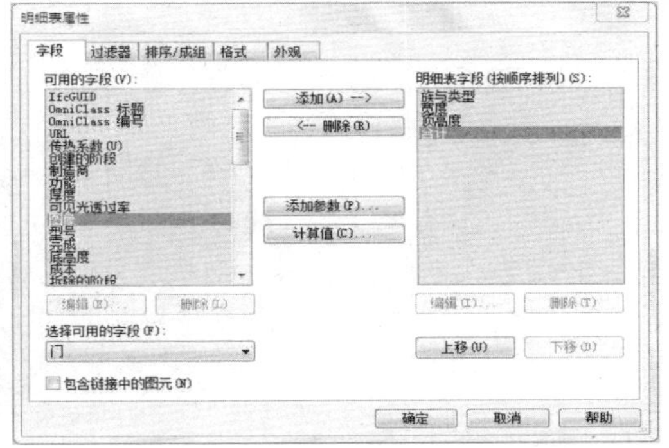

图 7-4　Revit 新建明细表

借助 Revit 进行建筑设计时，信息化不仅体现在生成构件明细表，还可以对具体构件的材料信息、位置信息等进行统计。本工程中装配式住宅墙体设计采取“三明治”式结构：外墙由 3E 轻质高强内外墙板、聚苯乙烯泡沫板、粉刷层等组成，分户墙由 3E 轻质高强内外墙板、岩棉板、粉刷层等组成，内墙由 3E 轻质高强墙板、粉刷层等组成。Revit 绘制墙体时可录入墙板各层材料、厚度等信息，清晰表达墙结构，图 7-5 所示为外墙结构信息。

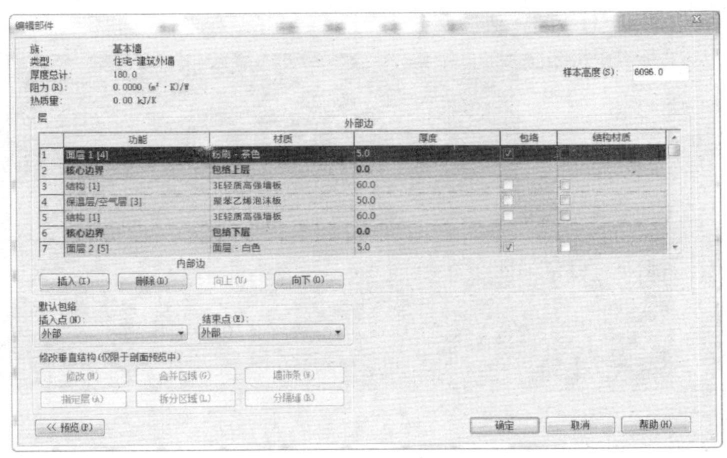

图 7-5　外墙结构信息

住宅产业化能够实现设计前置，即在建筑设计的同时进行室内装修设计，打破了传统设计顺序，可有效避免传统二次装修对结构主体的损坏，消除安全隐患。同时，因装配式住宅构件在工厂加工的特点，部分室内构件也可在工厂生产，装修材料质量得以保证且成本大幅降低。该装配式结构保障性住房的项目，应用 Revit 在建筑模型的基础上增加家具、设备等，并对其进行统计，还可在三维视图下观看设计效果，再用光线追踪显示，渲染更加真实的形象。Revit 的这些功能可以方便户主参与到设计中，与设计师协调完成住宅的室内设计。部分室内效果图如图 7-6 所示。

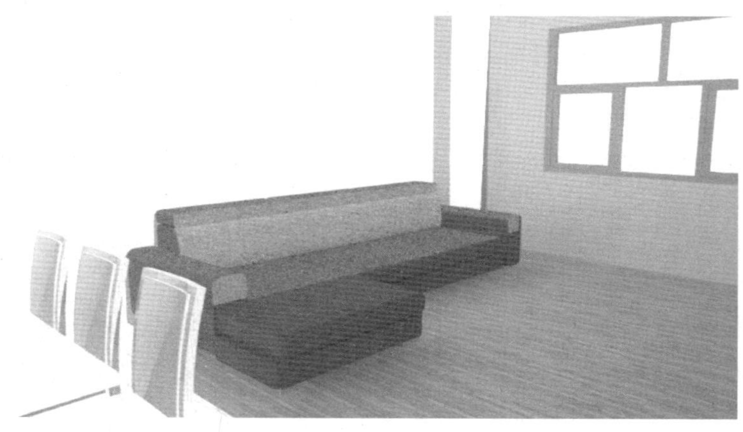

图 7-6　部分室内效果图

2）结构设计

本工程中装配式住宅采用剪力墙结构体系。虽然已有结构设计的二维图纸，但为检验 BIM 技术在装配式建筑全生命周期应用的有效性，因此使用盈建科设计软件进行结构建模并检验设计的合理性。盈建科是采用 BIM 理念的结构设计软件，拥有三维建模界面，使结构建模更加简便。结构模型如图 7-7 所示。

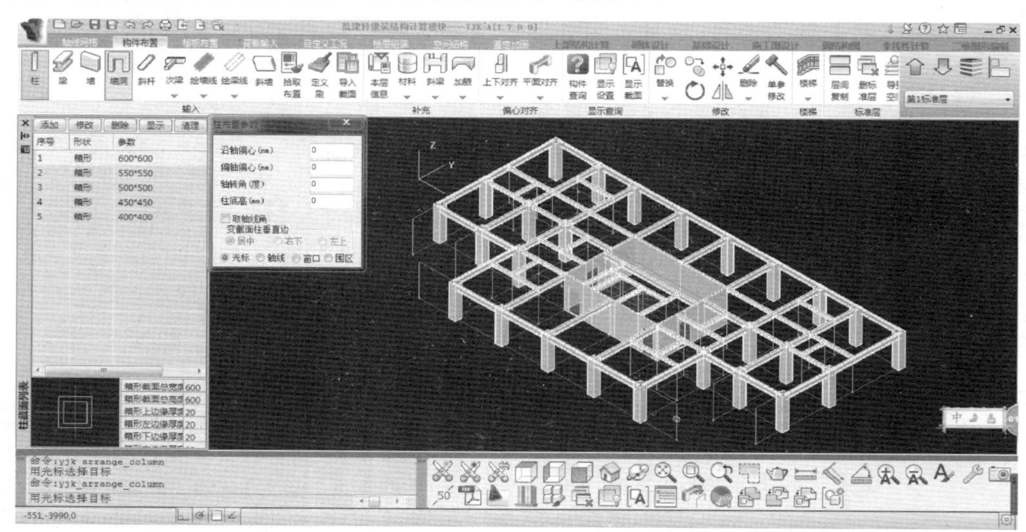

图 7-7　结构模型

节点设计是装配式建筑设计的重点和难点。本工程中存在钢结构构件，其节点众多，包括柱脚节点、梁节点、梁柱节点、柱节点等，每个节点设计不尽相同，且节点包括螺栓、垫板等信息，需要明确其布置位置和数量。传统二维图纸通过多张图纸、多角度展示节点信息，施工人员是否可以通过图纸读懂节点设计，直接影响施工进度和质量。应用盈建科设计软件可展示节点三维信息，使节点表现更加直观，部分节点三维视图如图 7-8 所示。

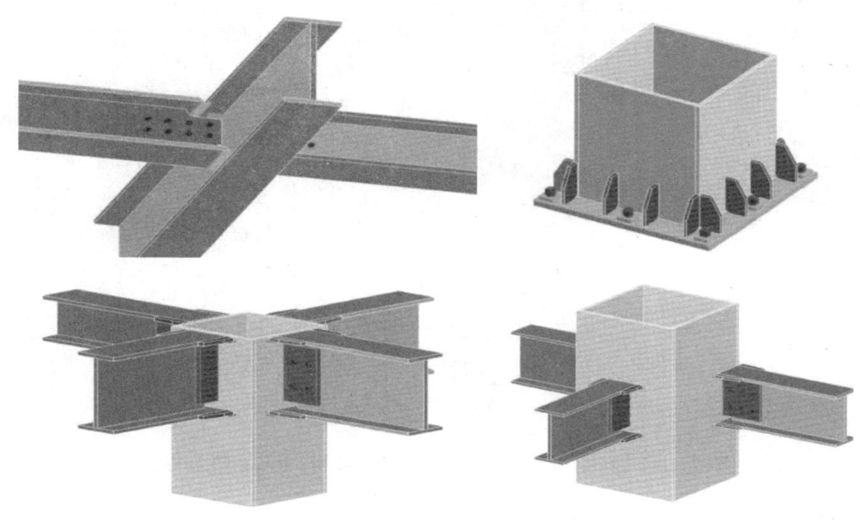

图 7-8　部分节点三维视图

3）管线设计

传统管线设计是在二维平面的基础上进行，不易发现管线冲突。而应用 BIM 技术可在三维视图下检查管线设计，有效减少返工，提高设计质量及设计效率。根据本工程图纸信息，应用 Revit 建立系统模型，建模过程中能够发现设计错误，如桥架与风管碰撞等问题，应用 Revit 可在设计阶段就对其进行修改，完善管线设计。Revit 模型中管道碰撞及修改图如图 7-9 所示。

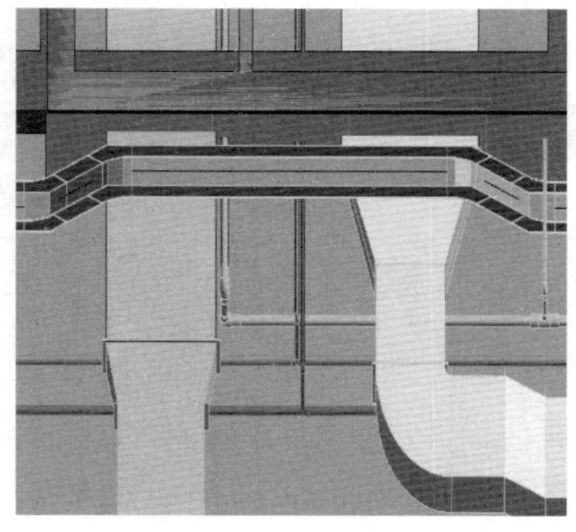

图 7-9　Revit 模型中管道碰撞及修改图

传统设计中，建筑设计、结构设计、管线设计是独立进行的，会出现信息沟通不畅等情况。应用 BIM 技术，可将建筑设计、结构设计、管线设计整合在一个建筑信息模型中，实现各专业协同工作。本工程中，应用 BIM 技术，在 Revit 中将建筑设计、结构设计、管线设计进行整合，如图 7-10 所示。

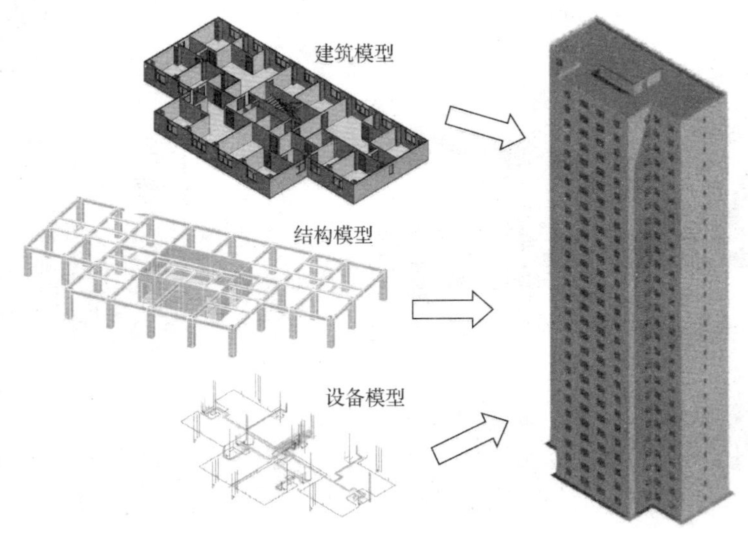

图 7-10　建筑设计、结构设计、设备设计 Revit 整合模型

3. 深化设计

项目深化设计是根据甲方提供的建筑结构图进行预制构件拆分设计，并生成建筑、结构、设备等拆分设计图纸，主要包括构件拆分深化设计说明、构件拆分详图、项目工程量清单明细、预埋件埋设详图等。

装配式建筑的特点是建筑构件化，其在传统二维图纸中很难表示清楚。在 Revit 中可对模型的各个构件进行划分，划分方法有两种：第一种是建立墙、板、柱、梁等部品构件族进行组装；第二种是在 Revit 中应用拆分工具（图 7-11）对墙、板、柱、梁等进行拆分。然而，第一种方法存在缺点，建立的墙板等部品构件族并非系统族，门、窗等构件无法识别，不能自动插入，导致插入存在误差。在本项目中，应用第二种方法进行拆分，墙统计明细表如图 7-12 所示，构件数量统计表见表 7-1。

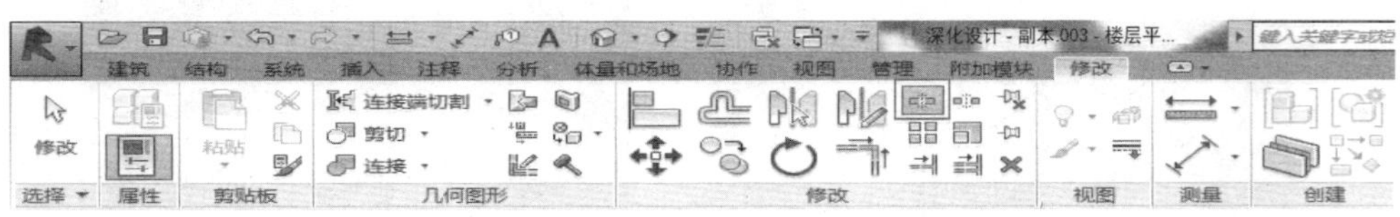

图 7-11　拆分工具

在深化设计中，Revit 暴露出一些弊端，以钢结构节点为例，Revit 不能很好地表示节点信息。Tekla Structures 是装配式钢结构的深化设计软件，可清晰表示节点信息，并对节点进行优化，Tekla Structures 建立的三维节点信息模型如图 7-13 所示。

<墙统计明细表>			
A	B	C	D
族与类型	厚度	长度	合计
基本墙: 住宅-建筑内墙	90	1500	54
基本墙: 住宅-建筑内墙	90	1800	108
基本墙: 住宅-建筑内墙	90	2100	54
基本墙: 住宅-建筑内墙	90	2400	56
基本墙: 住宅-建筑内墙	90	3000	54
基本墙: 住宅-建筑内墙	90	3300	108
基本墙: 住宅-建筑内墙	90	3600	55
基本墙: 住宅-建筑内墙	90	3900	106
基本墙: 住宅-建筑内墙	90	4200	54
基本墙: 住宅-建筑内墙	90	4500	54
基本墙: 住宅-建筑分户墙	170	1800	54
基本墙: 住宅-建筑分户墙	170	2100	54
基本墙: 住宅-建筑分户墙	170	2700	108
基本墙: 住宅-建筑分户墙	170	3600	54
基本墙: 住宅-建筑分户墙	170	3900	28
基本墙: 住宅-建筑分户墙	170	5400	27
基本墙: 住宅-建筑外墙	180	3000	56
基本墙: 住宅-建筑外墙	180	3300	56
基本墙: 住宅-建筑外墙	180	4200	280
基本墙: 住宅-建筑外墙	180	4500	112
基本墙: 住宅-建筑外墙	180	5700	56
基本墙: 住宅-建筑外墙	180	6600	56
基本墙: 住宅-钢板剪力墙	102	800	56
基本墙: 住宅-钢板剪力墙	102	2400	56
基本墙: 住宅-钢板剪力墙	102	3600	56
基本墙: 住宅-钢板剪力墙	102	4200	28
基本墙: 住宅-钢板剪力墙	102	6300	56
基本墙: 住宅-钢板剪力墙	102	8400	85
总计: 1981			

图 7-12　墙统计明细表

表 7-1　构件数量统计表

构件	数量	装配率/%
墙板	1981	90
楼板	814	90
梁	1277	100
柱	702	100
楼梯	112	90
门	711	100
窗	539	100

图 7-13　Tekla Structures 三维节点信息模型

7.2.2 生产阶段

装配式预制构件生产阶段是质量管理的重要环节。国务院办公厅颁发的《国务院办公厅关于大力发展装配式建筑的指导意见》(国办发〔2016〕71 号)中明确指出,加强行业监管,明确符合装配式建筑特点的施工图审查要求,建立全过程质量追溯制度,加大抽查抽测力度,严肃查处质量安全违法违规行为。

预制构件工厂化加工是装配式建筑的重要环节,也是区别于常规现浇建筑的重要依据。预制构件种类多、数量大,构件的生产管理工作就显得十分重要。基于 BIM 技术的预制构件信息管理,贯穿生产、运输、储存、吊装以及后续施工等过程,实现预制构件信息全生命期的可追踪、可查看性。

预制构件加工厂的设置主要考虑预制构件的经济运输半径,通常为 200～300km。预制构件加工厂一般包括多功能构件生产车间、钢筋加工车间、实验室、材料及成品等储存区、辅助设施、办公楼等,应用 BIM 技术可对预制构件加工厂的车间、厂房等进行布置并优化,以得到最合理的方案,如图 7-14 所示。

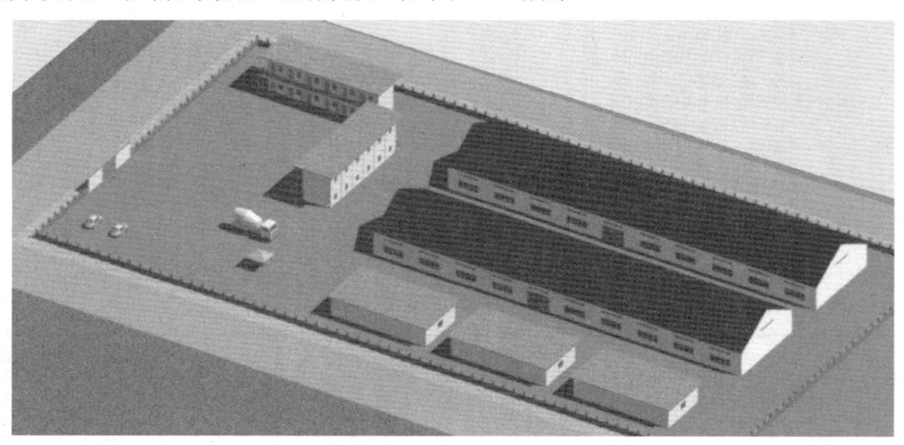

图 7-14 预制构件加工厂布置图

通过基于 BIM 技术的构件信息化模型,在预制构件智能化生产加工过程中,预制构件管理人员将构件模型信息导入到中央控制系统,与加工设备对接,识别并提取模型中的数据信息,使设计与加工信息共享,实现构件设计、生产一体化管理。在预制构件生产中,需要将 RFID 技术与构件生产、运输相结合。在构件中置入 RFID 芯片后,每个预制构件将有独立的 RFID 芯片信息,使构件信息化模型与实际构件生产一一对应,形成信息化统一管理。在预制构件运输及储存过程中,通过工厂信息化储存管理与预制构件 RFID 芯片关联,建立三维可视化储存空间,可实时查看构件产能种类、数量以及存储位置,实现对预制构件位置的快速锁定。

7.2.3 施工阶段

在施工阶段,针对本项目,BIM 技术应用主要包括场地布置、工程算量、进度管理、质量管理和安全管理。

1. 场地布置

装配式结构住宅的施工特点是需要将预制构件运输至现场进行组装，因而如何合理放置建筑部品构件是施工阶段的重点。应用 BIM 技术并使用 Revit 可模拟施工现场，进行场地布置，完成对施工区、备料区、办公区、宿舍区的布置。塔吊作为装配式建筑施工的重要机械，在对施工区进行布置时，可对比多个方案对塔吊位置进行最优布置。在 Revit 中，可在三维视图下直观查看场地布置，便于及时发现布置不合理之处，从而对场地布置进行优化。Revit 场地布置如图 7-15 所示。

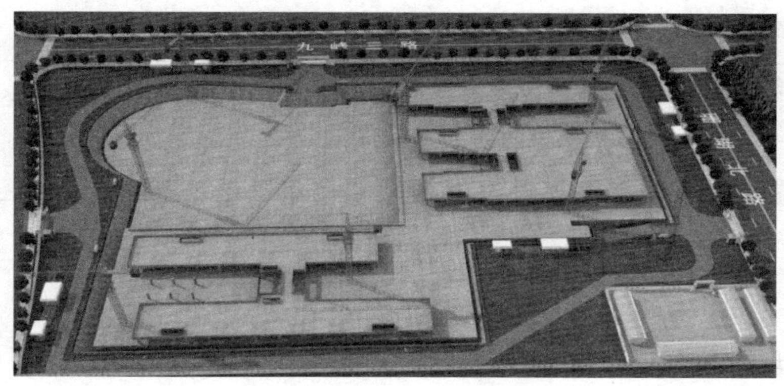

图 7-15　Revit 场地布置

2. 工程算量

装配式建筑所需的预制构件数量、种类较多，如何对其进行统计，并进行工程量计算至关重要。应用 BIM 技术，在 Navisworks 中的 Qualification 下创建算量项目，并链接项目中的相应构件，即可进行算量，以得到相应的算量数据（图 7-16）。在 Qualification 中还可通过隐藏算量、显示算量功能等将进行算量的模型隐藏或者显示，防止模型的其他部分对其进行干扰。通过 Navisworks 得到的算量数据可导出为 Excel 文件，以进行相关查阅，如图 7-17 所示。

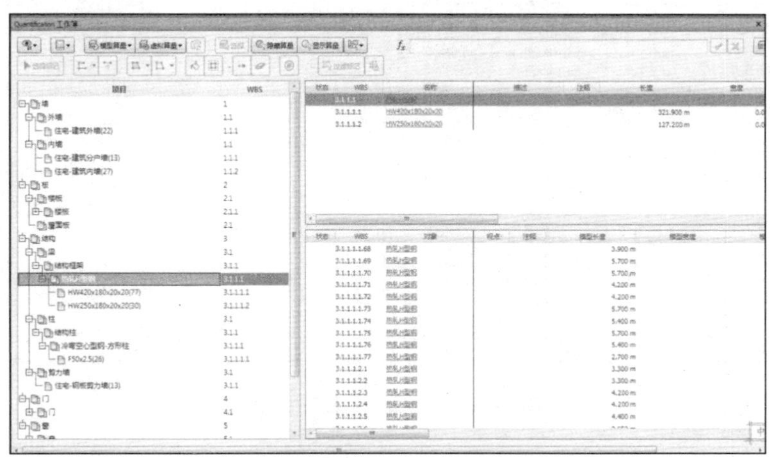

图 7-16　Qualification 算量

	A	B	D	E	H	I	J	K	L	M	N	W	X	Y	Z	AA	AB	AC	AD
1	WBS/RE		组1	组2	项目		对象	D	D	模型	模型	模型面积	模型	模型体积	模型	模型重量	模型	长度	长度
2	1		墙																
3																			
4	1.1		墙	外墙															
5																			
6	1.1.1		墙	外墙	住宅-建筑外墙													99.300 m	
7	1.1.1.1		墙	外墙	住宅-建筑外墙		基本墙			4.500 m		13.500 m²		2.430 m³			kg	4.500 m	
8	1.1.1.2		墙	外墙	住宅-建筑外墙		基本墙 (2)			4.500 m		13.500 m²		2.430 m³			kg	4.500 m	
9	1.1.1.3		墙	外墙	住宅-建筑外墙		基本墙 (3)			6.600 m		19.800 m²		3.564 m³			kg	6.600 m	
10	1.1.1.4		墙	外墙	住宅-建筑外墙		基本墙 (4)			4.200 m		12.600 m²		2.268 m³			kg	4.200 m	
11	1.1.1.5		墙	外墙	住宅-建筑外墙		基本墙 (5)			5.700 m		17.100 m²		3.078 m³			kg	5.700 m	
12	1.1.1.6		墙	外墙	住宅-建筑外墙		基本墙 (6)			4.500 m		13.500 m²		2.430 m³			kg	4.500 m	
13	1.1.1.7		墙	外墙	住宅-建筑外墙		基本墙 (7)			5.700 m		17.100 m²		3.078 m³			kg	5.700 m	
14	1.1.1.8		墙	外墙	住宅-建筑外墙		基本墙 (8)			3.000 m		9.000 m²		1.620 m³			kg	3.000 m	
15	1.1.1.9		墙	外墙	住宅-建筑外墙		基本墙 (9)			3.300 m		9.900 m²		1.782 m³			kg	3.300 m	
16	1.1.1.10		墙	外墙	住宅-建筑外墙		基本墙 (10)			4.200 m		12.600 m²		2.268 m³			kg	4.200 m	
17	1.1.1.11		墙	外墙	住宅-建筑外墙		基本墙 (11)			4.200 m		12.600 m²		2.268 m³			kg	4.200 m	
18	1.1.1.12		墙	外墙	住宅-建筑外墙		基本墙 (12)			4.200 m		12.600 m²		2.268 m³			kg	4.200 m	
19	1.1.1.13		墙	外墙	住宅-建筑外墙		基本墙 (13)			4.500 m		13.500 m²		2.430 m³			kg	4.500 m	
20	1.1.1.14		墙	外墙	住宅-建筑外墙		基本墙 (14)			3.300 m		9.900 m²		1.782 m³			kg	3.300 m	
21	1.1.1.15		墙	外墙	住宅-建筑外墙		基本墙 (15)			4.200 m		12.600 m²		2.268 m³			kg	4.200 m	
22	1.1.1.16		墙	外墙	住宅-建筑外墙		基本墙 (16)			5.700 m		17.100 m²		3.078 m³			kg	5.700 m	
23	1.1.1.17		墙	外墙	住宅-建筑外墙		基本墙 (17)			4.500 m		13.500 m²		2.430 m³			kg	4.500 m	
24	1.1.1.18		墙	外墙	住宅-建筑外墙		基本墙 (18)			6.600 m		19.800 m²		3.564 m³			kg	6.600 m	
25	1.1.1.19		墙	外墙	住宅-建筑外墙		基本墙 (19)			4.200 m		12.600 m²		2.268 m³			kg	4.200 m	
26	1.1.1.20		墙	外墙	住宅-建筑外墙		基本墙 (20)			4.200 m		12.600 m²		2.268 m³			kg	4.200 m	
27	1.1.1.21		墙	外墙	住宅-建筑外墙		基本墙 (21)			4.200 m		12.600 m²		2.268 m³			kg	4.200 m	
28	1.1.1.22		墙	外墙	住宅-建筑外墙		基本墙 (22)			3.300 m		9.900 m²		1.782 m³			kg	3.300 m	

图 7-17　Qualification 导出 Excel 文件

3. 进度管理

科学合理的施工进度计划是工程按时完工的关键。BIM 技术可在三维的基础上增加时间连接，完成装配式建筑的 4D 管理，该过程中，需应用 Project 编制施工进度计划（图 7-18）。将 Project 中施工进度计划和 Revit 中建筑信息模型一起导入 Navisworks 中，在 Time Liner 功能下即可进行施工进度模拟（图 7-19）。通过与实际工程进度对比，可以及时调整施工进度计划，有效避免进度拖延的发生。

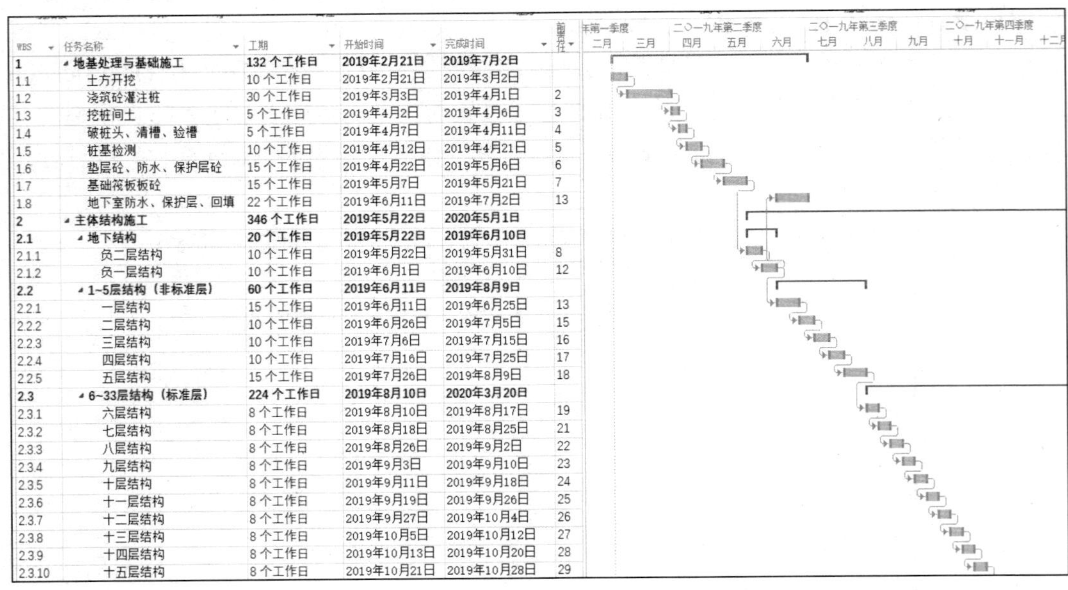

WBS	任务名称	工期	开始时间	完成时间	前置任务
1	地基处理与基础施工	132 个工作日	2019年2月21日	2019年7月2日	
1.1	土方开挖	10 个工作日	2019年2月21日	2019年3月2日	
1.2	浇筑砼灌注桩	30 个工作日	2019年3月3日	2019年4月1日	2
1.3	挖桩间土	5 个工作日	2019年4月2日	2019年4月6日	3
1.4	破桩头、清槽、验槽	5 个工作日	2019年4月7日	2019年4月11日	4
1.5	桩基检测	10 个工作日	2019年4月12日	2019年4月21日	5
1.6	垫层砼、防水、保护层砼	15 个工作日	2019年4月22日	2019年5月6日	6
1.7	基础筏板砼	15 个工作日	2019年5月7日	2019年5月21日	7
1.8	地下室防水、保护层、回填	22 个工作日	2019年6月11日	2019年7月2日	13
2	主体结构施工	346 个工作日	2019年5月22日	2020年5月1日	
2.1	地下结构	20 个工作日	2019年5月22日	2019年6月10日	
2.1.1	负二层结构	10 个工作日	2019年5月22日	2019年5月31日	8
2.1.2	负一层结构	10 个工作日	2019年6月1日	2019年6月10日	12
2.2	1~5层结构（非标准层）	60 个工作日	2019年6月11日	2019年8月9日	
2.2.1	一层结构	15 个工作日	2019年6月11日	2019年6月25日	13
2.2.2	二层结构	10 个工作日	2019年6月26日	2019年7月5日	15
2.2.3	三层结构	10 个工作日	2019年7月6日	2019年7月15日	16
2.2.4	四层结构	10 个工作日	2019年7月16日	2019年7月25日	17
2.2.5	五层结构	15 个工作日	2019年7月26日	2019年8月9日	18
2.3	6~33层结构（标准层）	224 个工作日	2019年8月10日	2020年3月20日	
2.3.1	六层结构	8 个工作日	2019年8月10日	2019年8月17日	19
2.3.2	七层结构	8 个工作日	2019年8月18日	2019年8月25日	21
2.3.3	八层结构	8 个工作日	2019年8月26日	2019年9月2日	22
2.3.4	九层结构	8 个工作日	2019年9月3日	2019年9月10日	23
2.3.5	十层结构	8 个工作日	2019年9月11日	2019年9月18日	24
2.3.6	十一层结构	8 个工作日	2019年9月19日	2019年9月26日	25
2.3.7	十二层结构	8 个工作日	2019年9月27日	2019年10月4日	26
2.3.8	十三层结构	8 个工作日	2019年10月5日	2019年10月12日	27
2.3.9	十四层结构	8 个工作日	2019年10月13日	2019年10月20日	28
2.3.10	十五层结构	8 个工作日	2019年10月21日	2019年10月28日	29

图 7-18　Project 施工进度计划

图 7-19　Navisworks 施工进度模拟

4. 质量管理

本项目基于 BIM 技术进行施工质量管理，具体应用包括图纸会审应用、可视化应用等。

1）图纸会审应用

作为项目施工方，项目部在收到施工图后，借助 BIM 技术对设计图纸进行详细的审核，相当于在项目施工前对设计中存在的问题进行了处理，避免了因图纸错误引发的后续质量问题。

基于施工方的视角分析 BIM 技术在图纸会审方面的应用。鉴于项目为装配整体式建筑，结合施工方的需要及装配式建筑的特点，BIM 工作小组除了对一般结构等进行审核外，还针对装配式构件进行了预拼装检查，以发现预制构件中可能存在的问题。图纸会审的流程涉及多个参与方，其工作步骤及可能用到的软件如图 7-20 所示。

图 7-20　图纸会审工作流程

业主方首先将图纸下发给施工方，施工方拿到基于 AutoCAD 的施工图后，将图纸下发至 BIM 工作小组，小组成员按照 BIM 工作方案中的各自分工，使用 Revit 分别创建土建专业模型、机电专业模型，在模型建立过程中能够发现图纸中存在的部分问题。模型建立之后，通过 BIM 软件检查模型，进行更深层次的核查，将两个阶段发现的问题进行统计确认并进行汇总，形成图纸问题统计表。

召开图纸会审会议时使用 Fuzor 进行联机，参会人员各自以第一人称视角进行可视化沟通审图，同时在软件中进行会议记录。图纸会审会议结束后，由设计方根据施工方的反馈，进行图纸修改，形成新的图纸。BIM 工作小组根据新的设计图纸及时更新 BIM 模型，检查错误是否解决，最终解决 BIM 图纸会审工作流程中发现的所有可能会影响施工质量的问题。

根据本项目的建模标准，所建模型分为土建模型和机电模型。

（1）土建模型的建立过程。

① 建立预制构件库。

为了进行构件的预拼装检查，本项目 BIM 工作小组在项目初期以二维施工图纸为依据，建立了精细的预制构件库。BIM 模型库中预制构件族包含装配式构件的精确尺寸信息、钢筋信息、预埋件信息、材质信息等，为装配式构件虚拟预拼装做好了基础工作。

本项目预制剪力墙有 48 种，其中 4～32 层每层的预制墙构件规格和数量相同。标准层中预制墙有 24 种，其构件的编号方式与图纸中的相同，为“YNQ-”和“数字、字母”的组合，如 YNQ-1a；顶层（即第 33 层）同样有 24 种预制墙构件，与标准层数量相等但规格不同，命名加上“(w)”，代表顶层，如 YNQ-1a（w）。预制楼板共计 32 种，其编号与图纸中一致，如 YB-1a 代表编号为 1a 的预制楼板。预制楼梯有 2 种，编号为 JT-29-25 和 JT-29-25-1，与预制楼梯配套的预制梁、预制隔墙各有 1 种，共同构成楼梯间的完整结构。

在此不再赘述以上构件模型建立过程，表 7-2 为部分有代表性的预制构件建模情况。

表 7-2　部分有代表性的预制构件建模情况

编号	构件模型	钢筋等内部构件
YNQ-7	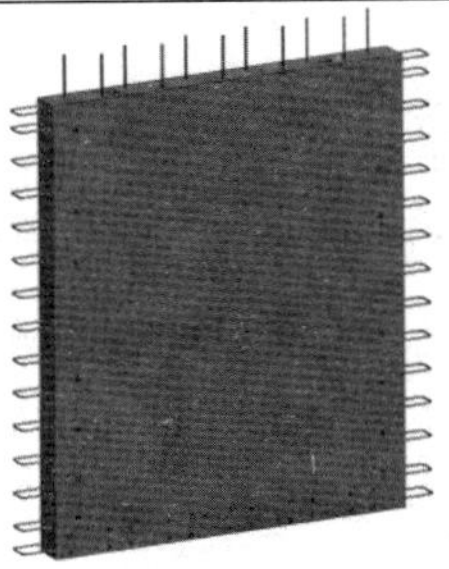	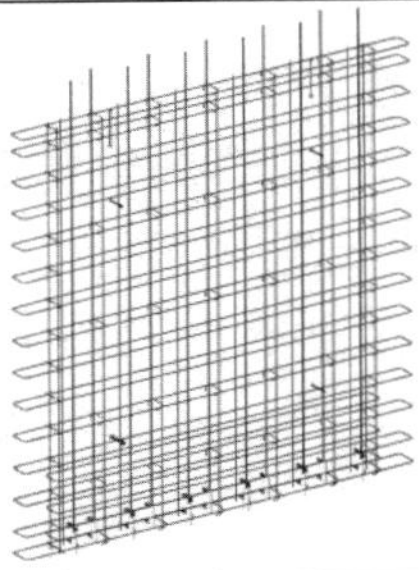
YB-9a	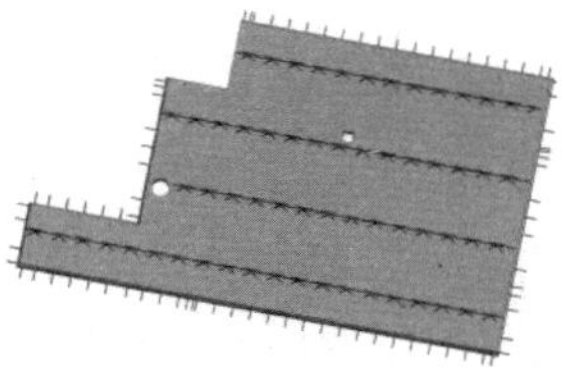	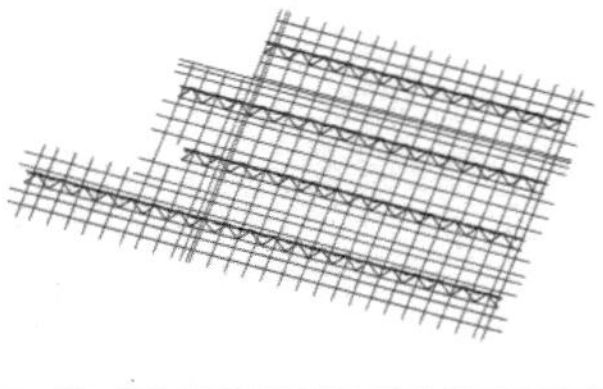
JT-29-25	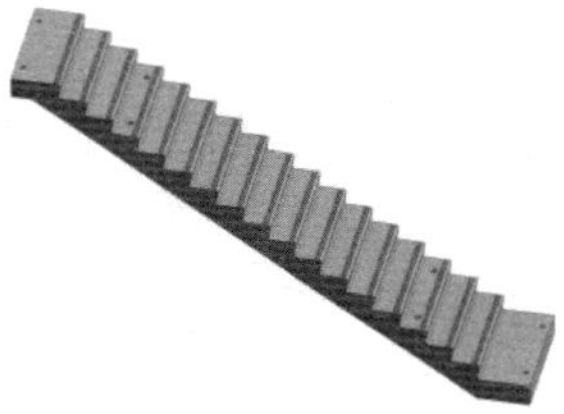	由于楼梯钢筋全部在构件内部，不会与其他构件相冲突，故未建立楼梯的钢筋模型

② 构建土建模型。

建立预制构件库、其他非预制构件库后，便具备了构建土建模型的基本元素。然后，将 CAD 图纸按照图纸目录拆分成单个图纸，分别导入到 Revit 中的各个绘图平面，以 CAD 图纸为底图，将已经建立好的预制构件放置在图纸的实际位置。本项目土建模型按照以下步骤逐层建立。图 7-21 所示为本项目结构构件模型绘制示意图。

第一步，绘制柱。将族库（构件库）中柱子按照图纸标定的位置放入楼层平面。

第二步，绘制梁。按图纸信息准确选择梁族绘制梁，并与结构柱相连接。

第三步，绘制墙。按图纸信息放置预制剪力墙，放置完毕后，绘制现浇剪力墙及非承重墙［图 7-21（a）］。

第四步，绘制门、窗。以楼层建筑平面图、剖面图为底图，准确地放置门窗。

第五步，绘制楼板。先放置预制楼板，再绘制现浇楼板［图 7-21（b）］。

第六步，放置预制楼梯。将绘制好的预制楼梯构件准确放置在预定位置［图 7-21（c）］。

第七步，绘制建筑饰面等外观构件，呈现整体拼装效果［图 7-21（d）］。

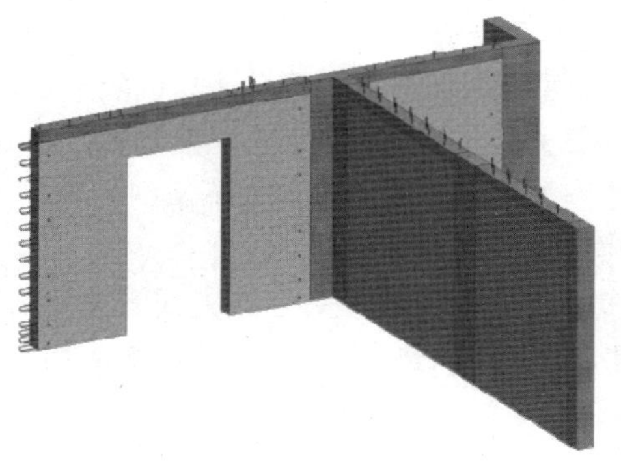

（a）预制墙拼装、现浇墙绘制

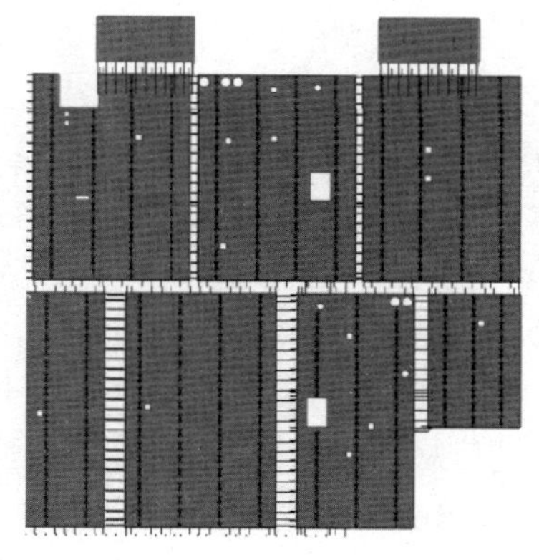

（b）预制板拼装

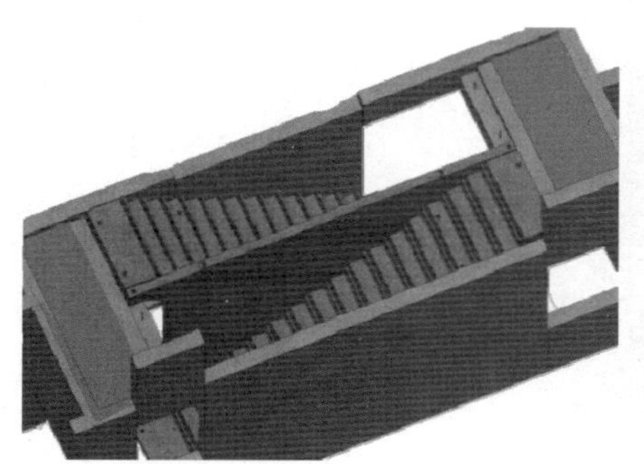

（c）预制楼梯拼装

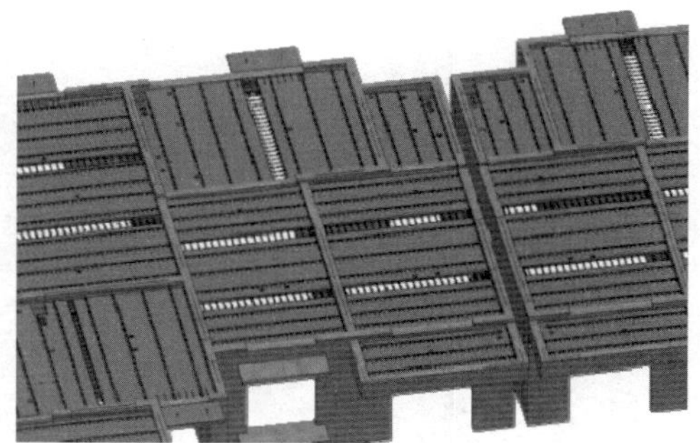

（d）标准层整体拼装效果

图 7-21　结构构件模型绘制示意图

以上步骤为土建模型的建立过程，最后得到图 7-22 所示的土建模型，包括结构构件及非结构构件（如非承重墙、外墙饰面）模型等。

（a）整体土建模型

（b）土建模型局部

图 7-22　土建模型

（2）机电模型的建立过程。

本项目作为高层建筑，其管线复杂程度高，建模工作量大，且对计算机配置要求较高，将机电模型分成给排水系统（含消防）、暖通系统、电力桥架三个模型文件，分别进行建模。每个系统形体虽然不同，但建模过程类似，其基本过程如下。

① 完成各专业图纸拆分，保存为单张平面图。

② 根据设计说明创建管道系统，设置管道类型、管件类型、连接方式等关键信息。例如，本项目中给水立管、横干管采用钢塑复合管，户内热水给水管采用 PP-R 热水管，这些关键信息需在建模之前进行整理汇总。

③ 在 Revit 中建立好轴网、标高的基础上，导入管线平面图。

④ 链接土建模型，根据平面图及轴测图等，初步确定管线标高，建立管道模型。

经过以上步骤建立的机电模型如图 7-23 所示。

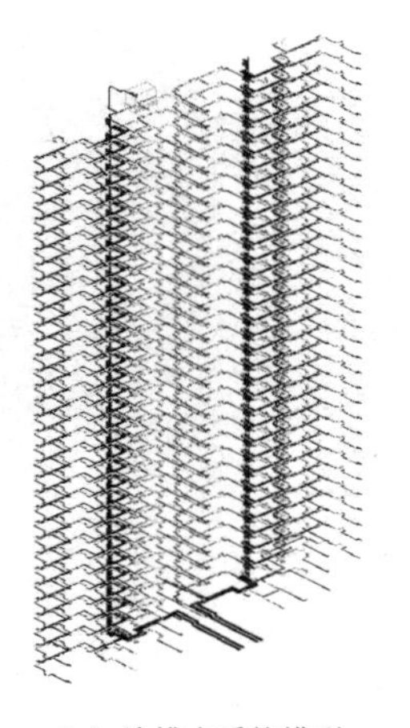

（a）给排水系统模型

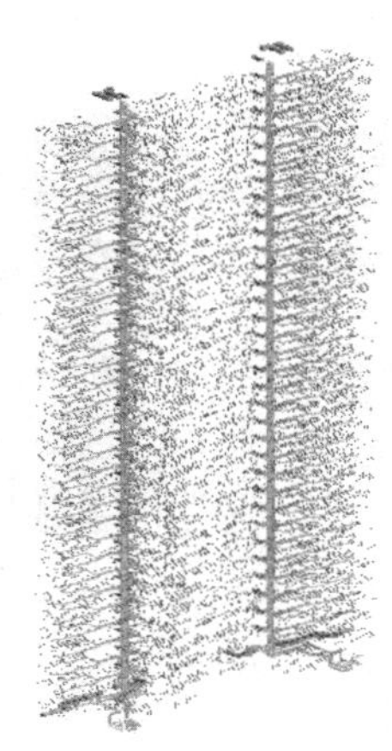

（b）暖通系统模型

（c）电力桥架模型（B1 层）

图 7-23　机电模型

建立好土建和机电模型后，用于图纸会审的建筑信息模型创建完毕。发现图纸中存在两种问题：一是在建模过程中发现的问题，例如，放置预制构件时，BIM 软件的可视化特性可使建模人员直接发现构件之间存在的碰撞问题；二是建模完成后对各专业模型进行整合，通过软件功能进行冲突检测，查找在建模过程中未发现的问题，如排水管道与楼板之间碰撞等。

在图纸会审前，BIM 建模人员须将发现的预制构件以及部分其他构件的图纸错误，按照 BIM 工作小组制定的规范记录在图纸问题记录表（表 7-3）中。表格中应准确记录构件类别、构件编号、图纸编号、构件定位信息、存在的问题或错误，为图纸会审提供依据。

表 7-3　图纸问题记录示例

构件类别	构件编号	图纸编号	构件定位信息	存在的问题或错误
预制楼板	YB-1	6-1	一层	YB-1 详图与平面图的线盒数量不一致
预制楼板	YB-1a	6-1	一层	YB-1a 线盒位置有偏差，预留洞口数量不一致
预制楼板	YB-24	6-24	三层	YB-24 与 YB-24（f）平面图放置位置颠倒
预制剪力墙	YNQ-12	5-26	二层	YNQ-12 预留洞与钢筋碰撞，且明细表中钢筋长度有误
预制剪力墙	YNQ-12（w）	5-26	三层	YNQ-12（w）明细表中钢筋长度、数量有误
预制剪力墙	YNQ-7b	5-17	五层	YNQ-7b 没有详图
预制楼梯	JT-29-25-1	7-6	七层	编号为 JT-29-25-1 的楼梯长度需减少 40mm，否则与现浇构件碰撞，影响安装
排水管	PS-15	9-5	各层卫生间	卫生间排水管与预制板预留洞不吻合，存在无法安装管道的问题

与传统图纸会审过程不同，本项目在召开图纸会审会议时使用了 Fuzor，以进行可视化图纸会审。

将 Revit 建立的各专业模型导入 Fuzor，在多方会审前将图纸中出现的问题在三维模型中进行注释。会审时，以 Fuzor 为多方会审的沟通媒介，多方可同时以第一人称视角进行可视化漫游（图 7-24），通过语音进行沟通，对各问题进行逐个评审并提出修改意见，并以文字形式记录在软件中，大大地提高沟通效率。

会审结束后，导出完整记录沟通信息的报告，根据报告情况，由设计单位处理图纸中存在的问题，施工单位得到更新后的图纸，再次修改 BIM 模型，检查问题是否依然存在。经过基于 BIM 的图纸会审后，解决了大部分图纸存在的问题，为施工质量提供了保障。

2）可视化应用

本项目结构复杂、涉及管线较多，对施工人员和管理人员的专业要求很高，各相关人员必须深刻理解图纸的设计意图，并结合工程特点熟练掌握施工工艺。BIM 技术的可视化应用，为满足以上需求提供了有力支撑。

图 7-24　多方可视化会审

在模型建立以及深化设计的基础之上，本项目还制作了多种可视化交底成果供施工、管理人员和技术人员使用。这些成果包括计算机端的三维可视模型、手机端的轻量化模型、施工模拟等，如图 7-25 所示。这些可视化交底成果为项目的顺利进行起到了重要作用。

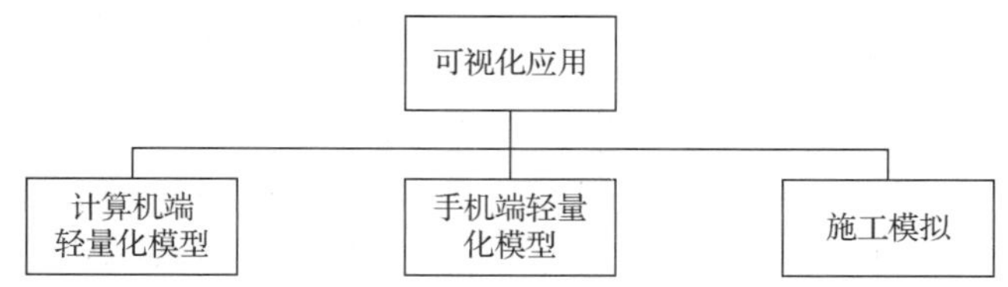

图 7-25　可视化应用内容

（1）计算机端轻量化模型应用。施工人员可从导出的轻量化模型中提取所需要的信息（如可以使用测量工具提取长度信息、面积信息、角度信息），通过查看构件属性获得建模的其他信息等，如图 7-26 所示。

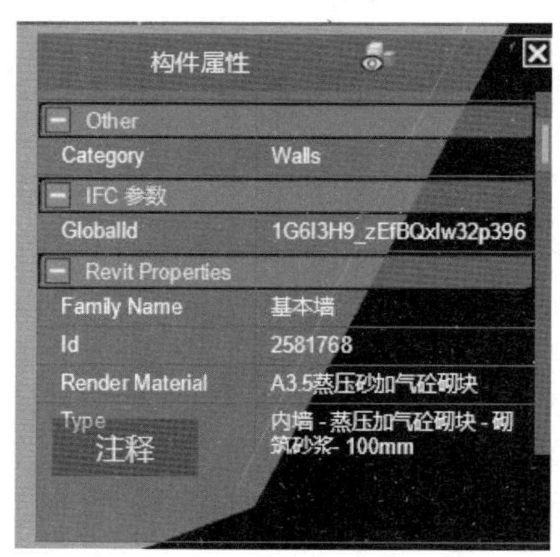

图 7-26　提取模型信息

（2）移动端轻量化模型应用。除了计算机端的轻量化模型，本项目通过 Fuzor 导出“.fmz”格式的移动端文件（“.fmz”为 Fuzor 移动端专属格式）。用手机、平板等移动设备从相应的应用商店中下载安装 Fuzor Mobile 应用，即可打开“.fmz”格式的文件。

使用者可在移动端进行漫游，只需操纵界面上的操纵柄，对移动方向进行控制即可。此外，当施工人员和管理人员在施工现场工作，不便于回到办公场所时，可以直接打开移动端，使用 Fuzor Mobile 读取构件属性，提取所需要的参数信息。图 7-27 所示为从手机端读取预制楼梯的信息属性。

图 7-27　手机端读取预制楼梯的信息属性

移动端模型的使用，充分体现了本项目 BIM 应用可视化、便捷化的特性。移动端具有操作便捷、不受地点限制的特点，为发挥 BIM 深化成果的作用提供了有力支撑。

（3）施工模拟。施工组装是装配式建筑建造过程中的重要环节，对于装配式建筑结构住宅而言，节点安装更是重中之重。应用传统施工方法进行施工组装存在弊端，可能遇到一些问题。而 BIM 技术可在 Navisworks 中进行三维施工模拟，通过漫游模拟（图 7-28）、施工动画等，提前了解组装后的建筑外形、发现吊装过程中可能遇到的问题，并通过保存视点记录问题信息，方便进行研讨并找到解决方案，为装配式建筑施工过程提供技术支持。

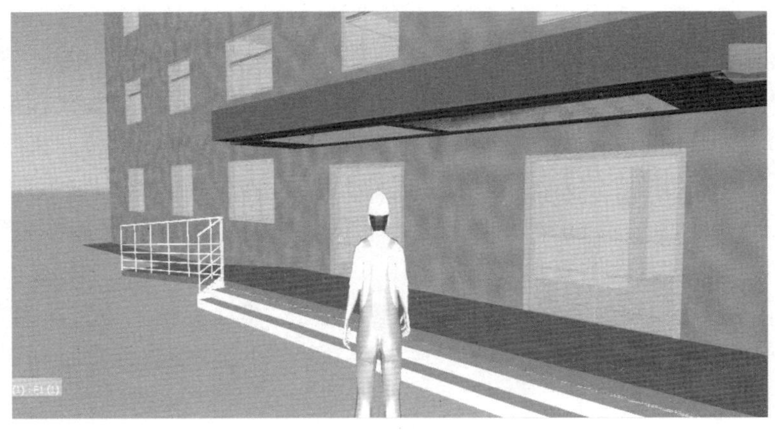

图 7-28　Navisworks 漫游模拟

本项目中，楼梯安装有部分湿作业，需要在现场设置楼梯板支撑，图 7-29 所示为应用 BIM 技术模拟支撑布置。

图 7-29　应用 BIM 技术模拟楼梯板支撑布置

5. 安全管理

安全管理是施工阶段的首要内容，本项目作为高层装配式住宅项目，具有施工周期长、现场复杂、工艺要求高等特点。在施工过程中必须加强安全管理，避免由于安全事故造成的人员伤亡、财产损失。BIM 技术的应用有利于实现安全施工的目标。

本项目在安全管理方面应用 BIM 技术，主要应用于危险源识别、安全技术交底、安全教育等方面。

1）危险源识别应用

基于 BIM 技术进行危险源识别，首先要建立包含施工危险信息的建筑信息模型。在前期各专业模型建立之后，其所包含的施工现场信息已经满足要求，需要在此基础上，对模型进行有效分析，充分提取其中的危险信息，并对危险源进行识别。

本项目利用 BIM 技术识别可能发生坠落事故危险源。首先，将 Revit 建立的模型导入 Fuzor 之中，通过 Fuzor 进行安全检查。该软件内置功能可查找 BIM 模型中存在的安全隐患，同时 Fuzor 的可视化漫游功能可以对查找到的隐患进行复核。采用软件自动查找隐患与人工检核相结合的方法，提高了危险源识别的效率和准确性。

如图 7-30 所示，基于 Fuzor 进行安全分析时，首要步骤是设置各种安全参数。

进行安全分析设置的主要参数如下。

（1）障碍高度。障碍高度代表临边位置的安全值，低于此值的位置即为不安全位置。若设置安全分析的参数为 0.8m，围护高度低于 0.8m 的临边位置或者不存在围护的位置将被检测出来。

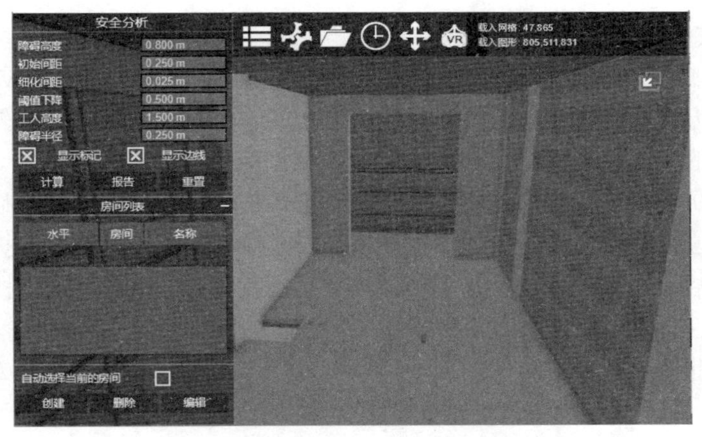

图 7-30　安全参数设置

（2）初始间距。初始间距是控制净高分析精确度的参数，其值越低分析结果越精确，但此值设置过低没有意义且影响计算机性能。本项目设置其参数为 0.25m，在较高的精度前提下满足了计算机性能的要求。

（3）细化间距是指通过调整模型的参数或布局，使这些间距更符合安全规范或实际需求，从而提升分析的精度。本项目设置细化间距参数为 0.025m。

（4）阈值下降。净长度低于此参数的危险源将被忽略。本项目中，为了保证绝对安全，将阈值参数设置为 0.1m，高于此值的危险源将全部被查找标记。

（5）工人高度。工人高度参数用于识别出可能发生磕碰的位置。本项目设置参数为 1.5m。

（6）障碍半径是指以障碍物为中心向外扩展的圆形（或自定义形状）区域，表示该障碍物的潜在危险范围或需要避让的最小安全距离。本项目设置参数为 0.250m。

将上述参数输入完毕后，单击计算按钮对危险源进行分析，程序将自动计算分析，分析结束后系统自动对危险边界进行标记。如图 7-31 所示，画面中箭头为本项目标准层中检测出的某处危险源。由于 Fuzor 与 Revit 可同时进行联动，本项目选择在 Revit 中对发现的危险源进行处理，即在 Revit 建立的模型中放置围挡设施，降低危险源的风险。Revit 解决风险问题的同时，Fuzor 模型也随之进行更新。

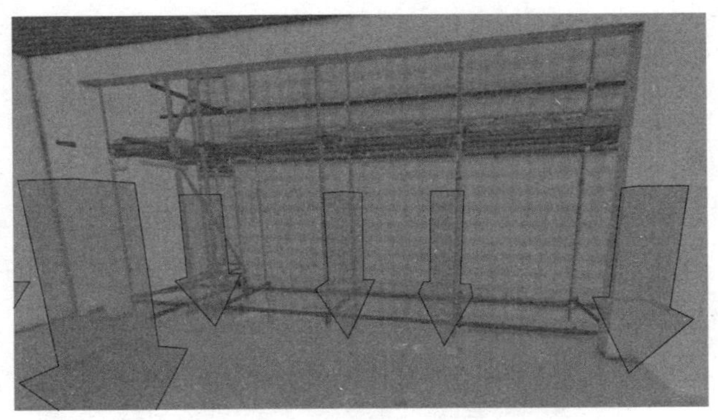

图 7-31　危险源识别并标记示例

2）安全技术交底应用

基于 BIM 的安全技术交底应用是安全管理中的重要内容。利用 BIM 技术进行安全论证和交底的方式具有可视化特性，而传统形式的安全技术交底方式比较难以理解，不能将施工现场的实际情况进行展示。安全技术交底应用主要有以下内容。

（1）临边防护可视化安全交底。前期通过 Fuzor 对存在坠落风险的临边位置进行识别，并对这些位置进行临边防护，在各个楼面、楼梯洞口等位置设置支护围栏，防止工人发生坠落事故。在这些安全维护设施建立完毕后，通过 BIM 可视化技术，对工人进行宣传教育，使工人在施工前全面了解现场存在的危险源，增强工人的安全意识。图 7-32 所示为标准层北侧某处板边防护网，通过可视化安全交底，可提醒工人对此进行重视。

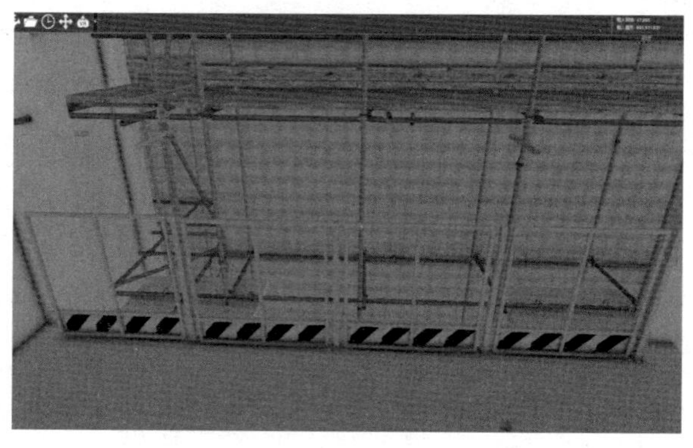

图 7-32　标准层北侧某处板边防护网

（2）机械作业安全交底。本项目现场大型施工设备较多，包括预制构件运输设备、起重设备等。这些设备在提升了施工效率的同时，也造成了安全隐患的增加。在施工前，需结合 BIM 技术对大型机械设备进行合理的场地布置与规划，并利用 BIM 技术的可视化特性向工人讲解人与设备、设备和建筑之间的安全距离知识。

同时，利用 BIM 技术对构件的堆放场地进行规划，确保预制构件的放置位置符合机械安全作业要求。利用前期预制构件施工模拟成果，对工人进行安全宣传教育，确保工人在施工前了解预制构件全部施工工艺及施工过程中存在的安全风险。图 7-33 所示为预制墙吊装中存在坠落风险演示，引导工人在学习施工工艺的同时，了解其中存在的危险，增强安全意识。

图 7-33　预制墙吊装中存在坠落风险演示

（3）脚手架安全培训。为保证脚手架搭设符合规范要求，需借助 BIM 技术对现场管理人员及工人进行脚手架安全培训。在脚手架安装前对脚手架设计方案进行建模（图 7-34），以建模成果为基础，详细讲解脚手架的安装方案，保证脚手架安装的规范性。

图 7-34　脚手架设计方案建模成果

3）安全教育应用

BIM 技术的引入，改变了传统安全教育模式。本项目购买了 VR 设备，在施工现场设置了 BIM 安全培训中心。将建立的各专业模型导入 BIM 安全教育系统，施工人员通过沉浸式的安全培训，可以身临其境地体验施工现场坠落、火灾逃生等场景。在本项目中，要求每个工人都必须经过 BIM+VR 安全教育培训才能上岗，培训效果得到工人好评。

本项目基于 Fuzor 的 BIM+VR 安全教育成效明显，具有以下特点。

（1）真实度高。前期建立的 BIM 模型可直接使用，由于模型建立过程是根据施工图准确建立的，故安全教育中的虚拟场景建筑物准确度高，与实际建筑形态完全相同。图 7-35 所示为体验楼梯井防护不到位可能发生的坠落风险。

图 7-35　坠落风险安全教育

（2）工人学习意愿高。BIM+VR 技术作为建筑业中的新技术，工人们对此兴趣高，激发了工人参与安全教育的意愿，实现了工人的自主安全学习。

（3）没有场地限制。建立的虚拟场景可实现不进入实际施工现场，就可以进行较为真实的场地体验，排除了场地限制。

（4）移动端可用。随着智能手机的普及，使用简易的 VR 眼镜及 Fuzor 移动应用，即可在手机端进行 VR 体验，低成本实现虚拟现实安全教育。

7.2.4　运维阶段

装配式建筑住宅信息数量庞大、信息源多、信息类型复杂、信息存储分散、运维阶段管理时间长、运营成本高。根据建筑运维阶段信息的特点，不仅需要对设计和施工的信息分类处理，还需要对运维阶段的信息处理。常规运维阶段信息处理方式一般采用人工处理，工作效率低且信息处理容易出错。装配式建筑在运维管理中引入 BIM 技术，在项目完成设计—生产—施工后，将 BIM 模型轻量化处理后交给运维管理部门，运维管理部门以模型为基础，将各项信息有效传递，实现运维阶段的空间管理、设备维护管理、安全管理、能耗管理的智能化，提高建筑管理效率，促进 BIM 技术在建筑全生命期的良性循环。

针对本项目，BIM 技术在运维阶段的应用，需要与物联网、大数据和人工智能技术深度融合，并结合工程管理的实际需求和操作流程进行设计。本项目 BIM 技术在运维阶段的具体应用如图 7-36 所示。

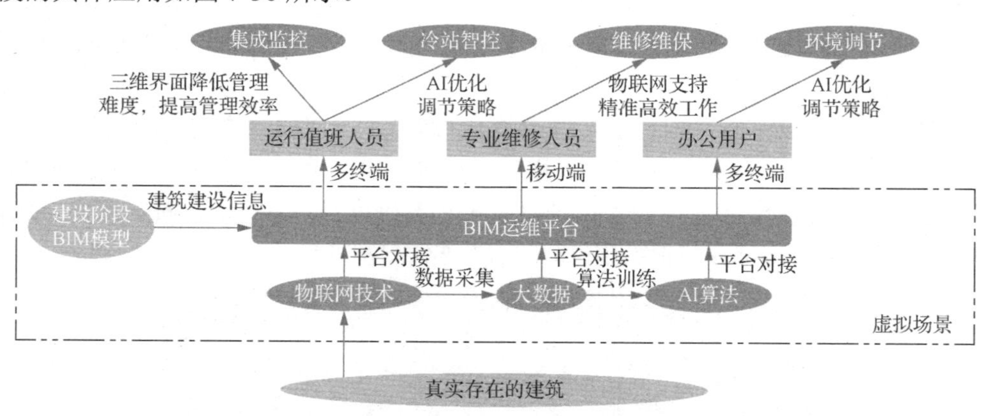

图 7-36　BIM 技术在运维阶段的具体应用

1. 基于 BIM 运维平台的集成监控系统

基于 BIM 运维平台的集成监控系统能够有效支持工程人员实时查看机电系统运行情况，实现报警信息的标准化处理。机电设备、监控点位都通过数据字典的框架接入，对接现有机电系统，将原有的报警信息统一管理输出，形成标准统一的工作流程信息。同时，在原有的报警信息基础上，根据可以监测到的点位随时新增和关闭报警与预警事项，全方位保障机电系统的正常运行。

故障报警所需的单位信息是将已有的点位信息根据数据字典的格式录入。例如，控制点要包含设备的静态信息（设备既定信息，如额定功率、额定电流等）和动态信息（点位实测数据，如电流、电压、压力值等），报警参数配置了设备类型、启用时间、诊断模式、持续时间以及限定条件等。在运行过程中，系统自动对故障数据筛选，并进行反馈。工作人员根据筛选的数据对设备进行诊断，如确实存在故障则发出工单。现场专业维修人员接到工单后根据提供的处理流程对故障进行处理，如发现故障报警有误，则会反馈回报警系统，重新计算门限。

依托 BIM 模型的集成监控，满足了现场报警精准识别、高效处理的需求。通过实时监控运行设备状态，对故障报警、故障预警、故障诊断信息进行识别判断，将视频监控与报警装置联动，第一时间将现场画面呈现给监控人员，避免了大量由于传感器、采集器和判断策略出现的误报问题，节省监控人员的管理精力。

2. 基于物联网+AI 技术的冷站智控系统

通过大数据+AI 技术建立冷站运行模型，结合室外天气预报数据及室内温度数据，预测供冷负荷需求，并定时推送冷站运行策略，可以大幅降低冷站管理难度，同时降低能源消耗。

BIM 模型可直观反映冷站各类设备的运行状态，通过物联网+AI 技术结合，根据负荷需求和成本要求，在平台上对冷热源运行的实时情况进行监测，并通过 AI 技术提供优化的控制策略，实现“品能平衡”(即在取得明显节能效果的同时，还保证了室内环境品质的稳定)。

3. 基于 BIM 运维平台和移动端的维修维保系统

在本项目中，通过 BIM 运维平台实现维修维保过程中的巡检、工单管理和报修等功能，在此基础上实现设备信息数据维护和资产管理。为指导系统和运维人员的操作，运维系统还建立标准操作知识库（standard operation procedure，SOP）。标准操作知识库的建立能够有效提高现场工作标准化程度，降低技术门槛。同时，通过激励手段鼓励经验丰富的工程人员将工作的经验输入知识库，通过不断完善和丰富知识库，让系统变得更加智能。

依托 BIM 技术，在计划性工单巡检、维保工作中，现场管理人员的行动轨迹能够清晰地反映在 BIM 模型中，实时跟进巡检状态，必要时给予相应技术或快速的人力支援。在临时报修工作中，基于 BIM 的定位能力和路线规划指引，能够将问题解决时间压缩到最短，一些隐蔽工程问题能够在 BIM 模型中快速定位发现；与资产管理的结合能够使得资产评估者或业主清晰查看资产的管理状态。

4. 应用 AI 技术的环境调节系统

BIM 模型为建筑的环境调节提供了强大的信息支持。通过模型中不同的颜色呈现，将实时监测室内 PM2.5、CO 浓度及温湿度参数，并反映到模型中，给环境管理者提供了直观的信息以及决策依据。与此同时，BIM 模型与物联网技术的结合，能够将采集到的环境参数与控制系统连接，其输出信号可通过 AI 技术进行分析处理，实现对新风机的启停及转速、风机盘管的启停与挡位的控制。

基于 AI 的风盘调节技术通过服务定制与用户投诉，逐渐适应用户个性化需求，使室内保持符合用户习惯的温度环境。图 7-37 显示的是办公空间在一段时间的用户使用反馈后，逐渐形成相对稳定的需求曲线，系统会按照该结果自动为用户调节环境温度，将定制温度与当天所在时刻进行关联。通过 BIM 模型将空间、空调末端和具体时刻的温度控制目标区间关联后，系统将根据训练得到的神经网络模型和实时数据给出当前时刻的控制动作，同时对神经网络模型进行定期线上或线下更新。图 7-37 中体现了用户对室内热环境的抱怨情况，包括“用户抱怨冷”“用户抱怨热”，结合定制温度目标，图中显示有高低两档，由用户投票选项和投票人数加权计算得出。控制算法会根据实源温度和用户抱怨情况调整并定制温度的上下限。例如，当实测温度相对当前定制温度区间偏高，且用户抱怨环境冷，则调高定制温度的上下限。此外，为训练算法，控制策略会做一些定制温度的主动调整，以测试用户对环境温度的偏好。需要说明的是，图 7-37 给出的是环境控制目标（定制温度）、用户反馈和实测温度的关系。

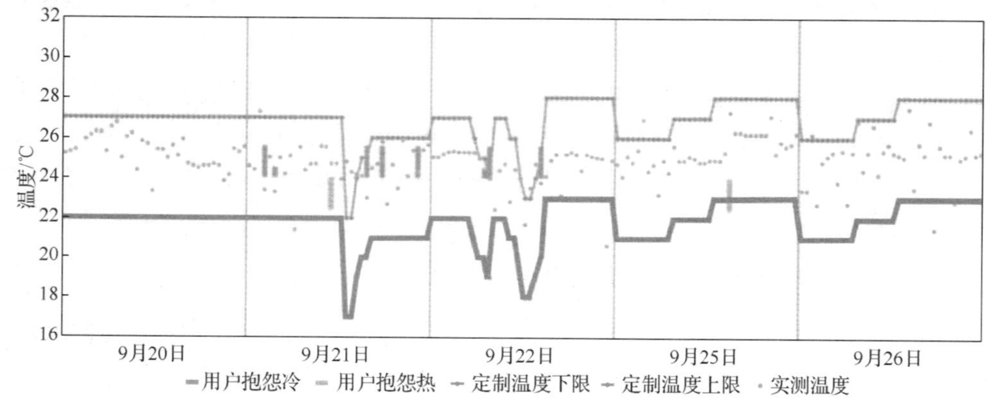

图 7-37　环境控制目标（定制温度）、用户反馈和实测温度关系图

图 7-37（彩图）

与常规控制不同的是，系统会基于大数据和智能算法学习每个空间独立的调节特性，形成独特的调节策略，而不是简单的反馈控制或比例积分微分控制（又称 PID 控制）等。例如，房间的大小不同，其热物理特性也不同。对于同样的当前环境温度、调节目标，小房间升温快，因此设定挡位可能较低；而大房间热惯性大，升温慢，因此设定挡位可能较高。系统在调节一段时间后会逐渐学习这些特性。

7.3　装配式建筑BIM技术应用评价

在我国，装配式建筑正在逐步发展，尤其是装配式住宅发展尤为迅速。住宅产业化不仅可有效节约资源，还能推动技术创新。然而，装配式建筑项目管理尚不完善，且其建设成本普遍比常规现浇施工稍高，因此，必须通过推广应用新技术，建立更健全的管理制度，实现对其进行科学管理与成本控制。本项目进行建筑全生命周期的 BIM 技术应用，通过三维建模、部品构件之间的碰撞检查分析，有效减少图纸错误，很大程度上避免了现场返工，既加快了施工速度，又提高了工程质量。同时，与传统方式相比，利用协同设计节省了各专业间互提资料的过程，提高工作效率、设计周期大大缩短。此外，应用 BIM 技术进行构件预排布，减少了模具数量，使工程总造价降低，实现了成本控制。从建造技术、建造工具、行业规范角度出发，在装配式建筑设计、生产、施工、运维阶段运用 BIM 技术，有效缩短施工工期的同时，极大地提高了项目的社会效益和经济效益。总体来说，BIM 技术在该装配式住宅中的应用效果良好。

思 考 题

1. 简述 BIM 技术应用于装配式住宅中的流程。
2. 简述碰撞检查的优点及价值。
3. 简述基于 BIM 技术分析的优点。

参考文献

蔡庆森, 李琳琛, 高伟康, 2023. BIM 技术在装配式钢结构建筑施工作业中的应用[J]. 建筑结构, 53(S1): 2402-2405.

寇园园, 刘凯, 2020. 基于 BIM 技术的装配式建筑精细化施工管理研究[J]. 工程管理学报, 34(6): 125-130.

李强年, 黄亚琴, 2022. 基于 SNA-ISM 的装配式建筑成本影响因素分析[J]. 工程管理学报, 36(2): 141-146.

庞业涛, 2020. 装配式建筑项目管理[M]. 成都: 西南交通大学出版社.

刘训梅, 王柳燕, 2021. BIM 技术在项目管理体系中的应用研究[J]. 建筑经济, 42(S1): 232-235.

邱昌, 康文创, 邓运生, 等, 2022. BIM+智慧工地应用价值与发展趋势探讨[J]. 建筑经济, 43(S2): 275-278.

田侑林, 2021. 装配式建筑施工阶段 BIM 应用效益评价体系研究[D]. 成都: 西南交通大学.

王昂, 张辉, 刘智绪, 2021. 装配式建筑概论[M]. 武汉: 华中科技大学出版社.

王少锋, 2020. 某装配式住宅项目施工阶段 BIM 技术综合应用研究[D]. 邯郸: 河北工程大学.

王朔, 2023. BIM 技术在装配式建造中应用效益评价研究[D]. 武汉: 华中师范大学.

王淑嫱, 彭赛青, 卢仲兴, 2020. 基于 BIM 的 PC 构件设计与生产信息集成及应用研究[J]. 建筑经济, 41(5): 109-114.

魏然, 柳向东, 2022. 全生命周期下钢结构装配式建筑成本分析[J]. 建筑结构, 52(S2): 1539-1542.

杨朝旭, 2021. 基于 BIM 的装配式建筑施工成本控制研究[D]. 北京: 华北电力大学.

叶萌, 徐晓蓓, 袁红平, 2021. 复杂网络视角下的 BIM 技术扩散研究[J]. 科技管理研究, 41(13): 151-157.

曾敏敏, 2010. 装配式临时架体的数字化信息模型研究[D]. 北京: 北京交通大学.

张莹莹, 2020. 装配式建筑全生命周期中结构构件追踪定位技术[M]. 南京: 东南大学出版社.

BARAN M, AKTAS M, 2013. Occupant friendly seismic retrofit by concrete plates[J]. Journal of Zhejiang University-Science A(Applied Physics & Engineering), 14(11): 789-804.

BORTOLINI R, FORMOSO C T, VIANA D D, 2019. Site logistics planning and control for engineer-to-order prefabricated building systems using BIM 4D modeling[J]. Automation in Construction, 98: 248-264.

GOSLING J, PERO M, SCHOENWITZ M, et al., 2016. Defining and categorizing modules in building projects: an international perspective[J]. Journal of the Construction Division and Management, 142 (11): 04016062.

HAN X Y, ZHENG A, 2019. Research on fabricated architecture based on BIM technology[J]. IOP Conference Series: Earth and Environmental Science, 310(2): 022074.

JASON X Z, GEOFFREY Q S, SUN H Y, et al., 2021. Customization of on-site assembly services by integrating the internet of things and BIM technologies in modular integrated construction[J]. Automation in Construction, 126: 103663-103663.

MAYA-YESCAS R, BOGLE D, LóPEZ - ISUNZA F, 1998. Approach to the analysis of the dynamics of industrial FCC units[J]. Journal of Process Control, 8 (2): 89-100.

OZBAY K, IYIGUN C, BAKAL-GURSOY M, et al., 2013. Probabilistic programming models for traffic incident management operations planning[J]. Annals of Operations Research, 203 (MAR.): 389-406.

PARASTESH H, HAJIRASOULIHA I, RAMEZANI R, 2014. A new ductile moment-resisting connection for precast concrete frames in seismic regions: An experimental investigation[J]. Engineering Structures, 70(9): 144-157.

PARK J, KIM I, CHOI J, 2023. Research on ways to utilize SPMT transportation equipment to apply modular construction method to airport facilities[J]. Korean Journal of Computational Design and Engineering, 28 (4): 454-465.

SKOWRONSKA A G, GORSICH D J, PANDEY V, et al., 2015. Optimizing the Reliability and Performance of Remote Vehicle-to-Grid Systems Using a Minimal Set of Metrics[J]. Journal of Energy Resources Technology, 137(4): 0411204-0411210.